U0248192

普通高等教育"十二五"规划教材

岩土工程测试技术

主编　沈　扬　张文慧
参编　王　伟

北　京
冶 金 工 业 出 版 社
2013

内 容 提 要

本书涵盖了目前在土木、交通、水电、采矿等工程领域涉及的主要室内外岩土工程测试技术。全书共分为十三章，较详细地讲述了土的颗粒分析、土的基本物理指标测定、无黏性土的相对密实度测定、黏性土的基本工程指标测定、土的渗透系数测定、土的变形特性指标测定、土的抗剪强度和指标测定、室内试验土样制备、室内岩石强度和变形试验、土工织物试验、载荷试验、触探试验和原位波速测试等各项技术的基本原理、操作方法、数据处理及分析注意要点。

本书为高等学校土木、交通、水电、采矿等专业的教材，也可供从事相关工作的工程技术人员参考。

图书在版编目(CIP)数据

岩土工程测试技术/沈扬，张文慧主编．—北京：冶金工业出版社，2013. 1

普通高等教育“十二五”规划教材

ISBN 978-7-5024-6142-3

Ⅰ.①岩…　Ⅱ.①沈…　②张…　Ⅲ.①岩土工程—测试技术—高等学校—教材　Ⅳ.①TU4

中国版本图书馆 CIP 数据核字(2013)第 013040 号

出 版 人　谭学余
地　　址　北京北河沿大街嵩祝院北巷 39 号，邮编 100009
电　　话　(010)64027926　电子信箱　yjcbs@cnmip.com.cn
责任编辑　杨　敏　张耀辉　美术编辑　李　新　版式设计　孙跃红
责任校对　王贺兰　责任印制　张祺鑫
ISBN 978-7-5024-6142-3
冶金工业出版社出版发行；各地新华书店经销；北京印刷一厂印刷
2013 年 1 月第 1 版，2013 年 1 月第 1 次印刷
787mm×1092mm　1/16；16.25 印张；388 千字；244 页
33.00 元

冶金工业出版社投稿电话:(010)64027932　投稿信箱:tougao@cnmip.com.cn
冶金工业出版社发行部　电话:(010)64044283　传真:(010)64027893
冶金书店　地址:北京东四西大街 46 号(100010)　电话:(010)65289081(兼传真)

前　言

岩土工程测试技术是岩土工程学科的重要组成部分，对土木、水利、采矿、交通、海洋、市政等工程的勘察、设计与施工均具有重要意义。本书是为适应我国工程建设需要而编写的面向广大本科院校相关专业学生的岩土工程测试技术教材，同时亦可作为岩土、勘察、地质工程专业研究生和从事土工试验与现场测试工作的专业技术人员的参考书。考虑到本书的综合适用性及岩土工程测试本身的特点，全书以土力学测试技术为主，但亦介绍了一些典型的岩石力学测试试验内容。

目前国内土工检测试验方面的教材较多，侧重点一般为试验流程的介绍，而我们在教学、科研过程中发现，测试中所涉及的一些原理概念易被混淆，操作中的细节易被忽视，从而引起很多问题，甚至带来数据分析的误差和错误。因此，为满足广大师生的实践需要以及鼓励学生做发散性思考，本书在章节内容编排和要点侧重方面，强调了岩土工程测试技术与岩土力学理论之间的逻辑对应关系，重视对试验操作细节的还原，同时对一些因原理与实际差异而引起的分析结果偏差进行了剖析，并注意将试验检测内容与解决工程实际问题有机联系起来。考虑到课时限制以及各种试验的实际应用程度，本书对测定同一类参数的试验一般只详细阐述两种试验方式，其他相似试验，以列举参考文献的方式予以推介，从而在有限的篇幅下保证教材的深度与广度。

本书涉及的岩土工程试验操作规则，主体是以中华人民共和国国家标准《土工试验方法标准》(GB/T 50123—1999)、《土的工程分类标准》(GB/T 50145—2007)、《工程岩体试验方法标准》(GB/T 50266—1999)、《岩土工程勘察规范》(GB 50021—2001) 为基准，并参考诸多国家标准、行业标准与规程的相关条例和相关岩土类工程测试著作编写的。目前国内不同行业内关于岩土工程测试方面的规程较多，其间可能存在差别，本书在一定程度上进行了对比分析，亦期望不同行业的读者根据实际工作需要，应用不同的规程、规范来完成检测测试操作和数据处理。

全书共分十三章，其中第一、二、三、五、七、八、十二、十三章由沈扬编写，第六、十、十一章由张文慧编写，第九章由王伟编写，第四章由张文慧、沈扬编写。葛冬冬、陶明安、李海龙、费仲秋、黄文君、徐国建、周秋月参与了部分章节的编辑、绘图和校订工作。

在编写过程中，参考了国内外一些专家、学者的书籍、学术论文等资料，并得到了“长江学者和创新团队发展计划”（IRT1125）的资助，在此谨表谢忱。

限于作者水平，书中不当之处，恳请读者批评指正。

作　者

2012 年 9 月

目　录

第一章　土的颗粒分析试验

第一节　导　言

工程中通常把工程性质相近的一定尺寸范围的土粒划分为一组，称为粒组。土中颗粒的组分很多，其粒径从大到小，排布不均，其间的差异，若用宏观类比，就如同一只只的小蚂蚁穿梭于栋栋摩天大厦之间，土中各颗粒尺寸间的巨大差异可见一斑。不同的组分不仅代表着颗粒大小的关系，同时也蕴涵了内在不同的化学连接作用，颗粒分析试验能让我们从物理层面上对这些颗粒组分进行调查，且实际工程中土的很多性质，如密实度、渗透性、稠度等，也能直接通过颗粒的大小及其在土体总量中所占的百分含量予以反映，因此颗粒分析试验就显得格外基础与重要。本书的起笔便从土的颗粒分析试验开始。

土体的颗粒组成是通过级配，即各粒组的相对含量表示的，因此我们进行颗粒分析试验的目的，从直观层面上说是为了测定土体中各粒组的百分含量，深层次而言就是分析土体的级配情况，进而对其工程特性的优劣进行评价。表 1-1 列出了根据中华人民共和国国家标准《土的工程分类标准》（GB/T 50145—2007）所进行的土的常见粒组分类。

表 1-1　土的常见粒组分类

粒组统称	粒组划分		粒径(d)的范围/mm
巨粒组	漂石（块石）组		$d>200$
	卵石（碎石）组		$200 \geqslant d>60$
粗粒组	砾粒（角砾）	粗　砾	$60 \geqslant d>20$
		中　砾	$20 \geqslant d>5$
		细　砾	$5 \geqslant d>2$
	砂　粒	粗　砂	$2 \geqslant d>0.5$
		中　砂	$0.5 \geqslant d>0.25$
		细　砂	$0.25 \geqslant d>0.075$
细粒组	粉　粒		$0.075 \geqslant d>0.005$
	黏　粒		$d \leqslant 0.005$

★　较之于旧版的《土的分类标准》(GBJ 145—90),《土的工程分类标准》(GB/T 50145—2007)针对粗粒组分类做了完善，添加了中砾类型，并实现了砂粒组的细分，这些都是因为在实际工程中发现颗粒粒形对地基承载力估算非常重要而做出的改进。

从表 1-1 中可见，土的组分差别巨大，显然在实践中仅仅采用一种类型的试验，是很难确定所有土粒粒组含量的。因此有关粒组组分确定的颗粒分析试验，需分为以下几种：

（1）对应于粒径在0.075mm以上的粗粒土，一般采用筛析法分析土的颗粒组分；

（2）对粒径在0.075mm以下的细粒土，则采用密度计法试验或移液管法试验予以分析；

（3）若土中粗细粒兼有，则联合使用筛析法及密度计法或移液管法。

有关这些试验的介绍，将在本章第二节和第三节分别予以阐述。

第二节　筛析法试验

一、试验原理

筛分法试验的原理很简单，简而言之就是选择孔径大小各异的一系列分析筛，将试样放置在最大筛径的分析筛中，并由上至下将孔径自大到小的筛叠在一起，进行振筛。振筛后，根据土样留在不同孔径筛盘中的土粒含量差异来对其进行分组，进而算得各个粒组在总土中所占的百分含量。这种方法简单易行，但由于筛孔制作限制，以及小粒径土粒的粘连特性，这种纯机械的分选方法仅适用土粒粒径超过0.075mm，但又不大于60mm的土。有关粒径大于60mm的土粒的分类方法，可参考文献［49］，本文不再赘述。

二、试验设备

筛分法的设备主要包括以下几个部分：

（1）分析筛：分析筛根据孔径的大小分为两类，即粗筛和细筛。其中，粗筛一般为圆孔，孔径分别为60mm、40mm、20mm、10mm、5mm和2mm；而细筛一般为方孔，等效孔径分别为2mm、1mm、0.5mm、0.25mm和0.075mm。

（2）台秤：称量5kg，最小分度值1g。

（3）天平：称量1000g，最小分度值0.1g；称量200g，最小分度值0.01g。

（4）振筛机：要求筛析过程中能够提供上下振动和水平方向的转动（见图1-1）。

图1-1　振筛机

（5）其他：烘箱、量筒、漏斗、研钵（附带橡皮头研杵）、瓷盘、毛刷、匙、木碾等。

三、试验步骤

（1）从风干的松散土样中，根据四分法取出代表性试样（四分法定义详见第八章室内试验土样制备），取样质量根据土粒尺寸，按以下要求选取：

1）最大粒径小于2mm的土取100～300g；

2）最大粒径小于10mm的土取300～1000g；

3）最大粒径小于20mm的土取1000～2000g；

4）最大粒径小于40mm的土取2000～4000g；

5）最大粒径小于60mm的土取4000g以上。

若试样质量小于500g时，要求称量准确至0.1g；若试样质量超过500g时，称量精度应准确至1g。

（2）如土样均为无黏性土，则按以下步骤进行试验：

1）将上述称取样先以2mm的筛为基准过筛，分别称出通过筛孔和残留在筛上的试样质量。（若筛下质量，即小于2mm粒径的土粒含量小于总土质量的10%时，不作细筛分析；反之当筛上质量，即大于2mm粒径的土粒含量小于总土质量的10%时，不作粗筛分析。）

2）若进行细筛分析，则将先前过2mm筛的土倒入依次叠好的细筛最上层的筛盘中，将整组细筛放入振筛机中，进行振动，约进行10～15min后，停止振筛。由最大孔径筛开始，依次将各筛取下，在白纸上用手轻叩摇晃至无土粒漏下为止。将残留在各筛盘上以及底盘内的土样称重，精确至0.1g。

3）若进行粗筛分析，则将粗筛组按照孔径从大到小的顺序自上而下叠合，并将先前残留在2mm筛盘上的土倒入粗筛最上层的筛盘中，同步骤2）对整组土振筛、分筛并称重，精确至0.1g。

★　粗筛和细筛各分筛称量所得土的总质量与先前初始土样质量误差不能超过1%，否则要重新测定。

（3）若土样为含有细粒土的无黏性土，则按以下步骤进行试验：

1）将试样放在橡皮板上用研磨杵碾碎。根据试验步骤（1）的要求，取代表性试样置于清水容器中，用搅拌棒充分搅拌，使得试样的粗细颗粒充分分离。

2）将上述容器中的试样悬液通过2mm的筛，边搅拌边冲洗边过筛，直至筛上仅留大于2mm的土粒为止。

3）取残留在筛盘上的粗粒土，烘干至恒重，称量其质量，精确到0.1g。并按照无黏性土过筛法步骤中的第3）步进行粗筛分析。

4）对2mm以下土粒，需将底盘中所接取悬液，用带有橡皮头的研磨杵研磨，再过0.075mm筛，反复冲洗直至筛上仅留大于0.075mm的净砂为止。

5）取残留在筛上的土，烘干至恒重，按照无黏性土过筛法步骤中的第2）步进行细筛分析。

6）对0.075mm以下粒径的土，烘干至恒重称量，若其含量大于总土质量10%，还要对其各粒组组分采用密度计或移液管法进行进一步测定；若小于10%，则记录一个总的百分含量即可。

四、数据整理

颗粒分析试验数据处理就是要整理相应粒组的百分含量，具体如下所述。

1. 计算各粒组组分在总土中所占的百分含量

小于某粒径的试样质量占试样总质量的百分比，应根据式（1-1）进行计算：

$$P_i = \frac{m_{si}}{m_s} P_x \tag{1-1}$$

式中　P_i——小于某一粒径的试样占试样总质量的百分比,%；

m_{si}——小于某一粒径的试样的质量，g;

m_s——当细筛分析或用密度计法分析时为所取试样的质量；当粗筛分析时为试样的总质量，g;

P_x——粒径小于2mm（细筛分析时）或粒径小于0.075mm（密度计法分析时）的试样质量占总质量的百分数。如试样中无大于2mm粒径（细筛分析时）或无大于0.075mm粒径（密度计法分析时），以及在计算粗筛分析时，取$P_x = 100\%$。

计算后，将数据填写在筛析法的颗粒分析试验记录表中（见表1-2）。

表1-2　颗粒分析试验记录表（筛析法）

工程名称：__________　　　　试验者：__________

土样编号：__________　　　　计算者：__________

试验日期：__________　　　　校核者：__________

风干土质量 =　　g			小于0.075mm的土占总土质量的百分数 =　　%		
2mm筛上土质量 =　　g			小于2mm的土占总土质量的百分数 =　　%		
2mm筛下土质量 =　　g			细筛分析时所取试样质量 =　　g		
筛　号	孔径/mm	累计留筛土质量/g	小于该孔径的土质量/g	小于该孔径的土质量百分数/%	小于该孔径的总土质量百分数/%
盘底总计					

2. 绘制土的颗粒大小级配曲线

以小于某一粒径土的颗粒质量占土样总质量的百分含量（%）为纵坐标，以土粒粒径（mm）为横坐标（对数比例尺），根据前述求出小于某一粒径土的颗粒质量百分数绘制级配曲线，如图 1-2 所示，注意粒径坐标设定，按照我国规范的要求，为左大右小。

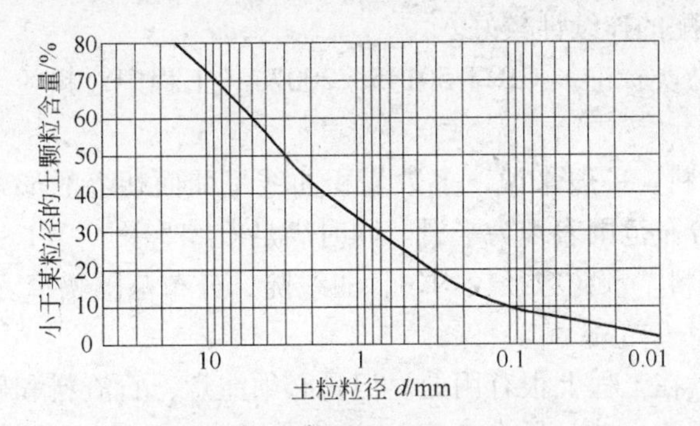

图 1-2　土的颗粒大小级配曲线

★　级配曲线图的绘制，是诸多图表中采用对数坐标轴表示的一例。很多工程问题都会出现对数坐标，但其含义不尽相同，例如本章颗粒分析试验的对数坐标是为将粒径大小差异达到成千上万倍的各种土粒组综合反映在有限的图表空间中，所采取的一种便利措施；而第四章液塑限测定中对数图表的使用，则是因为圆锥刺入深度与含水率均与土体表面刺入强度成负指数关系，进而两者能在双对数轴上具有良好的线性关系表征。

3. 计算级配指标

根据确定的几个关键粒径含量点，计算不均匀系数 C_u 和曲率系数 C_c，进而进行土体级配优劣性的评价。其中各指标的表述形式为：

（1）不均匀系数。不均匀系数的计算式为

$$C_u = \frac{d_{60}}{d_{10}} \tag{1-2}$$

式中　C_u——不均匀系数；

d_{60}——限制粒径，即在颗粒大小级配曲线上小于该粒径土质量占总土质量 60% 的粒径；

d_{10}——有效粒径，即在颗粒大小级配曲线上小于该粒径土质量占总土质量 10% 的粒径。

（2）曲率系数。曲线系数的计算式为

$$C_c = \frac{d_{30}^2}{d_{60}d_{10}} \tag{1-3}$$

式中　C_c——曲率系数；

d_{30}——颗粒大小级配曲线上小于该粒径土质量占总土质量 30% 的粒径。

（3）判别级配优劣情况。不均匀系数 C_u 反映粒径曲线坡度的陡缓，表明土粒大小的不均匀程度。工程上常把 $C_u \leqslant 5$ 的土称为匀粒土；反之 $C_u > 5$ 的土则称为非匀粒土。

曲率系数 C_c 反映粒径曲线的整体形状及细粒含量。研究指出：$C_c < 1$ 的土往往级配不连续，细粒含量大于 30%，且在 $d_{30} \sim d_{60}$ 之间易出现较大粒径土粒的缺失；$C_c > 3$ 的土级配也不连续，细粒含量小于30%，且在$d_{10}\sim d_{30}$之间易出现较小粒径土粒的缺失；而C_c介于1～3时土粒大小级配的连续性较好。

根据《土的工程分类标准》(GB/T 50145—2007)，工程中对粗粒土级配是否良好的判定规定如下：

1）良好级配的材料。一般来说，多数累积曲线呈凹面朝上的形式，坡度较缓，粒径级配连续，粒径曲线分布范围表现为平滑。同时满足$C_u>5$及$C_c=1\sim3$的条件。

2）不良级配的材料。颗粒粒径较均匀，曲线陡，分布范围狭窄。不能同时满足$C_u>5$及$C_c=1\sim3$的条件。

上述级配的特性，在工程上很有用处。但是必须注意，石渣料和砾质土、风化料、冰碛上的级配变化范围很大，其不均匀系数一般都大于5，并具有压碎性大的特点。因此，在对粗粒土级配进行优劣的判别时，应结合实际用料的情况和曲率系数进行具体分析。

第三节　密度计法（比重计法）试验

筛析法只能测定粒径在0.075mm以上的粗粒土的百分含量，因此需要其他方法对更小粒径土的含量进行测定。国际上比较通用的方法是密度计法和移液管法，本节将介绍密度计法的有关内容，有关移液管法的内容可参考文献[6，14，20]。由于密度计法主要是测定细粒土的组分含量，因此要求粒组中粒径大于0.075mm以上土颗粒的质量百分数不能过大，一般要求不超过10%，且粒径不能大于2mm。

一、试验原理

1. 斯托克斯定律

有关密度计法（比重计法）的试验原理有几点要引起注意，首先是密度计法得以应用的理论前提——斯托克斯定律（Stokes' law）。

斯托克斯定律的基本表述为，当固体颗粒足够小时，可认为其在溶液中下沉速率不变。这种现象的适用颗粒粒径，一般认为在0.002～0.2mm，而就细粒土试样而言，其等效粒径普遍小于0.075mm，因此这个范围内的颗粒可满足匀速下沉的前提条件。同时该定律还认为，这种匀速的颗粒下沉速度与颗粒粒径之间存在如式（1-4）所反映的单调映射关系：

$$v=\frac{L}{t}=\frac{(G_s-G_{w,T})\rho_{w,4}g}{1800\times10^4\eta}d^2 \tag{1-4}$$

式中　v——颗粒在水溶液中的下沉速度，cm/s；

L——某一时间内的颗粒落距，cm；

t——下落时间，s；

G_s，$G_{w,T}$——土粒比重和T℃时水的比重；

$\rho_{w,4}$——4℃时水的密度，取1.0g/cm^3；

g——重力加速度，取981cm/s^2；

d——颗粒粒径，mm，精确到小数点后4位；

η——水的动力黏滞系数，10^{-6}kPa·s。

★　式（1-4）并不是以国际单位制为前提，因此带入数值时需格外注意各物理量所要求的数量量纲。

若将上式移项转换可得：

$$d = \sqrt{\frac{1800 \times 10^4 \eta}{(G_s - G_{w,T})\rho_{w,4} g} \cdot \frac{L}{t}} = K\sqrt{\frac{L}{t}} \tag{1-5}$$

式中　K——粒径计算系数，与悬液温度和土粒比重有关，$(cm \cdot s)^{1/2}$。

从此式可见，对已知溶液，知道颗粒比重等相关参数后，只要确定一定时间内颗粒下落的距离，就可得知该颗粒的粒径大小。

密度计法测定土的级配含量的本质，就是利用密度计的读数和土粒的下沉时间，来知道相对应的某一粒径及其以下粒径土的质量百分含量。

这种测定方法的具体实现思路为：

一批不同粒径土样如果在初始时刻均匀分布在溶液中的各层，如图1-3(a)所示，也就是说，此时各水平层面中各种粒径大小的颗粒含量相等。为对图中颗粒所在位置做更清晰的说明，我们在溶液各层位置旁标注坐标符号，定位颗粒初始所在位置。其中纵坐标“1～6”是颗粒所在初始层编号，而横坐标“A～F”是颗粒大小的依次编号。

此后，若颗粒自由下沉，则大颗粒下沉速率快，而小颗粒下沉速率慢，t_i 时刻后，溶液中颗粒分布就会从图1-3(a)所示初始状态，转变为图1-3(b)所示的颗粒分层缺失状态。

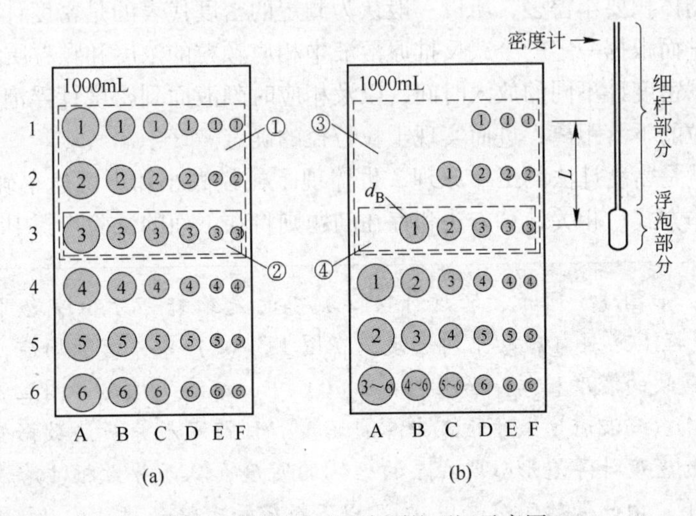

图1-3　密度计试验中颗粒下沉示意图

（a）颗粒搅匀后初始时刻；（b）颗粒搅匀后 t_i 时刻

以图1-3(b)中 t_i 时刻颗粒所在位置为例：此时3层B号位置，粒径大小为 d_B 的颗粒实际上来自于初始的1层B号位，而原来3层B号位的颗粒已经下落到5层；同时只要溶液足够多，认为颗粒不会在大多数层面区域发生重叠（只有在溶液的最下层会有颗粒堆积重叠）；于是图1-3(b)的3层中只有 d_B 及以下粒径的颗粒，且其颗粒含量与图1-3（a）所示溶液初始时刻各层中 d_B 及以下粒径的颗粒含量相同。因此，如能测得图1-3（b）第

3 层溶液的密度，通过一定换算关系就能算知该层溶液中 d_B 及以下粒径颗粒的质量，进而换算求得整体溶液中（即初始溶液中）d_B 及以下粒径颗粒的总质量，从而便能确定粒径小于 d_B 的土所占总土粒的百分含量。

对于 d_B 粒径的具体大小，只要有方法得知其下沉落距及时间，依据斯托克斯定律，便可由式（1-5）求出。

2. 密度计的工作原理

根据上文所述，若能测定某一时刻，某层溶液的密度，则该层溶液中最大粒径以下的土粒含量就可算知；同时若能确定该最大粒径土粒的下沉速率，就可根据斯托克斯公式知道对应土粒的粒径大小。而这两个关键参数，均可通过使用密度计（比重计）来测得。

通常使用的密度计有两种：甲种密度计和乙种密度计。图 1-4 是乙种密度计的结构示意图（甲种密度计与之构型相同，只是其上刻度有别，将在后面试验设备中予以介绍），其由下部浮泡和上部细杆两部分组成，细杆部分标有刻度。乙种密度计上的刻度就是其所测溶液的密度。

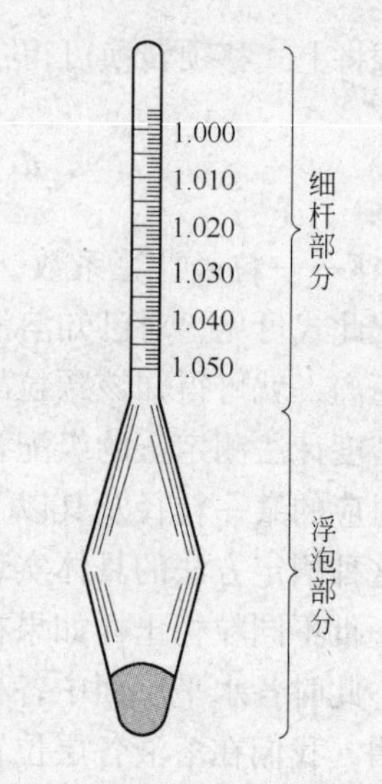

图 1-4 乙种密度计结构示意图

对均质溶液而言，密度计的读数原理是，根据密度计浮在溶液中时不同的排水体积，确定所对应的密度计重量，再根据阿基米德浮力定律，换算得到溶液密度。

由于细杆的体积要小得多，所以一般认为测定的密度代表的是密度计浮泡形心位置处的溶液密度，进而根据一定的公式反推原溶液中相应颗粒的浓度和颗粒质量。

同时，根据密度计不同的放入时间，以及相应时刻液面到密度计浮泡形心的距离，可以了解不同土粒的下落距离，进而实现土粒粒径的确定。

以上所述就是密度计法的工作原理，也体现了粒径大小和下沉速率确定的基本思路，而其具体的操作方式、相关计算方法和存在问题则将在下面的试验步骤中予以详细说明。

> ★ 误差说明：如图 1-3 所示，密度计实际测得的是细杆部分和浮泡部分所浸润溶液（即框③或框①范围内）的平均密度，在图 1-3（a）中，溶液均质，框②与框①包含溶液所反映的密度相同；而在图 1-3（b）中，溶液不均匀，明显密度计浮泡形心所在的框④中溶液密度大于框③中溶液密度。目前颗粒分析法数据处理是以框③的密度来作为密度计浮泡形心所在层的框④的密度，从而导致框④溶液计算密度值比真实值偏小，由此低估了溶液中 d_B 及以下粒径的土粒含量。目前该方法尚不能将此误差扣除，但读者应从原理和定性层面了解这种误差的来源。

二、试验设备和试剂

（1）密度计：分甲种密度计和乙种密度计，其中乙种密度计读数反映的是溶液的密度，而甲种密度计读数是换算体积后得到的溶液中颗粒的质量。但是甲种密度计的颗粒质量读取，是基于颗粒比重为 2. 65 时所确定的，因此对其他比重颗粒的溶液，还要进行换算。换算方法见数据分析部分。

1）甲种密度计，刻度单位是以在20℃时，每1000mL悬液中所含土的质量（g）来表示的，刻度范围 -5~50g，最小分度值0.5；

2）乙种密度计，刻度单位是以在20℃时，悬液的密度来表示的，刻度范围0.995~1.020g/cm^3，最小分度值0.0002。

（2）量筒：容积1000mL，分度值为10mL。

（3）洗筛：孔径为0.075mm。

（4）洗筛漏斗：上口直径略大于洗筛直径，下口直径略小于量筒内径。

（5）天平：量程1000g，最小分度值0.1g；量程200g，最小分度值0.01g。

（6）辅助设备：温度计、搅拌器、煮沸器、研磨杵、秒表、容积为500mL的锥形烧瓶等。

（7）分散剂：浓度6%双氧水，1%硅酸钠或4%六偏磷酸钠溶液。

（8）水溶盐检验试剂：浓度10%盐酸，5%氯化钡，10%硝酸，5%硝酸银。

三、试验步骤

（1）取代表性的天然或风干土样200~300g，过2mm筛，确定留在筛上，即粒径大于2mm的土占试样总质量的百分比。

（2）测定过2mm筛土的风干含水率。

（3）根据风干含水率，称取干土质量为30g的风干试样，精确至0.01g。风干试样的质量m可由式（1-6）或式（1-7）计算。

当试样中易溶盐含量（易溶盐质量与风干土总质量之比）小于1%时：

$$m = 30 \times (1 + w_0) \tag{1-6}$$

当易溶盐含量大于或等于1%时：

$$m = \frac{30 \times (1 + w_0)}{1 - w_s} \tag{1-7}$$

式中　m——风干土质量，g；

w_0——风干土含水率，%；

w_s——易溶盐含量，%。

（4）当易溶盐含量大于0.5%时，则说明试样中易溶盐含量过高，会导致悬液中土粒成团下沉，因此需要洗盐。

有关易溶盐含量确定的方法，通常有电导法和目测法两种。

1）电导法的基本操作步骤为：

按照电导率仪使用说明书的操作规则，测定T℃时，土水比为1∶5的试样溶液的电导率，并按照式（1-8）计算20℃时溶液的电导率，若K_{20}测定值大于1000μS/cm，应进行洗盐。

$$K_{20} = \frac{K_T}{1 + 0.02(T - 20)} \tag{1-8}$$

式中　K_{20}——20℃时悬液的电导率，μS/cm；

K_T——T℃时悬液的电导率，μS/cm；

T——测定悬液的温度，℃。

注：若 K_{20} 测定值大于 2000μS/cm，可参照文献［6］中有关标准方法测定易溶盐含量。

2）目测法的基本操作步骤为：

取风干试样 3g，放入烧杯，加 4～6mL 纯水调成糊状，用研磨杵将其研散，再加纯水 25mL，煮沸 10min，冷却后将其通过漏斗移入试管中，静置过夜，若试管中出现凝聚现象，应洗盐。

（5）将需洗盐的试样，根据式（1-7）称取对应干土质量为 30g 的风干试样，倒入 500mL 锥形瓶中，加纯水 200mL，搅拌后快速倒入用滤纸覆盖的漏斗中，不断用纯水洗滤，直到滤液的电导率 K_{20} 小于 1000μS/cm（或跟 5% 酸性硝酸银溶液和 5% 酸性氯化钡溶液无白色沉淀反应）为止。

★　洗滤过程中，如在锥形瓶溶液中出现了混浊，说明有土粒落入溶液，这样必须重新过滤，以保证土粒都留在滤纸上。

（6）将不需洗盐的风干土或洗盐后留在滤纸上的试样，倒入 500mL 的锥形瓶中，注入纯水 200mL，浸泡过夜。

（7）将锥形瓶置于煮沸设备上煮沸，煮沸时间宜为 40min。

（8）将冷却后的悬液移入烧杯中，静置 1min，通过洗筛漏斗将上部悬液过 0. 075mm 筛，遗留在杯底的沉淀物用带橡皮头的研杵研散，再加适量水搅拌，静置 1min，重复将上部悬液过 0. 075mm 筛，反复洗滤，直至锥形瓶中的砂粒洗净，但量筒中的悬液总量不得超过 1000mL。

（9）将筛上和杯中砂粒合并放入蒸发皿中，倒出清水，烘干，称量，进行细筛分析。

（10）将已过 0. 075mm 筛的悬液倒入量筒，加入 4% 六偏磷酸钠分散剂 10mL，再注入纯水至 1000mL。（对加入六偏磷酸钠后悬液中颗粒仍产生凝聚的，应选用其他分散剂。）

（11）将搅拌器放入量筒，沿着悬液深度上下搅拌 1min（约 30 次），搅拌时要注意用力均匀，尽量伸到底部，上拔时则要小心，防止将悬液带出量筒。

★　若搅拌不够充分，将引起密度计读数偏小，特别是前几级大粒径溶液的含量；而搅拌带出土体，则会引起土量损失，造成读数偏小，因此搅拌过程务必需要重视。

（12）停止搅拌后，迅速取出搅拌器，放入密度计，同时开启秒表计时。测定累计 0. 5min、1min、2min、4min、15min、30min、60min、120min、1440min 时刻下密度计的读数。

★　虽然，因为颗粒不断下沉，溶液上层越来越稀，密度计每次放入后的读数必然越来越小；但有关密度计读数的时间点选择还是要有所讲究。若读数时间过密，不仅两个测点读数会非常接近，测定的粒径离散程度不够，而且还会因为密度计的频繁放入，增添对悬液的扰动，带来误差加剧；而如果读数点间隔时间过长，又可能使得某些关键粒径对应含量的测定缺失，级配曲线上的特征点也会过于稀疏，进而导致曲线的真实性下降。

密度计放置时，要求密度计浮泡处于量筒中心，不得紧贴筒壁。

读数时，在悬液中，读取弯液面上缘的读数（悬液中很难读取弯液面最低处读数，两者之间需要进行修正，具体方法见后文），甲种密度计应准确至0.5，乙种密度计应该准确至0.0002。

（13）每次读数后，在小心取出密度计同时，放入温度计，测定悬液温度，精确至0.5℃。

★　由于密度计体积较大，长期放置在悬液中，会影响颗粒正常下沉，因此要求密度计在读数完成后拿出溶液。同时为了保证密度计的读数稳定性，要求在密度计读数前15~20s就将密度计提前轻放入悬浊液中。此外放置密度计入溶液的停留位置也有讲究，建议将密度计停留在接近溶液初始密度的位置松手，从而减少密度计在溶液中的晃动（按照30g土可以估算，溶液比重在1.02~1.03之间，则可先把密度计放置在此处位置；之后每次放入密度计都使所在液面刻度接近前一次的密度计读数，从而减少密度计为了接近平衡而产生的往复振动程度）。

四、数据处理

1. 三种基本类型的密度计读数校正

密度计读数测定后首先应进行三种类型的校正：

（1）弯液面校正，即同温度下，悬液的上缘与弯液面最底处两个读数的差值校正。通常实现的方法是，在清水中，对密度计在清水中刻度的液面上缘与弯液面最底处的读数差进行测读，将两者的差值 n（甲种密度计记作 n'）计算到正式的密度计读数中去。

★　n 是正值。因为密度计读数下大、上小，读数时记录的是弯液面吸附在密度计管壁上的上翘边沿读数，而实际应该是和弯液面底部齐平点的读数。

（2）试验温度与20℃标准校正。由于密度计的刻度是在20℃的溶液中标定的，因而只有在20℃时读数才是准确的，而当溶液温度高于20℃时，溶液膨胀，其实际密度下降，此时测定读数，要比标准温度下测定的读数偏低，因此，此时要增加温度校正值；反之，当温度低于20℃时，悬液体积收缩，其实际密度较20℃时的标准密度大，导致密度计读数偏高，因此要减小温度校正值。温度校正值记作 m_t（甲种密度计记为 m'_t），具体的温度校正值见表1-3。

表1-3　温度校正值

悬液温度/℃	甲种密度计温度校正值 m'_t	乙种密度计温度校正值 m_t	悬液温度/℃	甲种密度计温度校正值 m'_t	乙种密度计温度校正值 m_t
10	-2	-0.0012	12	-1.8	-0.0011
10.5	-1.9	-0.0012	12.5	-1.7	-0.001
11	-1.9	-0.0012	13	-1.6	-0.001
11.5	-1.8	-0.0011	13.5	-1.5	-0.0009

续表 1-3

悬液温度/℃	甲种密度计温度校正值 m_t'	乙种密度计温度校正值 m_t	悬液温度/℃	甲种密度计温度校正值 m_t'	乙种密度计温度校正值 m_t
14	-1.4	-0.0009	22.5	0.8	0.0005
14.5	-1.3	-0.0008	23	0.9	0.0006
15	-1.2	-0.0008	23.5	1.1	0.0007
15.5	-1.1	-0.0007	24	1.3	0.0008
16	-1	-0.0006	24.5	1.5	0.0009
16.5	-0.9	-0.0006	25	1.7	0.001
17	-0.8	-0.0005	25.5	1.9	0.0011
17.5	-0.7	-0.0004	26	2.1	0.0013
18	-0.5	-0.0003	26.5	2.2	0.0014
18.5	-0.4	-0.0003	27	2.5	0.0015
19	-0.3	-0.0002	27.5	2.6	0.0016
19.5	-0.1	-0.0001	28	2.9	0.0018
20	0	0	28.5	3.1	0.0019
20.5	0.1	0.0001	29	3.3	0.0021
21	0.3	0.0002	29.5	3.5	0.0022
21.5	0.5	0.0003	30	3.7	0.0023
22	0.6	0.0004			

（3）分散剂校正。由于预先在溶液中加入分散剂，使得溶液的密度增加，因此在计算真正溶液密度时，要扣除该部分引起的误差。具体方法是，采用1000mL 20℃的纯水，测定密度计读数，再将试验中所采用的分散剂加入纯水中，用搅拌器对量筒中的溶液进行搅拌，之后放入密度计读数，两次读数差，即为分散剂校正值 C_D（甲种密度计记作 C_D'）。

综合上述三种类型的校正后，密度计的真实读数应该为：

甲种 $$r_i' = R_i' + n' + m_t' - C_D' \tag{1-9a}$$

乙种 $$r_i = R_i + n + m_t - C_D \tag{1-9b}$$

式中 r_i'，r_i——甲种和乙种密度计经三种校正后的读数；

R_i'，R_i——t_i 时刻甲种和乙种密度计读数。

密度计校正后的读数用于计算每一读数时刻，对应层面上最大粒径的尺寸及该粒径以下各粒组组分的含量。

2. 计算小于某一粒径试样的百分含量

（1）首先确定相应的粒径尺寸 d_i。d_i 可以根据前述不同时刻对应的粒径尺寸与下沉速率的关系，由式（1-10）计算：

$$d_i = \sqrt{\frac{1800 \times 10^4 \eta}{(G_s - G_{w,T})\rho_{w,4} g} \cdot \frac{L_i}{t_i}} = K\sqrt{\frac{L_i}{t_i}} \tag{1-10}$$

式中 d_i——t_i 时刻密度计浮泡形心点处溶液中土粒的最大粒径，mm，精确到小数点后4位；

η——水的动力黏滞系数，10^{-6}kPa·s；

G_s——土粒的比重，0.075mm以下各种粒组颗粒的比重差异不大，可采用相同值设定；但在0.075mm以上的各类粒组的比重值实际上是有差异的，因而会带来误差；

$G_{w,T}$——T℃时水的比重；

$\rho_{w,4}$——4℃时纯水的密度，取1.0g/cm^3；

g——重力加速度，取981cm/s^2；

t_i——下落时间，s；

K——粒径计算系数，$K=\sqrt{\dfrac{1800\times 10^4\eta}{(G_s-G_{w,T})\rho_{w,4}g}}$，(cm·s)$^{1/2}$，与土粒比重、悬液的温度等因素有关，可由表1-4查得；

L_i——t_i时刻液面至浮泡形心点处的距离，亦即颗粒的有效沉降距离，cm，可以根据图1-5中所标定的经验关系求得。注意图中密度计的读数，只要将密度计初始读数加上弯液面的校正值即可，这是因为此时长度是根据密度计的外观长度修正的，与溶液本身实际密度没有关系。（有学者认为L_i即是悬液液面到密度计形心的距离；也有部分学者认为，由于密度计浮泡部分和细杆部分截面积不同，需将所测得距离按照一定的关系式进行修正，得到的才是有效沉降距离。）

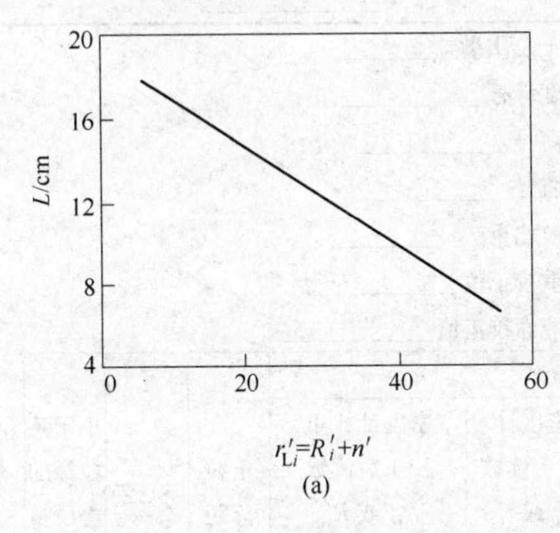

(a)

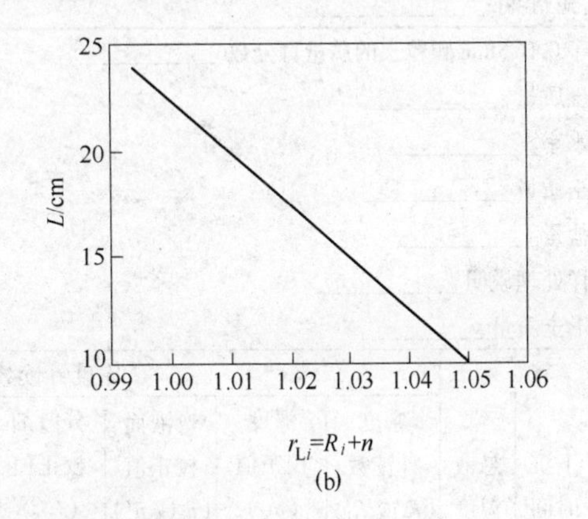

(b)

图1-5　密度计读数与有效沉降距离的关系

（a）甲种密度计读数（$r'_{Li}=R'_i+n'$）与有效沉降距离L'_i的关系；

（b）乙种密度计读数（$r_{Li}=R_i+n$）与有效沉降距离L_i的关系

表1-4　粒径计算系数 $K=\sqrt{\dfrac{1800\times 10^4\eta}{(G_s-G_{w,T})\ \rho_{w,4}g}}$ 值表　　((cm·s)$^{1/2}$)

温度/℃	土粒比重								
	2.45	2.5	2.55	2.6	2.65	2.7	2.75	2.8	2.85
5	0.1385	0.1360	0.1339	0.1318	0.1298	0.1279	0.1291	0.1243	0.1226
7	0.1344	0.1321	0.1300	0.1280	0.1260	0.1241	0.1224	0.1206	0.1189
9	0.1305	0.1283	0.1262	0.1242	0.1224	0.1205	0.1187	0.1171	0.1164
11	0.1270	0.1249	0.1229	0.1209	0.1190	0.1173	0.1156	0.1140	0.1124
13	0.1235	0.1214	0.1195	0.1175	0.1158	0.1141	0.1124	0.1109	0.1094
15	0.1205	0.1184	0.1165	0.1148	0.1130	0.1113	0.1096	0.1081	0.1067

续表 1-4

温度/℃	土粒比重								
	2.45	2.5	2.55	2.6	2.65	2.7	2.75	2.8	2.85
17	0.1173	0.1154	0.1135	0.1118	0.1100	0.1085	0.1069	0.1047	0.1039
19	0.1145	0.1125	0.1108	0.1090	0.1073	0.1058	0.1031	0.1028	0.1014
21	0.1118	0.1099	0.1081	0.1064	0.1043	0.1033	0.1018	0.1003	0.0990
23	0.1091	0.1072	0.1055	0.1038	0.1023	0.1007	0.0993	0.0979	0.0966
25	0.1065	0.1047	0.1031	0.1014	0.0999	0.0984	0.0970	0.0957	0.0943
27	0.1041	0.1024	0.1007	0.0992	0.0977	0.0962	0.0948	0.0935	0.0923
29	0.1019	0.1002	0.0986	0.0971	0.0956	0.0941	0.0928	0.0914	0.0903
31	0.0998	0.0981	0.0965	0.0950	0.0935	0.0922	0.0908	0.0898	0.0884
33	0.0977	0.0961	0.0945	0.0931	0.0916	0.0903	0.0890	0.0883	0.0865
35	0.0957	0.0941	0.0925	0.0911	0.0897	0.0884	0.0871	0.0869	0.0847

计算后，将所有数据添置在密度计法的颗粒分析试验记录表中（见表 1-5）。

表 1-5 颗粒分析试验记录表（密度计法）

工程名称：＿＿＿＿＿＿ 试验者：＿＿＿＿＿＿

土样编号：＿＿＿＿＿＿ 计算者：＿＿＿＿＿＿

试验日期：＿＿＿＿＿＿ 校核者：＿＿＿＿＿＿

小于 0.075mm 颗粒土的质量百分数＿＿＿＿＿＿ 干土总质量＿＿＿＿＿＿

湿土质量＿＿＿＿＿＿ 密度计号＿＿＿＿＿＿

含水率＿＿＿＿＿＿ 量筒号＿＿＿＿＿＿

干土质量＿＿＿＿＿＿ 烧瓶号＿＿＿＿＿＿

含盐量＿＿＿＿＿＿ 土粒比重＿＿＿＿＿＿

试样处理说明＿＿＿＿＿＿ 比重校正值＿＿＿＿＿＿

风干土质量＿＿＿＿＿＿ 弯液面校正值＿＿＿＿＿＿

试验时间	下沉时间 t/min	悬液温度 T/℃	密度计读数						土粒落距 L/cm	粒径 d/mm	小于某粒径的土质量百分数 /%	小于某粒径的总土质量百分数 /%
			密度计读数（R 或 R'）	温度校正值（m_t）	弯液面校正值（n 或 n'）	分散剂校正值（C_D）	密度计校正读数（r_i 或 r_i'）	密度计比重校正后读数 R_H 或 R'_H				
			(1)	(2)	(3)	(4)	(1)+(2)+(3)−(4)	甲种：$C_G' r_i'$ 乙种：$C_G(r_i-1)\times\rho_{w,20}$				

（2）根据式（1-11），求解粒径小于 d_i 的土粒在试样中的百分比 P_i。

甲种密度计：

$$P_i = \frac{100m_i}{m_s} = \frac{100}{m_s} \times R'_H = \frac{100}{m_s} \times C'_G \times r'_i = \frac{100}{m_s} \times \frac{G_s}{G_s - G_{w,20}} \times \frac{2.65 - G_{w,20}}{2.65} r'_i \tag{1-11a}$$

乙种密度计：

$$P_i = \frac{100m_i}{m_s} = \frac{100V}{m_s} \times R_H = \frac{100V}{m_s} \times C_G \times (r_i - 1)\rho_{w,20}$$

$$= \frac{100V}{m_s} \times \frac{G_s}{G_s - G_{w,20}} \times (r_i - 1)\rho_{w,20} \tag{1-11b}$$

式中　m_i——d_i 粒径以下土粒的质量，g；

m_s——土粒质量，一般为30g；

V——颗粒分析试验量筒中悬液体积，一般 $V = 1000\text{cm}^3$；

R'_H——甲种密度计经过比重校正后的读数，$R_H = C'_G \times r'_i$；

R_H——乙种密度计经过比重校正后的读数，$R_H = C_G \times (r_i - 1)\rho_{w,20}$；

C'_G——甲种密度计比重校正系数，$C'_G = \frac{G_s}{G_s - G_{w,20}} \times \frac{2.65 - G_{w,20}}{2.65}$；

C_G——乙种密度计比重校正系数，$C_G = \frac{G_s}{G_s - G_{w,20}}$；

r'_i——甲种密度计经过弯液面，温度和分散剂校正后的读数，见式（1-9a）；

r_i——乙种密度计经过弯液面，温度和分散剂校正后的读数，见式（1-9b）；

G_s，$G_{w,20}$——分别为土粒和20℃时纯水的比重。

$\rho_{w,20}$——20℃时纯水的密度，g/cm³。

★　从甲、乙两种密度计计算土粒百分含量的最终公式对比可见，虽然甲种密度计直接读出了溶液中土粒的质量，但最终计算中，甲种密度计的校正反而要比乙种密度计繁琐。这是因为，甲种密度计关于土粒质量的换算，是以悬液中土粒比重为2.65为前提，当悬液中的土粒比重不是2.65时，还需进一步换算。而乙种密度计读出的是悬液的密度，与土粒比重并无关系，只要根据浮力定律换算实际的颗粒含量即可。下述乙种密度计的含量推导即说明了这个问题。一些著作把乙种密度计下的这个修正系数 C_G 也称作比重校正系数，但实际的含义是不同的。读者在分析原理时，应注意这个区别。

有关乙种密度计计算土粒含量的公式，可推导如下：

$$m_i = r_i\rho_{w,20}V - \rho_{w,20}V_w = G_{w,20}\,\rho_{w,4}(r_iV - V_w) = G_s\rho_{w,4}V_s = G_s\rho_{w,4}(V - V_w) \tag{1-12}$$

式中　V，V_w——分别表示溶液体积和溶液中水的体积，cm³；

$\rho_{w,4}$——4℃时水的密度，g/cm³；

其他符号意义同式（1-11）。

由此可得：

$$V_{w} = \frac{(G_{w,20}r_{i} - G_{s})V}{G_{w,20} - G_{s}} \tag{1-13}$$

代入式（1-12）可得：

$$m_{i} = G_{s}\rho_{w,4}\frac{G_{w,20}V(1 - r_{i})}{G_{w,20} - G_{s}} = V \times \frac{G_{s}}{G_{s} - G_{w,20}} \times (r_{i} - 1)\rho_{w,20} \tag{1-14}$$

由此可知，式（1-14）与式（1-11b）中 m_i 的分项相一致。且从中亦可见，推导中并没有用到所谓土粒比重必须为2.65的假设前提。

3. 绘制土的颗粒大小分布曲线

类似筛分法试验中的结果整理，以小于某粒径试样质量占总质量的百分比为纵坐标，以颗粒粒径为横坐标（对数比例尺，且左大右小），在单对数坐标上绘制颗粒大小分布曲线（类似图1-2）。

含量计算时注意，如果原土在0.075mm上下皆有粒径分布，则求得的粒径含量需再乘以0.075mm以下粒径土占总土质量的百分比，方为该粒径以下土体在总土样中的百分比。

级配图绘制后，应根据式（1-2）和式（1-3）计算不均匀系数和曲率系数，进行级配优良性评价。

思　考　题

1-1　分析土粒级配含量的颗粒分析试验主要有哪几种类型，各自的适用条件如何？

1-2　采用密度计法测定土体颗粒含量的基本原理是什么，该法误差主要来自哪些方面？

1-3　颗粒级配曲线横坐标为什么要采用对数比例尺？

第二章　土的基本物理指标测定试验

第一节　导　言

在区分了土粒中颗粒大小后，我们从细观世界回到了宏观世界，再对由这些颗粒所组成的土体的基本特性进行研究。而在层层深入了解的过程中，作为宏观特性基础的土的物理性质指标将为我们首先所关注。

土的物理特性指标中，直接测定的三个最基本指标：含水率、密度和比重，是工程中进行指标换算的基础，其他诸如饱和度、干密度、孔隙比等都可通过这些指标换算得到，亦或就是它们的一些变体，因此掌握测定这三个基本指标的方法就显得尤为重要。本章将在第二节至第四节，分别对这三个基本指标的测试方法进行介绍。

为了说明基本指标的换算作用，表2-1列出了采用三个基本指标表示的常用物理性质指标换算公式。

表2-1　采用三大基本指标表示的常用物理性质指标

指标名称	符号表示	换算公式	备注说明
干密度	ρ_d	$\rho_d = \dfrac{\rho}{1+w}$	
孔隙比	e	$e = \dfrac{G_s\rho_w(1+w)}{\rho} - 1$	
孔隙率	n	$n = 1 - \dfrac{\rho}{G_s\rho_w(1+w)}$	
饱和密度	ρ_{sat}	$\rho_{sat} = \dfrac{(G_s-1)\rho}{G_s(1+w)} + \rho_w$	
饱和度	S_r	$S_r = \dfrac{wG_s\rho}{G_s\rho_w(1+w)-\rho}$	
浮重度	γ'	$\gamma' = \dfrac{(G_s-1)\rho g}{G_s(1+w)}$	由于密度是材料本质，所以一般不称浮密度，而仅用浮重度表示

下面就分节介绍各种指标的测定方法。

第二节　含水率测定试验

一、概述

含水率定义为土体在高温下，减少水分至恒重时，所失去的水质量与烘干土体颗粒质量之比。一般烘干温度不大于110℃，而土中强吸着水沸点一般在150℃以上，因此含水率定义中的水，只包含了自由水（含重力水和毛细水）和弱吸着水。含水率的高低在一定程度上反映了土的可塑程度，对土体的强度、变形都有着密切的影响。

★　含水率测定，之所以不包含强吸着水，是因为一般认为，强吸着水与土粒结合紧密，有一定的抗剪强度，在很多情况下，是将其看成固体的一部分对待。

实际操作中，含水率的测定方法有很多种，本节仅对目前最常用的两种含水率测定方法进行介绍，其他的一些方法，如炒干法、碳化钙气压法等，可以参考文献［20，24］。

二、烘干法

1. 试验原理

实验室内的烘干法是含水率测定中最基本也是最标准的一种方法。即利用恒温烘箱设定规定的温度，让土体在其中烘干至恒重，根据烘干前后土体的质量差求得土中水的质量，进而计算含水率。

2. 试验设备

（1）恒温烘箱：烘箱的调控温度要求在50～200℃的变化范围内设定。

（2）天平：称量200g，最小分度值0.01g。

（3）其他设备：包括铝盒（根据土粒分类选择不同大小的铝盒）、干燥器、铅丝篮、温度计等。

3. 试验步骤

（1）先称取铝盒质量m_0，之后对细粒土，取具有代表性试样15～30g，对有机质土、砂类土和整体状构造冻土取50g，对砾类土，取100g，放入铝盒内，盖上盒盖，称盒加湿土的质量m_1，准确至0.01g。得到湿土质量为m_1-m_0。

（2）打开盒盖，将盒置于烘箱内，设定在105～110℃的恒温下烘至恒重。烘干时间根据土质不同而变化，其中对黏土约10h，粉土或者粉质黏土不得少于8h，对砂土不少于6h，对含有机质超过干土质量5%的土，应将温度控制在65～70℃的恒温下烘至恒重。

★　需要注意的是，上文中的高温界定，在无黏性土中是105～110℃，保证水分能够充分挥发，但是如果土中含有有机质，则在该温度下会因为有机质分解和碳化，进而挥发，导致测定的含水率偏高。一般当有机质含量高于5%时，就应降低烘干温度，那些不能控制温度，且温度值过高的酒精燃烧法等方法就不能使用。一般对有机质含量高于5%的土，用65～70℃温度烘干至恒重，但是此时持续时间要比105℃高温长，且可能还有部分水分未能挥发，影响真实含水率的测定，因此严格的测定，建议采用负压低温法。

（3）将称量盒从烘箱中取出，盖上盒盖，放入干燥容器内冷却至室温，称盒加干土质量 m_2，准确至 0.01g。扣除铝盒质量 m_0，即得干土质量 $m_s = m_2 - m_0$。

（4）根据式（2-1）计算试样的含水率，准确至 0.1%：

$$w = \frac{m - m_s}{m} \times 100 = \frac{m_1 - m_2}{m_2 - m_0} \times 100 \tag{2-1}$$

式中　w——试样的含水率，%；

m——湿土质量，g。

（5）若是对层状和网状构造的冻土测定含水率，则其在进行前述（1）~（4）步骤前，应按下列步骤进行取样：

采用四分法切取土样 200～500g（若冻土结构均匀则少取，反之多取）放入搪瓷盘中，称盘和试样质量，准确至 0.1g。扣除盘质量，得冻土试样质量 m_3。

待冻土试样融化后，调成均匀糊状，称土糊和盘质量，准确至 0.1g，扣除盘质量，得土糊质量 m_4。从糊状土中取样，按照前述的（1）~（4）步进行糊状制样的含水率测定。

★　①冻土之所以要融化成糊状后，才能测定含水率，是因为土体在冻结条件下，水分在土中的分布可能不均匀，此外冻结状态下也不利于切取试样，切样还可能造成冰的质量损失，从而影响含水率的准确测定。

②若糊状土太湿时，多余的水分让其自然蒸发或用吸球吸出，但不得将土粒带出；土太干时，可适当加水调糊。

对层状和网状冻土的含水率，应按下式计算，准确至 0.1%：

$$w = \left[\frac{m_3}{m_4} \times (1 + 0.01w_n) - 1\right] \times 100 \tag{2-2}$$

式中　w——冻土试样的含水率，%；

w_n——糊状试样的含水率，%；

m_3——冻土试样质量，g；

m_4——糊状试样质量，g。

（6）同一含水率下的土，需要平行测定两组含水率值，取其算术平均值作为确定土体的含水率值。针对重塑均匀土质，如果平均含水率高于 40% 时，两次含水率测定差异不得大于 2%；若平均含水率低于 40% 时，两次含水率测定差异不得大于 1%；对层状和网状构造的冻土，含水率差值不得大于 3%。但对于原状土质，其天然条件下，上下部位土的含水率也可能有差异，此时可以适当放宽平行试验结果的差值允许范围。

4. 数据处理

烘干法的试验数据记录表如表 2-2 所示。

表 2-2 含水率测定试验记录表（烘干法和酒精燃烧法）

工程名称：__________ 试验者：__________

试验方法：__________ 计算者：__________

试验日期：__________ 校核者：__________

试样编号	试样名称	盒号	盒质量/g	盒+湿土质量/g	盒+干土质量/g	湿土质量/g	干土质量/g	含水率/%	平均值/%

三、酒精燃烧法

1. 试验原理

酒精燃烧法是室内或室外不具备烘干法条件时，所常用的一种含水率测定方法。其原理就是利用酒精燃烧产生的热量使土中水气化蒸发。根据灼烧前后土体的质量差求得土中水的质量，进而计算含水率。

2. 试验设备

（1）酒精：纯度高于95%。

（2）天平：称量200g，最小分度值0.01g。

（3）其他设备：包括铝盒（根据土粒分类选择不同大小的铝盒）、干燥器、铅丝篮、温度计、滴管、火柴和调土刀等。

3. 试验步骤

（1）取代表性的试样放入铝盒内，一般对黏性土取5～10g，砂性土取20～30g，盖上盒盖，称量质量 m_1（此类实验称量均准确至0.01g），扣除铝盒质量 m_0，即得到湿土的质量 $m = m_1 - m_0$。

（2）用滴管将酒精注入放有试样的铝盒中，直至盒中出现自由液面为止。同时轻轻敲击铝盒，使酒精在试样中充分混合均匀。

（3）点燃铝盒中的酒精，烧至火焰熄灭。

（4）待试样冷却几分钟后，重复步骤（2）和（3），反复燃烧两次。当第三次火焰熄灭后，立即盖好盒盖，称干土加铝盒的质量 m_2，扣除铝盒质量 m_0，即得干土质量 m_s。

（5）同一试样的含水率需要平行测定两次，取两次所得含水率的算术平均值，作为该土的含水率，有关误差的限制要求，与烘干法相同。

4. 数据处理

酒精燃烧法的试验数据记录与烘干法相同，其数据记录表亦如表2-2所示。

第三节 密度测定试验

土的密度的基本定义是单位体积土体质量，这里特指的是土体在天然情况下的密度，一般也称天然密度，与土体在饱和状态下的饱和密度，以及在完全干燥条件下的干密度对应。土的密度是直接测定的土的三大基本物理性质指标之一，其值与土的松紧程度、压缩性、抗剪强度等均有着密切联系。

干密度、饱和密度，都不是直接测定，而是通过天然密度换算得到的，具体见表2-1。干密度不宜采用试验方法测定，是因为土体由湿到干会有体积收缩（尤其对黏性土而言），而干密度定义上的体积，则是天然状态下收缩前土体的体积，因此用试验方法计算得到的干密度要比真实值偏大。

测定密度的基本思想，都是用各类方法将土体的体积确定出来，再称量土体的质量，从而求得土体的密度。具体而言，有先确定一定体积，再称量土体质量的环刀法；亦有先确定了土体质量，再测定该土块所占据体积的蜡封法、灌砂法、灌水法等。本书主要介绍环刀法、蜡封法和灌水法，其他测定方法可参考文献［6,14］。

一、环刀法

1. 试验原理

环刀法的原理是利用环刀切取一定体积的土体，再测得环刀与土体质量，扣除环刀质量，从而求得土样密度。环刀法适用的对象是细粒土。

2. 试验设备

（1）环刀：内径61.8mm和79.8mm，高度20mm；

（2）天平：称量500g，最小分度值0.1g；称量200g，最小分度值0.01g；

（3）其他：刮刀、钢丝锯、凡士林等。

3. 试验步骤

（1）取原状或制备好的重塑黏土土样，将土样的两端整平。在环刀内壁涂一薄层凡士林，称量涂抹凡士林后的环刀质量 m_0，再将环刀刃口向下放在土样上；

（2）一边将环刀垂直下压，一边用刮刀沿环刀外侧切削土样，压切同步进行，直至土样高出环刀；

（3）根据试样的软硬采用钢丝锯或切土刀对环刀两端土样进行整平。取剩余的代表性土样测定含水率。擦净环刀外壁，称量环刀和土的总质量 m_1，准确至0.1g，扣除环刀质量 m_0 后，即得土体的质量 $m = m_1 - m_0$；

（4）根据式（2-3）和式（2-4）确定试样的密度和干密度分别为：

$$\rho = \frac{m_1 - m_0}{V} \tag{2-3}$$

$$\rho_d = \frac{\rho}{1 + w} \tag{2-4}$$

式中　ρ，ρ_d——分别为土体的密度和干密度，g/cm^3。

V——环刀的容积，cm^3；

w——含水率，其测定方法参见本章第二节，%。

（5）环刀法测定密度，应进行两次平行测定，两次测定密度的差值不得大于 $0.03g/cm^3$，取两次测值的算术平均值为最终土样密度。

4. 数据整理

环刀法测定密度的记录表格，可参考表 2-3 绘制。

表 2-3 密度测定试验记录表（环刀法）

工程名称：______ 试 验 者：______

送检单位：______ 计 算 者：______

土样编号：______ 校 核 者：______

试验日期：______ 试验说明：______

试样编号	试样类别	环刀编号	环刀质量 /g	环刀体积 /cm^3	环刀 + 湿土质量 /g	湿土质量 /g	密度 /$g \cdot cm^{-3}$	平均密度 /$g \cdot cm^{-3}$	含水率 /%	干密度 /$g \cdot cm^{-3}$
			(1)	(2)	(3)	(4) $(3)-(1)$	(5) $\frac{(4)}{(2)}$	(6)	(7)	(8) $\frac{(5)}{1+0.01\times(7)}$

二、蜡封法

1. 试验原理

蜡封法，是先确定土体质量，再测定该土块所占据体积，进而求得土体密度的方法。其核心思路是通过阿基米德浮力排水的原理来测定土体体积。具体实践方法见试验步骤。该方法属于室内试验，适用于黏结性较好，但是易破裂的土和形状不规则的坚硬土。

2. 试验设备

（1）蜡封设备：熔蜡加热器、蜡。

（2）天平：称量 200g，最小分度值 0.01g；具有吊环方式称量方法，如图 2-1 所示。

（3）其他设备：切土刀、温度计、纯水、

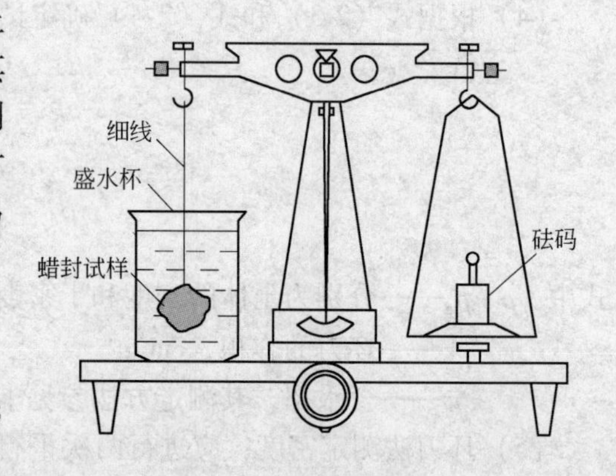

图 2-1 蜡封法称量天平

烧杯、细线、针等。

3. 试验步骤

（1）从原状土样中，切取体积约 $30cm^3$ 的试样，清除表面浮土及尖锐棱角后，将其系于细线上，放置在天平中，称其质量 m，准确至0.01g。

（2）用熔蜡加热器将蜡熔解，形成蜡熔液，持线将试样缓缓浸入刚过熔点的蜡液中，浸没后立即提出，检查试样周围的蜡膜，如周围有气泡应用针刺破，再用蜡液补平，冷却后称蜡封试样的质量 m_1，准确至0.01g。

（3）将蜡封试样挂在天平一端，浸没于盛有纯水的烧杯中，称蜡封试样在纯水中的质量 m_2，准确至0.01g，并测定纯水的温度（见图2-1）。

（4）取出试样，擦干蜡面上的水分，再称蜡封试样质量。若浸水后试样质量增加，应另取试样重做试验。若无，则按照式（2-5）计算试样密度：

$$\rho = \frac{m}{\dfrac{m_1 - m_2}{\rho_{w,T}} - \dfrac{m_1 - m}{\rho_n}} \tag{2-5}$$

式中　m——湿土质量，g；

m_1——湿土与蜡的质量和，g；

m_2——湿土蜡封后在水中称得的质量，g；

ρ_n——蜡的密度，g/cm^3；

$\rho_{w,T}$——纯水在 T℃时的密度，g/cm^3，可由表2-4查到。

而试样的干密度，按式（2-4）计算即可。

（5）蜡封法测定密度，亦应进行两次平行测定，两次测定差值不得大于 $0.03g/cm^3$，取两次测定值的算术平均值。

表2-4　水在不同温度下的密度表

温度/℃	水的密度 /g·cm⁻³	温度/℃	水的密度 /g·cm⁻³	温度/℃	水的密度 /g·cm⁻³
4	1.0000	15	0.9991	26	0.9968
5	1.0000	16	0.9989	27	0.9965
6	0.9999	17	0.9988	28	0.9962
7	0.9999	18	0.9986	29	0.9959
8	0.9999	19	0.9984	30	0.9957
9	0.9998	20	0.9982	31	0.9953
10	0.9997	21	0.9980	32	0.9950
11	0.9996	22	0.9978	33	0.9947
12	0.9995	23	0.9975	34	0.9944
13	0.9994	24	0.9973	35	0.9940
14	0.9992	25	0.9970	36	0.9937

4. 数据整理

蜡封法测定密度的记录表格，可参考表2-5绘制。

表 2-5　密度测定试验记录表（蜡封法）

工程名称：＿＿＿＿＿＿　　试 验 者：＿＿＿＿＿＿

送检单位：＿＿＿＿＿＿　　计 算 者：＿＿＿＿＿＿

土样编号：＿＿＿＿＿＿　　校 核 者：＿＿＿＿＿＿

试验日期：＿＿＿＿＿＿　　试验说明：＿＿＿＿＿＿

湿土质量 /g	土和蜡的质量/g	土和蜡在水中质量/g	水温 /℃	T℃水的密度 /g·cm^{-3}	蜡的密度 /g·cm^{-3}	试样密度 /g·cm^{-3}	平均密度 /g·cm^{-3}
(1)	(2)	(3)	(4)	(5)	(6)	(7) $\dfrac{(1)}{\dfrac{(2)-(3)}{(5)}-\dfrac{(2)-(1)}{(6)}}$	(8)

三、灌水法

1. 试验原理

灌水法和灌砂法适用于现场试验，特别适于测定建筑工程中出现的杂填土、砾类土、二灰土等。就测定精度而言，灌水法要较灌砂法精确。该法也是先确定需要测定土体的质量，然后再用排水的方法，来确定土块的体积。

2. 试验设备

（1）台秤：称量50kg，最小分度值10g。

（2）储水筒：直径均匀，并附有刻度及出水管。

（3）聚氯乙烯塑料薄膜袋。

（4）其他：铁锹、铁铲、水准尺。

3. 试验步骤

（1）如表2-6所示，根据试样中土粒的最大粒径，确定试坑尺寸。

表 2-6　用于灌水法和灌砂法的试坑尺寸

试样最大粒径 /mm	试坑尺寸	
	直径/mm	深度/mm
5～20	150	200
40	200	250
60	250	300

（2）将选定试验处的试坑地面整平，除去表面松散的土层。整平场地要略微大于开挖试坑的尺寸，并用水准尺校核试坑地表是否水平。

（3）根据确定的试坑直径，划出坑口轮廓线，在轮廓线内用铁铲向下挖至要求深度，边挖边将坑内的试样装入盛土容器内，称试样质量 m，准确到10g，同时测定试样含水率。

（4）挖好试坑后，放上相应尺寸套环，用水准尺找平，将略大于试坑容积的塑料薄膜袋平铺于坑内，翻过套环压在薄膜四周。

（5）记录储水筒内初始水位高度 H_1，拧开储水筒出水管开关，将水缓慢注入塑料薄膜袋中。当袋内水面接近套环边缘时，将水流调小，直至袋内水面与套环边缘齐平时关闭出水管，静置 3 ~5min，如果袋内出现水面下降时，表明塑料袋渗漏，应另取塑料薄膜袋重做试验，若水面稳定不变，则记录储水筒内水位高度 H_2。

4. 数据整理

（1）试坑的体积以及试样的体积，应按下式计算：

$$V = (H_1 - H_2) \times A - V_0 \tag{2-6}$$

式中　V——试坑的体积，cm^3；

H_1——储水筒初始水位高度，cm；

H_2——储水筒注水终了时水位高度，cm；

A——储水筒断面积，cm^2；

V_0——套环体积，cm^3。

（2）试样的密度，按式（2-7）计算：

$$\rho = \frac{m}{V} \tag{2-7}$$

式中　ρ——试样密度，g/cm^3；

m——试样质量，g；

V——试样（试坑）体积，cm^3。

（3）灌水法测定密度的记录表格，可参考表 2-7 绘制。

表 2-7　密度测定试验记录表（灌水法）

工程名称：＿＿＿＿＿＿　　试 验 者：＿＿＿＿＿＿

送检单位：＿＿＿＿＿＿　　计 算 者：＿＿＿＿＿＿

土样编号：＿＿＿＿＿＿　　校 核 者：＿＿＿＿＿＿

试验日期：＿＿＿＿＿＿　　试验说明：＿＿＿＿＿＿

试坑编号	储水筒水位 /cm		储水筒断面积 /cm^2	套环体积 /cm^3	试坑体积 /cm^3	试样质量 /g	湿密度 /$g \cdot cm^{-3}$	含水率 /%	干密度 /$g \cdot cm^{-3}$	试样重度 /$kN \cdot cm^{-3}$
	初始	终了								
					(5)		(7)		(9)	(10)
	(1)	(2)	(3)	(4)	(3)×[(2)-(1)]-(4)	(6)	$\frac{(6)}{(5)}$	(8)	$\frac{(7)}{1+0.01\times(8)}$	(9)×g

第四节　比重测定试验

土粒比重，亦称为土粒的相对密度，定义为干土粒质量与4℃下同体积纯水的质量比值，其作为土的三大基本物理性质指标之一，是计算土体孔隙比、饱和度等参数的重要基础。

★　在我国的一些化工、医药等学科的国标中，“比重”一词已被废止，仅称做“相对密度”。但在岩土工程领域，比重这一术语一直沿用，包括所有相关的国家标准和行业规范，因此本书也仍采用比重一词。

目前常见土体的比重，砂砾为2.65左右，黏性土稍高，约在2.67~2.74范围，而当土中含有有机质时，比重会明显下降到2.4。引起比重差异的原因，主要是组成土的各种矿物成分的比重以及各种矿物的含量不同。

在实验室中测定比重的方法有很多，比较典型的有比重瓶法、浮称法和虹吸筒法。其中，比重瓶法适用于粒径小于5mm的土；浮称法适用于粒径大于5mm，且粒径大于20mm的土粒含量小于10%的土；而虹吸法适用于粒径大于5mm，且粒径大于20mm的土粒含量大于10%的土。以下将予以分别介绍。

此外，在测定比重前应注意一个问题：对于混合粒组而言，混合颗粒比重肯定与单一粒组的比重有差异，其反映的是土体的综合比重，因此在称量前应约定粒组。例如土体的粒径在5mm上下的质量数大致相当时，过5mm筛，分成两个粒组，按照两种方法分别测定大于和小于5mm粒径的土粒比重，再根据式（2-8），算得加权平均比重：

$$G_s = \frac{1}{\dfrac{P_1}{G_{s1}} + \dfrac{P_2}{G_{s2}}} \tag{2-8}$$

式中　G_s——土颗粒的平均比重；

G_{s1}——大于5mm土粒的比重；

G_{s2}——小于5mm土粒的比重；

P_1——大于5mm土粒占总土质量的百分比,%；

P_2——小于5mm土粒占总土质量的百分比,%。

一、比重瓶法

1. 试验原理

比重瓶法的基本原理是利用阿基米德浮力定律，将称量好的干土放入盛满水的比重瓶中，根据比重瓶的前后质量差异，来计算土粒比重。该法适用于测定粒径小于5mm土的比重。

2. 试验设备

（1）长颈或短颈形式的比重瓶：容积为100mL或50mL的比重瓶若干只。

（2）恒温水槽：精度控制在±1℃。

（3）天平：称量200g，最小分度值0.001g。

（4）砂浴：可以调节温度。

（5）真空抽气设备：可以控制负压程度。

（6）温度计：量程范围0～50℃，最小分度值0.5℃。

（7）分析筛：孔径为2mm及5mm。

（8）辅助设备：烘箱、中性液体（如煤油等）、漏斗、滴管等。

3. 试验步骤

（1）比重瓶的校准。在测定比重前，需要先对一定温度下的比重瓶及比重瓶与纯水的质量进行标定校正，分为称量校正法和计算校正法。相对而言，前者的精度更高。本文介绍称量校正法，其步骤简述如下：

1）将比重瓶洗净后烘干，放置于干燥器中冷却至室温称重，精确到0.001g（要求称量两次质量，差值不能超过0.002g，取其平均值为比重瓶质量）。

2）纯水煮沸冷却至室温后，注入比重瓶，如比重瓶为长颈瓶，则注水高度略低于瓶的刻度线，再用滴管补足液体至刻度线处。而对短颈瓶，加纯水或中性液体至几乎满，再用瓶塞封口，使得多余水分从瓶塞的毛细管中溢出，保证瓶内没有气泡。

3）调节恒温水槽温度在5℃或10℃，将比重瓶放入恒温槽内，等瓶中水温稳定后，取出比重瓶，擦干外壁，称瓶和水总质量，精确至0.001g，测定恒温水槽内水温，准确至0.5℃。

4）以5℃为级差，调节恒温槽水温，测定相应递增温度下瓶、水总质量，直至达到本地区自然最高气温。要求同一温度进行两次平行测定，差值不能超过0.002g，取其平均值。

5）记录不同温度下瓶和水的总质量，填于表2-8中，并以瓶、水总质量为横坐标，温度为纵坐标绘制关系曲线，以备后续查表所需。

（2）将比重瓶烘干后称得瓶质量为m_0，取烘干土约15g，放入100cm^{3}的比重瓶中（若采用50cm^{3}比重瓶，则称取干土12g），称得瓶和干土总质量m_1，准确至0.001g。

（3）排气。

1）煮沸法排气。在装土的比重瓶中，注入纯水至瓶的体积约一半处（若土中含有可溶性盐、亲水性胶体或有机质时，需用其他中性液体（例如煤油）代替纯水进行测定），摇动比重瓶后，将其放置于砂浴上煮沸，并保证悬液在煮沸过程中不溢出瓶外。煮沸时间，以悬液沸腾起算，砂及砂质粉土不少于30min，黏土及粉质黏土不少于1h。

2）真空抽气法排气。某些砂土在煮沸过程中容易跳出，而且采用中性液体进行测定时，不能采用煮沸法排气，当遇到这些情况时，可采用真空抽气法排气。抽气时，负压应接近一个大气压，从负压稳定开始计时，约抽1～2h，直至悬液内不再出现气泡为止。

★　所有比重测定试验中，封闭气泡未排尽是产生误差的重要来源，因此气泡排空非常重要。

（4）将纯水或中性液体注入排气后的比重瓶中，如比重瓶为长颈瓶，则注水高度略低于瓶的刻度线，再用滴管补足液体至刻度线处。而对短颈瓶，加纯水或中性液体至几乎满，待瓶子上口的悬液澄清后，用瓶塞封口，使得多余水分从瓶塞的毛细管中溢出。

(5) 将瓶子擦干，称得瓶、液体和土粒的总质量 m_2，并测定瓶内的水温，准确至0.5℃。

(6) 根据水温以及比重瓶标定所得到的温度与瓶水总质量的关系曲线，得到当前温度下瓶子与水（或中性液体）的总质量 m_3。

表 2-8　比重瓶校准记录表

瓶　　号：＿＿＿＿＿＿　　校准者：＿＿＿＿＿＿

瓶 质 量：＿＿＿＿＿＿　　校核者：＿＿＿＿＿＿

校准日期：＿＿＿＿＿＿

温度/℃	瓶、水总质量/g		平均瓶、水总质量/g

4. 数据整理

根据式（2-9）计算土粒的比重：

$$G_s = \frac{m_s}{m_s - (m_2 - m_3)} \times G_{w,T} \tag{2-9}$$

式中　G_s——土粒比重；

m_s——干土质量，g；

m_2——瓶与干土、液体的总质量，g；

m_3——瓶与液体的总质量，g；

$G_{w,T}$——T℃时水或其他中性液体的比重。

式（2-9）分母部分 $m_2 - m_3$ 实际上是一定体积干土与同体积水的质量差，再被 m_s 扣除，即计算得到与土相同体积的水的质量，故与分子干土质量比值，即得比重。

同一种试样平行测定两次结果，当两次算得比重值差异小于0.02时，取其算术平均值，否则重做。

相关数据可整理记录在如表2-9所示的比重测定试验（比重瓶法）记录表中。

表 2-9　比重测定试验记录表（比重瓶法）

工程名称：＿＿＿＿＿＿　　　　试 验 者：＿＿＿＿＿＿

送检单位：＿＿＿＿＿＿　　　　计 算 者：＿＿＿＿＿＿

土样编号：＿＿＿＿＿＿　　　　校 核 者：＿＿＿＿＿＿

试验日期：＿＿＿＿＿＿　　　　试验说明：＿＿＿＿＿＿

试样编号	比重瓶号	水温/℃	液体比重 $G_{w,T}$	比重瓶质量 m_0/g	瓶和干土总质量 m_1/g	干土质量 m_s/g	瓶和干土、液体总质量 m_2/g	瓶和液体总质量 m_3/g	土粒比重 G_s	比重均值 G_s
	(1)	(2)	(3)	(4)	(5)	(6) (5) - (4)	(7)	(8)	(9) $\frac{(3)\times(6)}{(6)-[(7)-(8)]}$	(10)

二、浮称法

1. 试验原理

此法的基本原理，是利用阿基米德浮力定律，通过计算浮力来进行比重测定。该法用于粒径大于等于5mm，且粒径大于20mm的土粒含量小于10%的土的比重测定（因为浮称法测定结果虽然比较稳定，但是大于20mm粒径土粒过多时，采用本方法将增加试验的设备，在室内使用不便）。

2. 试验设备

（1）浮称天平：称量2000g，最小分度值0.5g，如图2-2所示。

（2）铁丝筐：孔径小于5mm，边长约10～15cm，高度约10～20cm。

（3）盛水容器：尺寸应大于铁丝筐。

（4）辅助设备：烘箱、温度计、孔径5mm和20mm的分析筛等。

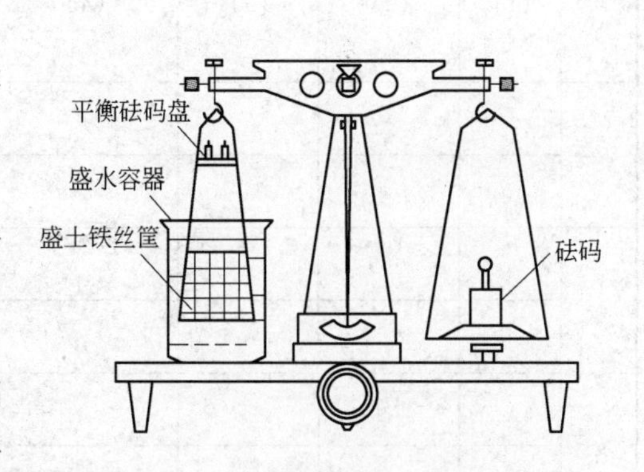

图 2-2　浮称天平示意图

3. 试验步骤

（1）取代表性土样500～1000g，冲洗，将其表面尘土和污浊物清除彻底。

（2）将试样浸没在水中一昼夜。

（3）将铁丝筐安放于天平一侧，在另一侧放入砝码，测定铁丝筐在水中的质量 m_1，并同时测定容器中的水温，准确至0.5℃。

(4) 将浸没水中的试样取出，立即放入铁丝筐中，缓缓浸没于水中，并不断摇晃铁丝筐，直至无气泡溢出为止。

(5) 用砝码测定铁丝筐和试样在水中的总质量 m_2。

(6) 将试样从筐中取出，烘干至恒重，称量干土质量 m_s。

4. 数据整理

根据式（2-10）计算土粒的比重：

$$G_s = \frac{m_s}{m_s - (m_2 - m_1)} \times G_{w,T} \tag{2-10}$$

式中　G_s——土粒比重；

m_s——干土质量，g；

m_1——铁丝筐在水中的质量，g；

m_2——铁丝筐和试样在水中的总质量，g；

$G_{w,T}$——T℃时水的比重。

式（2-10）分母部分实际上是计算得到干土在水中所受到的浮力，浮力定义为土粒体积与水重度的乘积，故与分子比值，即得比重。

同一种试样平行测定两次结果，当两次算得比重值差异小于 0.02 时，取其算术平均值，否则重做。

相关数据可整理记录在如表 2-10 所示的比重测定试验（浮称法）记录表中。

表 2-10　比重测定试验记录表（浮称法）

工程名称：＿＿＿＿＿＿　　试 验 者：＿＿＿＿＿＿

送检单位：＿＿＿＿＿＿　　计 算 者：＿＿＿＿＿＿

土样编号：＿＿＿＿＿＿　　校 核 者：＿＿＿＿＿＿

试验日期：＿＿＿＿＿＿　　试验说明：＿＿＿＿＿＿

试样编号	水温/℃	水的比重 $G_{w,T}$	烘干土质量 m_s/g	铁丝筐在水中质量 m_1/g	铁丝筐和土在水中总质量 m_2/g	土粒比重 G_s	比重均值 G_s	备　注
	(1)	(2)	(3)	(4)	(5)	(6) $\frac{(2)\times(3)}{(3)-[(5)-(4)]}$	(7)	

三、虹吸筒法

1. 试验原理

此法的基本原理，是利用阿基米德浮力定律，直接通过测定土粒的排水体积来确定比重。该法用于粒径大于等于5mm，且粒径大于20mm的土粒含量大于10%的土的比重测定。然而，亦有研究指出，粒径大于20mm的土粒含量超过10%的土的比重测定采用虹吸筒法，而不采用浮称法，是受早先机械天平的精度和量程的限制，随着量程、精度同步提高的电子天平出现，这一局限已经基本可以克服。而实践操作也表明，粗粒体积在此法中很难准确测定，测试的随机误差较大，一般得到的土粒相对密度偏小，所以目前较少建议采用该法。

2. 试验设备

（1）虹吸筒：如图2-3所示；

（2）台秤：称量10kg，最小分度值1g；

（3）量筒：容积大于2000cm³；

（4）辅助设备：烘箱、温度计（最小分度值0.5℃）、孔径5mm和20mm分析筛等。

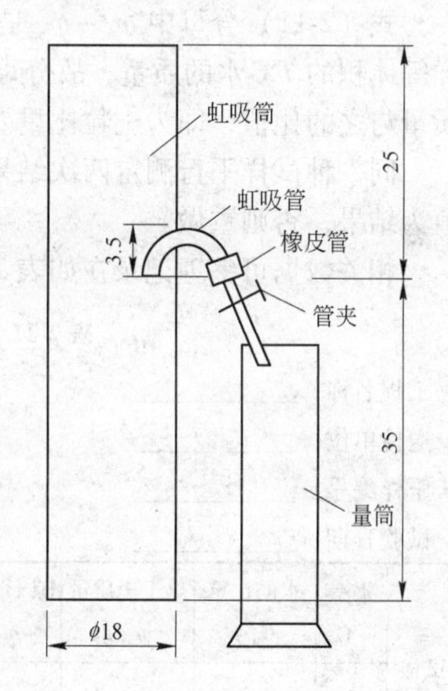

图2-3　虹吸筒示意图（单位：cm）

3. 试验步骤

（1）取代表性土样1000～7000g，将试样彻底冲洗，清除表面尘土和污浊物。

（2）将试样浸没在水中一昼夜，晾干或擦干试样表面水分后，称量其质量 m_1，并称量量筒质量 m_0。

（3）将清水注入虹吸筒，直至虹吸管口有水溢出时停止注水。待管口不再出水后，关闭管夹，将试样缓缓放入虹吸筒中，并同时搅动清水，直至无气泡溢出，搅动过程不能使液体溅出筒外。

（4）等待虹吸筒中水平静后，放开管夹，让试样排开的水通过虹吸管流入量筒中。称量筒和水的质量 m_2，量测筒内水温，精确至0.5℃。

（5）取出虹吸管内试样，烘干称重，得到试样干土质量 m_s。

★ 进行试验步骤（2）的原因：干土质量易测，而干土颗粒体积难测。在虹吸前，先让土样浸润一昼夜，这样土中的孔隙已尽可能地被水提前充满（试验步骤（2）），这时再将土样放入虹吸筒中的时候，排水体积就是土粒与浸润一昼夜后充满土体孔隙中的水的体积，而这部分孔隙中水的体积，又可通过称量晾干土和烘干土的质量差值算得，扣除其后便可得纯土粒的体积，以便进行密度计算。若无浸润一昼夜的操作，则在虹吸作用前的短时间内，土体孔隙无法被水完全充满，换而言之，此时虹吸作用排出的水的体积，实际是土颗粒体积以及一部分孔隙中残留空气的体积，而这部分体积很难估算，难以扣除。故为解决这一问题，实现土粒体积的准确估算，步骤(2)的操作是必不可少的。

4. 数据整理

根据式（2-11）计算土粒的比重：

$$G_s = \frac{m_s}{(m_2 - m_0) - (m_1 - m_s)} \times G_{w,T} \tag{2-11}$$

式中　G_s——土粒比重；

m_s——烘干土质量，g；

m_0——量筒的质量，g；

m_1——晾干试样的质量，g；

m_2——量筒和水的总质量，g；

$G_{w,T}$——T℃时水的比重。

式（2-11）分母中 $m_1 - m_s$ 是晾干土样孔隙中所还存留水的质量，$m_2 - m_0$ 是与晾干土样等体积的 T℃水的质量；故分母即为与晾干土样中土颗粒等体积的水的质量。分子干土质量与之的比值，即为土粒比重。

同一种试样平行测定两次结果，当两次算得比重值差异小于 0.02 时，取其算术平均值为结果，否则重做。

相关数据可整理记录在如表 2-11 所示的比重测定试验（虹吸筒法）记录表中。

表 2-11　比重测定试验记录表（虹吸筒法）

工程名称：________　　　　试 验 者：________

送检单位：________　　　　计 算 者：________

土样编号：________　　　　校 核 者：________

试验日期：________　　　　试验说明：________

试样编号	水温 /℃	水的比重 $G_{w,T}$	烘干土质量 m_s/g	晾干土质量 m_1/g	量筒质量 m_0/g	量筒加排开水质量 m_2/g	土粒比重 G_s	比重均值 G_s	备注
	(1)	(2)	(3)	(4)	(5)	(6)	(7) $\frac{(2)\times(3)}{[(6)-(5)]-[(4)-(3)]}$	(8)	

思　考　题

2-1　土体含水率测定有哪几种方法，各自的适用条件如何？

2-2　土体密度测定有哪几种方法，各自的适用条件如何？

2-3　土体比重测定有哪几种方法，各自的适用条件如何？

2-4　请推导解释层状和网状冻土含水率测定公式（2-2）的由来。

第三章　无黏性土的相对密实度测定试验

第一节　导　　言

密实度是影响土体工程性状的一个重要因素，这在无黏性土中尤为突出。就一般理解而言，密实程度可用孔隙比的大小来表征，但是孔隙比仅仅反映了一个绝对状态。如图3-1(a)、(b) 所示，由 A、B、C 三种颗粒组成的两种土的孔隙比相同，A 颗粒单体面积为 B 颗粒单体面积的1/4。如要进一步密实图 (a) 中的土，由于 A 圆无法填充入 C 圆的孔隙中，进一步密实的可能性没有，而对图 (b) 中的土，B 圆可以填充入 C 圆的孔隙中，从而形成图 (c) 所示的新的孔隙结构，进而获得更小的孔隙比和更大的密实度。

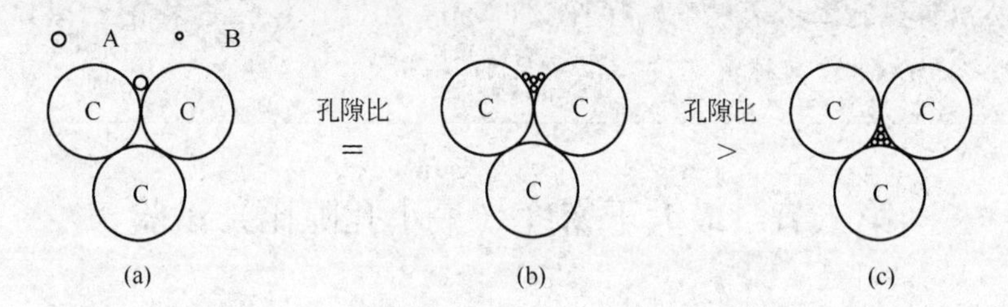

图 3-1　颗粒粒径对土体密实性状影响示意图

由此可见，如果土体的颗粒级配不同，即使孔隙比相同，它们可以继续被密实的难易程度也是不同的。这种密实特性从本质上说与级配有关，但在一般宏观考察下，人们也需要一个指标去进行判断，并用以工程应用。因此引出了无黏性土的相对密实度 D_r，这个指标可采用式 (3-1) 来表示：

$$D_r = \frac{e_{max} - e_0}{e_{max} - e_{min}} = \frac{(\rho_{d0} - \rho_{d,min})\rho_{d,max}}{(\rho_{d,max} - \rho_{d,min})\rho_{d,0}} \tag{3-1}$$

式中　e_{max}——无黏性土体在最松散状态下的最大孔隙比；

e_{min}——无黏性土体在最密实状态下的最小孔隙比；

e_0——当前时刻土体的天然孔隙比；

$\rho_{d,max}$——对应最密实状态的最大干密度，g/cm^3；

$\rho_{d,min}$——对应最松散状态的最小干密度，g/cm^3；

$\rho_{d,0}$——当前时刻土体的天然干密度，g/cm^3。

而孔隙比 e 和干密度 ρ_d 之间的换算关系，可由式 (3-2) 求得：

$$e = \frac{\rho_w G_s}{\rho_d} - 1 \tag{3-2}$$

虽然，采用孔隙比求解相对密实度在公式表达上较为简洁，但在实际测试的方法中，还是以密度更为容易测定。这也就是式（3-1）采用孔隙比和密度两种形式表述的一个原因。

根据 D_r 大小，一般可将土分为三种密实状态：

$0 < D_r \leq 1/3$　　疏松

$1/3 < D_r \leq 2/3$　　中密

$2/3 < D_r \leq 1$　　密实

无黏性土的相对密实度与土的压缩性、抗剪强度等有着密切的联系，是反映地基稳定性（特别是抗震稳定性），控制土石坝、路堤等填方工程碾压标准的重要指标，尤其在填方质量控制中应用最多。

另外，需要提请读者注意的是，黏性土的很多物理、力学特性不仅受孔隙比的影响，而且还决定于液塑限等稠度指标，且孔隙比与初始含水率等因素之间的关系也颇为复杂（详见第四章），因此工程中并不将相对密实度用于黏性土密实程度的评价。

★ 早期的岩土工程用词中，也将相对密实度称为相对密度，但由于现行一些规范中（如《公路桥涵施工技术规范》（JTG/T F50—2011）等）已将比重称作相对密度，故将 D_r 统一改称为相对密实度，以示区别。

第二节　最大干密度（最小孔隙比）试验

一、试验原理

为了实现土样最密实的状态，通常采用振动、击实和振动击实联合等试验方法。具体而言，为防止土颗粒在较大的直接冲击能下发生破碎，影响其密实程度的真实评价，目前一般对粒径较小的无黏性土，推荐采用振动击实联合方法，即通过对容器中的一定量干土进行双向的锤打和振动，直至试样体积不再改变时得到最大干密度，并通过转换，求得相应的最小孔隙比。而对颗粒比较大的土体，考虑到可能因击实出现颗粒破碎的情况，建议改用振动压实的方法。

本节主要介绍的是针对粒径不大于5mm且能自由排水的无黏性土的最常用击实方法，具体细节见试验步骤。除此以外，还有水中沉降、水中振动法等试验手段。如果击碎程度过大，应减少击打步骤，而增加振动密实的手段，例如可以用电动试验仪和振动台进行操作。特别是对于粒径大于5mm的砾粒土和巨粒土，必须采用振动台和振冲器法进行试验，以减少颗粒破碎给测量带来的负面影响。有关粒径大于5mm的粗颗粒土的相对密度试验可参考文献［14,20］，本节仅做简单介绍。

二、试验设备

最大干密度测定试验所使用的设备主要包括以下几个部分：

（1）金属圆筒：用以盛装土样。常见规格有容积为250cm^3（内径5cm）和1000cm^3

（内径 10cm）两种圆柱筒（高度均为 12. 7cm），并附有相应规格的护筒。

（2）振动叉：其形式及尺寸如图 3-2 所示。

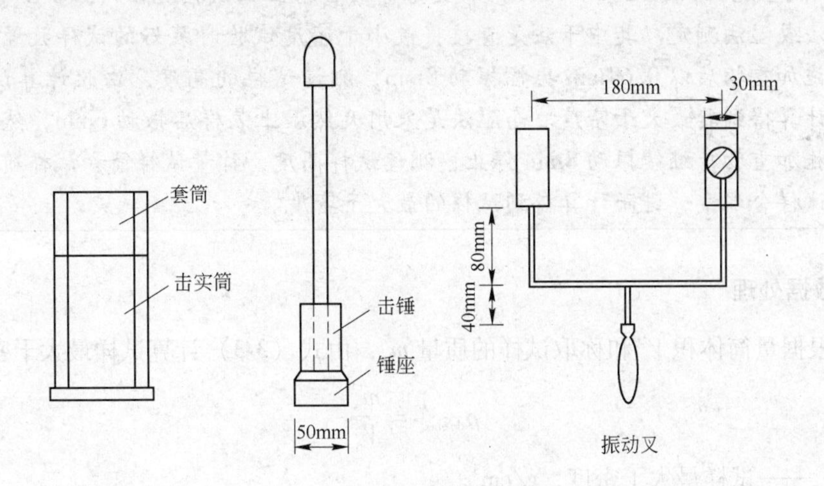

图 3-2　最大干密度试验设备示意图

（3）击锤：两种形如图 3-2 所示的锤，锤重 1. 25kg，直径 5cm，锤落高 15cm。

（4）台秤：量程 5000g，最小分度值 1g。

三、试验步骤

（1）取 4000g 风干或烘干的无黏性土土样，分为均匀等量的两份。

（2）取其中一份，分三层倒入金属圆筒中，每层倒入土量约 600 ~ 800g（以振击后体积略大于金属圆筒容积的三分之一为宜。太少事后击实不到标准体积，影响测定；太多，意味着本试验所能提供的能量不够，无法实现最密实状态）。

（3）将击锤放入筒中，提伸击锤至高度上限，以 30 ~ 60 次/min 自由落下击打试样表面；同时在击打过程中，使用振动叉往返敲击圆筒两侧，频率 150 ~ 200 次/min。一般需振击 5 ~ 10min，直至试样的体积不再改变为止。且在第三次装样前，要先套入护筒，再行振动击实。放入护筒时一定要尽量平整套入，并去除击实筒与护筒结合部的细土颗粒，否则容易导致护筒与击实筒卡壳，在击实后无法拔出。

★　由于本试验是为测定最大密实度，因此在击实程度上，并不像最优含水率测定一样，以约定击实次数来控制击实能量，而是希望获得尽可能大的能量来取得一个绝对值。但考虑到在获得最优密实效果情况下，不导致土样破碎为前提原则，故并不用过高动能的锤击。同时在锤击时，粗砂击数相对较少，细砂较多。

（4）在三层击打以后，卸除护筒，用刮刀刮除上覆余土后，将土样连击实筒一并称重（精确至 1g），扣除击实筒质量后，根据土样体积和质量，计算土体的最大干密度和最小孔隙比。

（5）取另一份土样重复步骤（2）~（4），进行平行测定。

★　有关粒径大于5mm而小于60mm的粗粒土，其最大干密度测定方法可参考水利部《土工试验规程》(SL 237—1999）和交通部《公路土工试验规程》(JTG E40—2007)，以干法或湿法测定。其中干法是直接将最小干密度试验时装好的试样放置在振动台上，施加重物后以0.64mm振幅振动8min，测读试样的高度，由此计算试样体积，进而计算得到其最大干密度。而湿法是采用天然湿土装样后振动6min，然后减小振幅，施加重物，继续振动8min停止，测读试样高度，称量试样筒和试样质量并由此计算试样含水率，进而计算得到试样的最大干密度。

四、数据处理

（1）根据量筒体积 V_s 和称取试样的质量 m_s，由式（3-3）计算试样最大干密度：

$$\rho_{d,max} = \frac{m_s}{V_s} \tag{3-3}$$

式中　$\rho_{d,max}$——试样最大干密度，g/cm³。

（2）两次平行测定得到的计算结果误差不超过0.03g/cm³时，则以其算术平均值作为最终结果，否则重新测定。

（3）根据平均最大干密度值，由式（3-4）计算土体的最小孔隙比，精确到0.01。

$$e_{min} = \frac{\rho_w G_s}{\rho_{d,max}} - 1 \tag{3-4}$$

式中　e_{min}——最小孔隙比；

其他符号意义同前。

（4）相关数据的记录可会同最小干密度试验的相关成果汇总于表3-1所示的数据记录表中。

表3-1　相对密实度试验数据记录表

工程名称：________　　试验者：________

土样编号：________　　计算者：________

试验日期：________　　校核者：________

试验项目			最大孔隙比试验				最小孔隙比试验	
试验方法			漏斗法		量筒法		振击法	
试样加容器质量/g								
容器质量/g								
试样质量/g								
试样体积/cm³								
干密度/g·cm⁻³								
平均干密度/g·cm⁻³								
土粒比重								
孔隙比								
天然干密度/g·cm⁻³								
天然孔隙比								
相对密实度								

第三节 最小干密度（最大孔隙比）试验

一、试验原理

土样最松散的状态下的干密度即为最小干密度（对应最大孔隙比）。测试的基本思路是，根据松散土样堆积时的体积及相应质量，来推算其对应干密度，并联合土粒比重求得对应最大孔隙比，计算公式可参见式（3-5）和式（3-6）。

对于粒径小于5mm的无黏性土，一般采用三种方法获取同质量条件下土的最大体积，即漏斗法、量筒法和漏斗量筒联合判定法。其中第三种方法，是将前两种方法依次进行后所得到的干密度指标与独立进行这两种方法所得干密度指标进行比较，取其中最小者为最终测定值。因此本节只介绍漏斗法和量筒法，具体细节见试验步骤。由于采用的盛土装置和漏斗尺寸的限制，这些方法只适用于粒径小于5mm、能自由排水的无黏性土，同时要求粒径在2～5mm之间的土粒不能超过土样总质量的15%。对于粒径大于5mm的土样，其最小干密度测定方法可参考文献［14,20］，按照固定体积法进行测定。

二、试验设备

最小干密度测定试验所使用的设备主要包括以下几个部分：

（1）玻璃量筒：可以选用500cm^{3}和1000cm^{3}两种，后者内径应大于6cm。

（2）长颈漏斗：要求颈口磨平，颈管内径约1.2cm，如图3-3所示。

（3）锥形塞：直径为1.5cm的圆锥体焊接于铁杆上，如图3-3所示。

（4）砂面拂平器：如图3-3所示。

（5）天平：量程1000g，最小分度值1g。

（6）橡皮板（量筒法专用）。

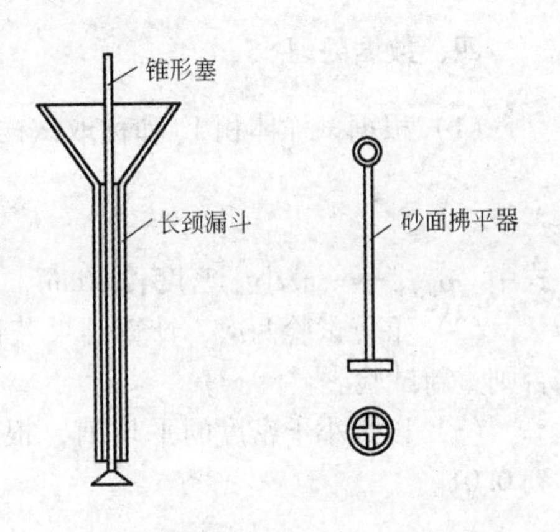

图3-3 最小干密度试验设备示意图

三、试验步骤

1. 漏斗法

（1）先称取1500g充分风干或烘干的土样，搓揉或用圆木棍将其在橡皮板上碾散后拌和均匀备用。

（2）将锥形塞插入漏斗中（自下口穿入），并提起长柄，使锥体将漏斗的底部堵住，一起放入体积为1000cm^{3}的量筒中，并保证锥形塞底部与量筒底部接触。

（3）称取700g土样（精确至1g），均匀倒入漏斗中。倒入时，将塞子和漏斗同时提起，再下移锥形塞，使得漏斗中的砂漏入量筒中。提放锥形塞时注意，应使漏斗口与砂面始终保持大约1～2cm的距离，以保证土样能缓慢均匀落入量筒。

★　若试样中不含有大于2mm的颗粒时，可取土样约400g，使用500cm³的量筒进行试验。

（4）待所称量的土样均落入量筒后，取出漏斗与锥形塞，用砂面拂平器轻轻将试样表面拂平，并注意勿使量筒振动，然后测量记录试样的体积 V_s（估读至5cm³）。

2. 量筒法

（1）先进行与漏斗法相同的步骤。

（2）待漏斗法结束后，用手掌或橡皮板堵住量筒口，将量筒倒转，再使土样缓慢转回初始位置，循环反复数次，并保证试样表面水平（尽量不用砂面拂平器），记下试样体积的最大值（估读至5cm³）。

★　量筒倒转时，不能太快，过快反而会提供试样动能，使试样密实；但也不宜太慢，太慢可能会使粗粒下沉较快，出现试样分层现象，也得不到最松散的效果。

★　有关粒径大于5mm而小于60mm的粗粒土，其最小干密度测定方法可参考水利部《土工试验规程》（SL 237—1999）和交通部《公路土工试验规程》（JTG E40—2007），以固定体积法来进行测定。简而言之，为将试样缓慢注入已知体积和质量的试样筒内，当充填高度高出筒顶25mm时，刮除余土，称取筒加试样的质量，换算得到试样的最小干密度。

四、数据处理

（1）根据试样体积 V_s 和称取试样的质量 m_s，由式（3-5）计算试样的最小干密度：

$$\rho_{d,\min} = \frac{m_s}{V_s} \tag{3-5}$$

式中　$\rho_{d,\min}$——最小干密度，g/cm³。

（2）重复试验两次，计算结果若误差不超过0.03g/cm³，则以算术平均值作为结果，否则重新试验。

（3）以最小干密度的平均值，根据式（3-6）计算土体的最大孔隙比，孔隙比精确到0.01。

$$e_{\max} = \frac{\rho_w G_s}{\rho_{d,\min}} - 1 \tag{3-6}$$

式中　$e_{\max}$——最大孔隙比。

（4）如果漏斗法和量筒法均已进行，则取其中较大的试样体积值，以计算最小干密度 $\rho_{d,\min}$ 和相应最大孔隙比 $e_{\max}$。

（5）参照已知的土体天然孔隙比或者天然干密度，再根据式（3-1）计算土体的相对密实度。

（6）相对密实度记录的表格亦见表3-1。

第四节　相对密实度应用的补充说明

土体的密实程度是影响其物理力学特性与工程性质的重要因素，特别是对无黏性土而言，当土体较为密实时，其强度及承载力较高，可作为较好的工程基础地基，而随着密实程度的降低，土体强度及稳定性也逐渐下降，甚至出现在动力响应下发生液化的不利现象，故在工程应用中对无黏性土密实程度的判断需尤为谨慎。

本章试验均是在干燥条件下进行的，而实际上不论是无黏性土还是黏性土，含水率都是影响压实性的重要因素。一些研究表明，在相同击实能量下，对于粒径不大于5mm且能自由排水的无黏性土而言，由于其含水率的不同，击实效果会呈现大致如图3-4所示的波浪形变化。其原因是当土体的含水率很低时，土粒间受水所产生的毛细作用影响，移动阻力较大，不易被压实；但当含水率增大到一定值时，毛细连接程度逐渐消失，而水的润滑作用显现，使得土体又开始容易被压实；而当含水率进一步增大，接近土体的满饱和程度时，如果无黏性土的渗透性良好，则在迅速排水条件下，仍能获得较高的密实度，而若无黏性土渗透性较弱，则在击实过程中水的存在会消耗大量的击实能，且水分也不易迅速排出，其密实度又会下降。故当有水存在情况下，无黏性土的最大干密度值一般要小于室内试验利用干砂击密获得的最大干密度值。

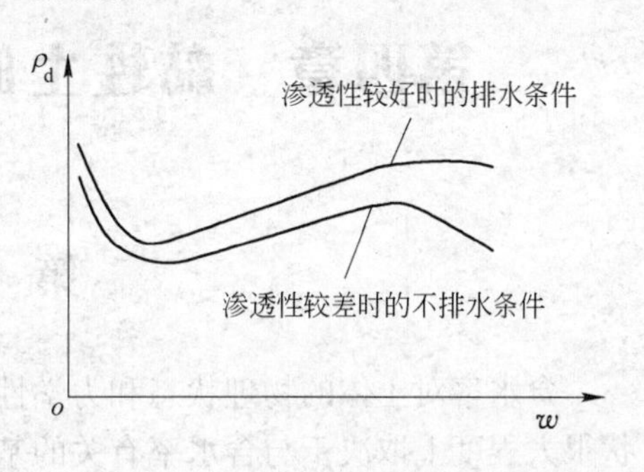

图3-4　砂土的干密度随含水率变化曲线

目前研究与工程中判断无黏性土密实度的方法主要有室内相对密实度试验和现场标准贯入度试验等。相对而言，室内相对密实度试验能对土体密实程度及状态进行更详细和全面的分析，定量化程度高，但此法通常忽略水对密实度的影响，故与真实工况有所差异。标准贯入度试验虽然体现了实际问题中土中水的影响，但结果偏于经验性，定量程度也较弱。

在实际工程应用中，无黏性土地基进行处理时通常均要求进行相对密实度测定实验，并要求处理后的相对密实度一般大于0.65，即处于密实状态，而具体密实度，则需根据具体工程和加固区功能特点而有所差异。例如《铁路路基设计规范》（TB 10001—2005）中对路基中砂类土（粉砂除外）采用相对密度和地基系数作为控制指标，要求基床表层相对密度 D_r 指标值为0.8（Ⅱ级铁路）；基床底层相对密度 D_r 指标值为0.75（Ⅰ级、Ⅱ级铁路）；基床以下部位填料相对密度 D_r 指标值为0.7（Ⅰ级、Ⅱ级铁路）。《建筑地基处理技术规范》（JGJ 79—2002）中地基挤密后要求砂土达到的相对密实度范围为0.70~0.85。

思 考 题

3-1　为什么工程中对土体松密程度的判断通常不选用孔隙比作为标准?

3-2　击实法对粒径较大的土体为何不再适用?

3-3　试验中土样均为烘干（或充分风干）土，而实际工程中多为湿土，如何看待试验结果的适用性?

第四章 黏性土的基本工程指标测定试验

第一节 导 言

含水率对土体的物理状态和力学性质有着重要影响，特别是对黏性土而言，其工程性状很大程度上取决于与含水率有关的基本特性。本章将着重对其中的两个最基本特性，黏性土的稠度和压实性的测试方法进行介绍。

稠度定义为黏性土的干湿程度或在某一含水率下抵抗外力作用而变形或破坏的能力，通常用硬、可塑、软或流动等术语描述。当黏性土的含水率较高时，重塑黏性土在自重作用下不能保持其形状，发生类似于液体的流动现象，几乎没有强度，且随含水率降低其体积逐渐减小，称其处于液态。当含水率降低后，重塑黏性土在自重作用下，又能保持其形状。在外力作用下发生持续的塑性变形而不产生断裂且其体积也不产生显著变化，外力卸除后仍能保持已有的形状，黏性土的这种性质称为可塑性，这一状态称为可塑状态。当处于可塑状态时，黏性土具有一定的抗剪强度，且其体积随含水率降低而减小；若黏性土的含水率继续降低，可塑性逐渐丧失，转而在较小的外力作用下产生以弹性变形为主的变形，当外力超过一定值后土体发生断裂，且土体体积随含水率减小而减小，此时称土体处于半固体状态；若含水率进一步降低，黏性土的体积趋于稳定，不再随含水率降低而变化，土体进入固体状态。土体从液态逐渐进入到可塑状态、半固体状态、固体状态的含水率 w 与体积 V 的变化过程，如图 4-1 所示。

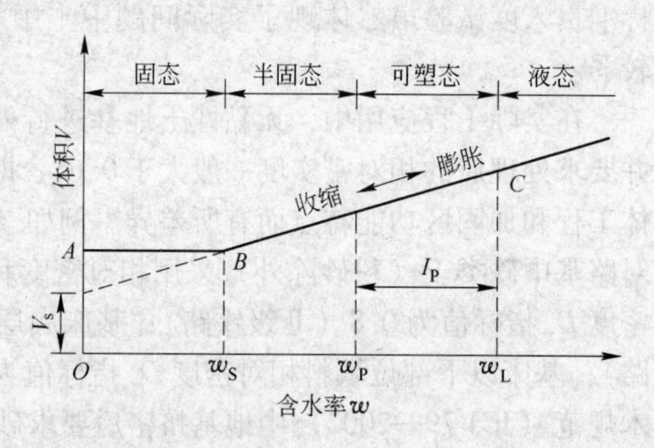

图 4-1 黏性土的状态转变过程

从图 4-1 中可以看到，黏性土从一种状态过渡到另一种状态，可用某一界限含水率来区分，该界限含水率称为稠度界限或阿太堡（Atterberg）界限。液态与可塑状态分界处的界限含水率称为液限含水率（简称液限，记作 w_L）；可塑状态与半固体状态分界处的界限含水率称为塑限含水率（简称塑限，记作 w_P），半固体状态与固体状态分界处的界限含水率称为缩限含水率（简称缩限 w_S）。本章第二节就将对黏性土稠度特性中的液限与塑限的测定方式予以介绍。

★ 对于已经形成一定结构的黏性土来说，由于其土体结构对变形的影响，即使其处于液态，也不会产生流动；准确地说，黏性土处于液态的含义为：当黏性土处于液态时，通过重塑破坏其结构后，黏性土会发生类似于液体的流动现象。

★　严格地说，黏性土不同状态之间的过渡是渐变的，并无明确的界限。为了使用上的方便，目前工程上将只是根据某些试验方法得到的含水率称作界限含水率。

黏性土的压实特性，是指一定含水率的不饱和黏性土在一定击实能量作用下，土颗粒克服粒间阻力，产生位移，实现土中孔隙减小、密度增加的特性。黏性土在填筑工程中，性状受干密度大小的影响显著，而这种干密度的实现程度，又与黏性土初始所处的含水率条件有着非常密切的关联。不同含水率下，土体不但表现出抵抗外力所引起变形能力的不同，而且还表现出不同的被压实性能，即一定压实外力作用下所能达到的干密度也不同。本章第三节将介绍黏性土压实特性中最优含水率的测定方式。

第二节　液塑限试验

液塑限试验要求土的颗粒粒径小于0.5mm，且有机质含量不超过试样总质量的5%，当试样中含有粒径大于0.5mm的土颗粒或杂质时，应过0.5mm筛。试验宜采用天然含水率试样，也可采用风干或烘干土样。

一、试验目的

界限含水率试验主要测试细粒土的液限含水率（w_L）、塑限含水率（w_P）和缩限含水率（w_S）。计算获得塑性指数 $I_P = w_L - w_P$、液性指数 $I_L = (w - w_P)/I_P$，根据 w_L 和 w_P 由塑性图对土进行分类，利用 I_L 判断天然土所处的状态。因工程上最常用的是液限和塑限，故本节只介绍液限和塑限试验。

二、试验原理

重塑土处于液态时，在自重作用下发生流动，而处于可塑态时，必须施加外力作用才发生变形。由此可知，在两种状态的分界处，土从不能承受外力向能承受一定外力过渡。

测定液限含水率的试验方法主要有圆锥液限仪法、碟式液限仪法和液塑限联合测定法。圆锥液限仪法是将质量为76g的圆锥仪竖直轻放在试样表面，使其在自重作用下自由下沉，以锥体经过5s恰好沉入土中10mm或者17mm时的含水率为液限。碟式液限仪法是把土碟中的土膏用开槽器分成两半，以每秒2次的速率让土碟由10mm高度下落，当土碟下落击数为25次时，以两半土膏在碟底的合拢长度恰好为13mm时的含水率为液限。

各国采用的碟式仪和圆锥仪规格不尽相同，其所得试验结果也不一致。一般情况下碟式仪测得的液限大于76g圆锥入土深度10mm的圆锥仪所测得的液限，而与入土深度17mm测得的液限相当。

国外液限测定以碟式仪为标准，而我国长期使用圆锥仪测定液限，主要是因为其操作简单，所得数据稳定，标准易于统一。实验结果表明，以圆锥仪入土10mm时对应的含水率为液限时计算得到的土的强度偏高，而以圆锥仪入土17mm时对应的含水率为液限和利用国外碟式仪测得的液限计算得到的土的强度（平均值）基本一致，因此我国现阶段各规范普遍推荐使用的液塑限联合测定法中，均以圆锥入土深度17mm时对应的含水率作为液限。

通常认为采用圆锥仪测液限，其入土深度取值的争议主要源自实验结果在不同行业中的应用目的和经验差别。若土的液限用于了解土的物理性质及塑性图分类，应以碟式仪法或圆锥仪入土17mm时对应的含水率为液限；若土的液限用于承载力计算，则可采用圆锥仪入土10mm时对应的含水率为液限来计算塑性指数和液性指数。在我国水利、公路等工程及其相对应的规范标准中一般采用碟式仪法或圆锥仪入土17mm深度测得的液限，而在建筑工程及其相对应的规范中多采用的是圆锥仪入土10mm深度测得的液限。

综上因素，国家标准《土工试验方法标准》(GB/T 50123—1999）考虑了建筑和水利等多方面用途和各种规范的统一，在推荐采用液塑限联合测定法确定液限（此时76g圆锥入土深度为17mm）的同时，亦保留了以76g圆锥入土深度10mm对应的试样含水率来确定液限的方法。

塑限试验利用土体处于可塑态时，在外力作用下产生任意变形而不发生断裂，土体处于半固体状态时，当变形达到一定值（或受力较大）时发生断裂的特点来进行塑限确定。试验中给予试样一定外力，以其能在达到规定变形值时刚好出现裂缝，所对应的含水率作为塑限含水率。

塑限试验长期采用的是搓滚法，该法的主要缺点是人为因素影响大，测值比较分散，所得结果的再现性和可比性较差。此外，塑限试验还可使用液塑限联合测定法。该方法以圆锥角为30°，质量76g的不锈钢圆锥，刺入不同含水率的土膏，以其中5s内锥尖刺入深度恰为2mm时对应的土膏含水率作为塑限含水率。这是因为，通过大量对比试验发现，该条件下的土膏含水率与搓滚法得到的塑限值接近。

我国的国家标准《土工试验方法标准》(GB/T 50123—1999）中给出了两种测定塑限的试验方法：液塑限联合测定法和搓滚法，并以前者为标准方法。

三、液塑限联合测定试验

目前液塑限联合测定法在国家标准《土工试验方法标准》(GB/T 50123—1999)、《土的工程分类标准》(GB/T 50145—2007)、水利部《土工试验规程》(SL 237—1999）等规范中推荐使用。

1. 仪器设备

（1）光电式液塑限联合测定仪：如图4-2所示。

（2）圆锥仪：锥质量为76g，锥角30°。

（3）读数显示屏：宜采用光电式、游标式和百分表式。

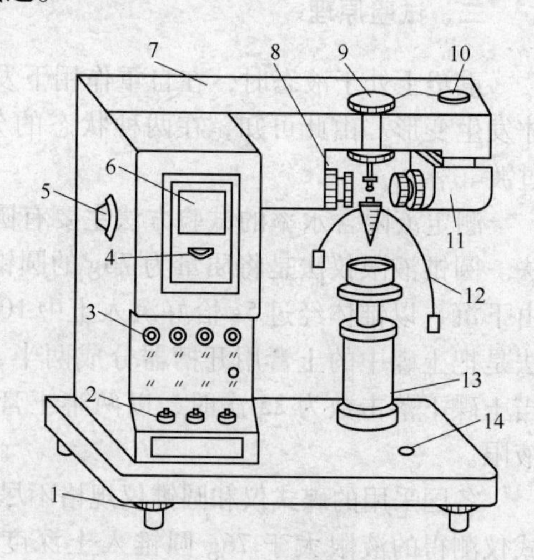

图4-2 液塑限联合测定仪

1—水平调节旋钮；2—控制开关；3—指示灯；4—零线调节旋钮；5—反光镜调节旋钮；6—屏幕；7—机壳；8—物镜调节旋钮；9—电磁装置；10—电源调节旋钮；11—光源；12—圆锥仪；13—升降台；14—水平泡

（4）试样杯：直径40～50mm，高30～40mm。

（5）天平：称量200g，最小分度值0.01g。

（6）其他：烘箱、干燥器、称量盒、调土刀、孔径为5mm的筛、凡士林等。

2. 试验步骤

（1）制备试样。本试验原则上采用天然含水率的土样制备试样，当土样不均匀，采取代表性土样有困难时，也可采用风干土或烘干土制备试样。

当采用天然含水率试样时，应剔除大于0.5mm的颗粒，取代表性土样250g，分成三份，按含水率接近液限、接近塑限和在两者之间制备试样。静置一段时间。

当采用风干土样时，取过0.5mm筛土样200g，分成三份，分别放入3个盛土皿中，加入纯水按含水率接近液限、接近塑限和在两者之间制备试样。然后放入密封的保湿缸中，静置24h。

（2）将试样用调土刀调匀，密实地填入试样杯中，土中不能含封闭气泡，将高出试样杯的余土用调土刀刮平，随即将试样杯放于仪器升降座上。

★ 试样面刮平即可，不要刻意追求表面光滑，否则反而容易封闭气泡，造成测试结果不准。

（3）取圆锥仪，在锥尖涂以极薄凡士林，接通电源，使磁铁吸稳圆锥仪。

（4）调节屏幕基线，使屏幕上标尺的零刻度线与屏幕基线重合（游标尺或百分表读数调零）。

（5）调整升降座，使圆锥尖接触试样表面，接触指示灯亮立即停止转动旋钮。

（6）关闭电磁铁开关，圆锥在自重下沉入试样，经5s后测读圆锥下沉深度（显示在屏幕上）。

（7）改变土样与锥尖的接触位置，重复步骤（3）～（6），两次测定圆锥下沉深度差值不超过0.5mm，取两次测定深度平均值为该点的锥入深度，否则重做。

（8）从试样杯中取出圆锥，将试样杯从升降台上取下，挖去锥尖入土处的凡士林，取锥体附近的试样不少于10g，放入称量盒内测定含水率。

（9）将全部试样再加水或吹干并调匀，重复步骤（2）～（8），分别测定第二点、第三点试样的圆锥下沉深度及相应的含水率。

★ 三个不同含水率试样的圆锥入土深度的各自范围宜为3～4mm、7～9mm、15～17mm。

3. 数据整理

将相关数据填在表4-1中并据此进行计算和分析。

（1）含水率按式（4-1）计算，精确至0.1%：

$$w_L = \left(\frac{m_n}{m_d} - 1\right) \times 100 \tag{4-1}$$

式中 w_L——含水率，%；

m_n——湿土质量，g；

m_d——干土质量，g。

表 4-1　液塑限联合测定试验记录表

工程名称：＿＿＿＿＿＿　　　　　　　　　　　试验者：＿＿＿＿＿＿

土样编号：＿＿＿＿＿＿　　　　　　　　　　　计算者：＿＿＿＿＿＿

试验日期：＿＿＿＿＿＿　　　　　　　　　　　校核者：＿＿＿＿＿＿

试样编号	圆锥入土深度 h/mm	盒号	湿土质量 m_n/g	干土质量 m_d/g	含水率 w/%	平均含水率 /%	液限 w_L/%	塑限 w_P/%	塑性指数 I_P

（2）以含水率为横坐标、圆锥入土深度为纵坐标，在双对数坐标纸上绘制关系曲线，如图 4-3 所示。三组数据确定的点应在一条直线上，如图中所示直线 A。当三点不在一条直线上时，通过高含水率的点和其余两点连成两条直线，在入土深度为 2mm 处查得两条线上相应的两个含水率值。当这两个含水率的差值小于 2% 时，可以两点含水率的平均值与最高含水率的点连一直线如图中直线 B。当两个含水率的差值大于等于 2% 时，应重做试验。

在此基础上，根据图 4-3 中直线 A 或直线 B 查得入土深度为 2mm 时对应的含水率即为塑限，入土深度为 17mm 时对应的含水率即为液限。

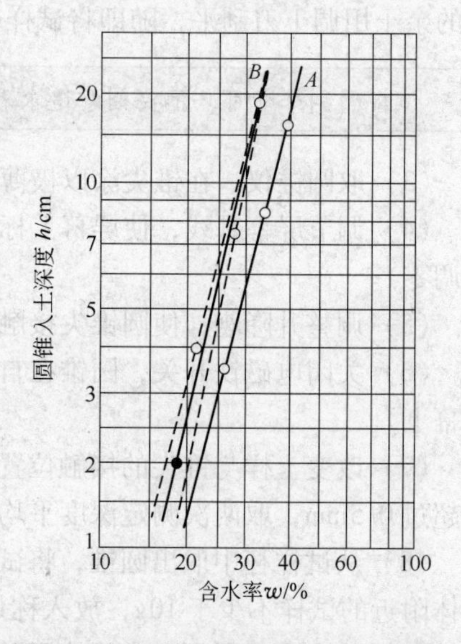

图 4-3　圆锥入土深度与含水率关系图

★　大量的试验数据表明：土膏表面刺入阻力与圆锥下沉深度和含水率均能成单调递减的幂函数关系，因而圆锥下沉深度与含水率能在双对数坐标上呈现较好的线性关系。

按式（4-2）和式（4-3）计算塑性指数和液性指数：

$$I_P = w_L - w_P \tag{4-2}$$

$$I_L = \frac{w - w_P}{I_P} \tag{4-3}$$

式中　I_P——塑性指数，去掉百分号；

I_L——液性指数，计算至 0.01；

w_L——液限，%；

w_P——塑限，%；

w——天然含水率，%。

四、圆锥仪液限试验

目前圆锥仪液限测定方法在许多规范中使用。其中国家标准《土工试验方法标准》（GB/T 50123—1999）以圆锥仪（圆锥质量76g）的锥尖5s刺入土深度17mm（或10mm）时对应的含水率为液限，《建筑地基基础设计规范》（GB 50007—2011）以圆锥仪（圆锥质量76g）的锥尖5s刺入土深度10mm时对应的含水率为液限，交通部《公路土工试验规程》（JTG E40—2007）中则推荐以圆锥仪（圆锥质量76g或100g）的锥尖5s内刺入土深度17mm（或20mm）时对应的含水率为液限。

1. 仪器设备

（1）圆锥液限仪，如图4-4所示。圆锥质量目前较多为76g（交通部公路规程中有用100g圆锥的，以下都以76g圆锥的试验为介绍），锥角为30°；试样杯直径为40～50mm，高为30～40mm。

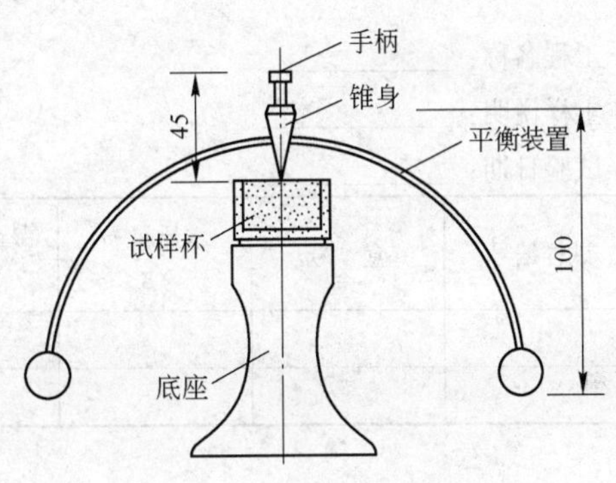

图4-4 圆锥液限仪（单位：mm）

（2）天平：称量200g，最小分度值0.01g。

（3）其他：烘箱、干燥器、称量盒、调土刀、孔径为5mm的筛、小刀、滴管、吹风机、凡士林等。

2. 试验步骤

（1）制备试样。原则上采用天然含水率的土样制备试样，也可采用风干土或烘干土制备试样。当采用天然含水率试样时，应剔除大于0.5mm的颗粒，取代表性土样250g；当采用风干土样时，取过0.5mm筛土样200g；将试样放在橡皮板上用纯水将土样调成均匀膏状，放入调土皿中，浸润过夜。

（2）将试样用调土刀调匀，密实地填入试样杯中，土中不能含封闭气泡，将高出试样杯的余土用调土刀刮平，随即将试样杯放于仪器升降座上。

（3）将圆锥仪擦拭干净，在锥尖上抹一层凡士林，用手拿住圆锥仪手柄，使锥体垂直于土面，当锥尖刚好接触土面时，轻轻松手让锥体自由沉入土体中。

（4）松手约5s后观看锥尖的入土深度，若入土深度刚好为17mm（或10mm），此时土的含水率即为液限。

（5）若锥体入土深度大于或小于17mm（或10mm），则代表试样含水率高于或低于液限，应根据试样的干、湿情况，适当加纯水拌合或边调拌边风干，重复步骤（2）～（4），直到满足刺入深度要求为止。

（6）平行进行两次试验，当两次测定的液限含水率差值小于2%时，取平均值作为该土样的液限。

（7）取出锥体，用小刀取锥孔附近土样10～15g（注意去除有凡士林部分），放入称量盒内，测定其含水率。

3. 数据整理

（1）按式（4-4）计算液限，精确至0.1%：

$$w_L = \left(\frac{m_n}{m_d} - 1\right) \times 100 \tag{4-4}$$

式中 w_L——液限,%;

m_n——湿土质量，g;

m_d——干土质量，g。

（2）圆锥仪液限试验记录如表4-2所示，只有当两次平行测定的液限差值不超过2%时，所取得的液限平均值方为有效，否则需要重新试验。

表4-2 圆锥仪液限试验

工程名称：__________ 试验者：__________

土样说明：__________ 计算者：__________

试验日期：__________ 校核者：__________

试样编号	盒 号	水质量 m /g	湿土质量 m_n /g	干土质量 m_d /g	液限 w_L /%	液限平均值 /%

五、碟式仪液限试验

目前碟式仪液限测定方法在国家标准《土工试验方法标准》(GB/T 50123—1999)、水利部《土工试验规程》(SL 237—1999) 等规范中推荐使用。

1. 仪器设备

碟式液限仪如图4-5所示，主要组成部分包括：

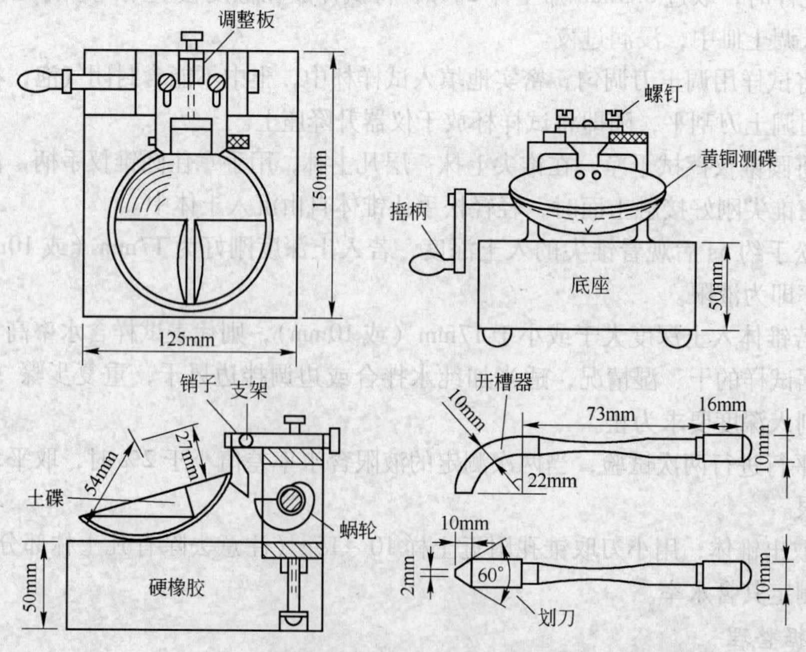

图4-5 碟式液限仪结构示意图

（1）划刀：刀口宽 2mm，刀高 10mm，刀侧面夹角 60°，刀口圆弧半径 22mm。

（2）土碟：黄铜制成，碟盘对应的圆球半径 54mm，碟最大深度 27mm，碟中填土最厚处 10mm，碟底至底座间落高 10mm。

★　土碟必须自由下落而不能左右摇晃，碟底至底座间落高 10mm 必须准确，可采用间隙块检验，当土碟上升到最大高度时，块规刚好通过，若不符合要求，可以采用调节钮调节。

（3）支架：将土碟铰支于底座上。

（4）底座：为一长方体硬橡胶，硬度和弹性模量值有严格规定。

（5）天平：称量 200g，最小分度值 0.01g。

（6）其他：烘箱、干燥器、铝制称量盒、调土刀、毛玻璃板、滴管、吹风机、孔径 0.5mm 筛等。

2. 操作步骤

（1）制备试样。本试验原则上采用天然含水率的土样制备试样，也可采用风干土或烘干土制备试样。当采用天然含水率试样时，应剔除大于 0.5mm 的颗粒，取代表性土样 250g；当采用风干土样时，取过 0.5mm 筛土样 200g；将试样放在橡皮板上用纯水将土样调成均匀膏状，放入调土皿中，浸润过夜。

（2）将制备好的试样充分调拌均匀后，平铺于碟式仪的前半部，铺土时建议由中间填满，再挤向两旁，以防止试样中存在气泡，试样表面平整，试样中心厚度为 10mm。用开槽器经蜗形轮中心沿铜碟直径将试样划开，形成 V 形槽。

（3）以每秒两转的速度转动摇柄，使铜碟反复起落，坠击于基座上，数记击数，直至槽底两边试样的合拢长度为 13mm 时为止，记录击数，并在槽的两边取试样测定含水率。

（4）将制备的不同含水率的试样，重复步骤（2）和（3），测定 4 ~ 5 个试样的槽底两边试样合拢长度为 13mm 时所需的击数和相应的含水率，击数宜控制在 15 ~ 35 击之间。

3. 数据整理

（1）按式（4-5）计算各击次下合拢时试样的相应含水率：

$$w_n = \left(\frac{m_n}{m_d} - 1\right) \times 100 \tag{4-5}$$

式中　w_n——n 击下试样的含水率，%；

m_n——n 击下试样的湿土质量，g；

m_d——试样的干土质量，g。

（2）根据试验结果以含水率为纵坐标、以击次对数为横坐标绘制曲线，如图 4-6 所示。查得曲线上击数 25 次所对应的含水率即为该试样的液限 w_P。

（3）记录

碟式仪液限试验的记录格式如表 4-3 所示。

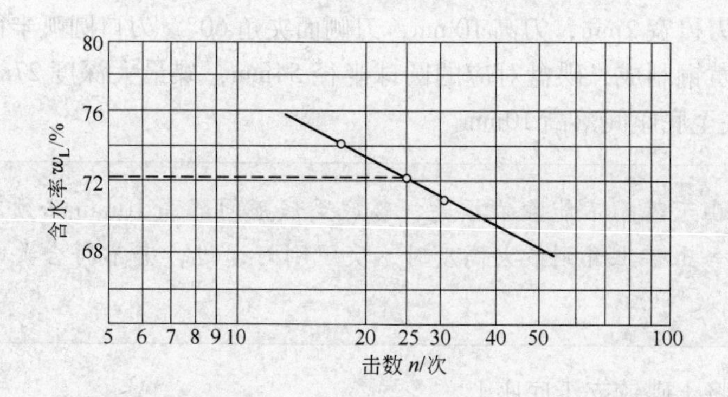

图 4-6　碟式液限仪试验条件下含水率与击数关系曲线

表 4-3　碟式仪液限试验

工程名称：＿＿＿＿＿　试验者：＿＿＿＿＿

土样说明：＿＿＿＿＿　计算者：＿＿＿＿＿

试验日期：＿＿＿＿＿　校核者：＿＿＿＿＿

试样编号	击　数	盒　号	湿土质量 m_n /g	干土质量 m_d /g	含水率 w_n /%	液限 w_L /%

六、搓滚法塑限试验

目前搓滚法塑限试验测定方法在国家标准《土工试验方法标准》(GB/T 50123—1999)、水利部《土工试验规程》（SL 237—1999）等规范中推荐使用。

1. 仪器设备

（1）毛玻璃板：约 200mm × 300mm。

（2）缝隙 3mm 的模板或直径 3mm 的金属丝，或卡尺。

（3）天平：称量 200g，最小分度值 0.01g。

（4）其他：烘箱、干燥器、铝盒、筛（孔径 0.5mm）等。

2. 试验步骤

（1）取过 0.5mm 筛的代表性试样 100g，置于盛土皿中加纯水拌和浸润，静置过夜。

（2）将制备好的试样在手中捏揉至不粘手或用吹风机稍微吹干，然后将试样捏扁，如出现裂缝表示含水率已接近塑限。

（3）取接近塑限的试样 8 ~ 10g，先手用捏成橄榄形，然后再用手掌在毛玻璃板上轻轻搓滚。搓滚时手掌均匀施加压力于土条上，不得使土条在毛玻璃板上发生无力滚动。土条长度不宜超过手掌宽度，在任何情况下，土条不得有空心现象。

（4）当土条搓成直径为3mm时，表面产生裂缝，并开始断裂，此时含水率即为塑限；若土条搓成直径为3mm时不产生裂缝或断裂，表示此时试样的含水率高于塑限，则应将其揉成一团，重新搓滚；当土条直径大于3mm时即已开始断裂，表示试样含水率小于塑限，应弃此土样，重新取土试验；若土条在任何含水率下始终搓不到3mm即开始断裂，则认为土塑性极低或无塑性。

（5）取直径为3mm的断裂土条约3～5g，放入称量盒内随即盖紧盒盖，测定含水率，此含水率即为塑限。

3. 数据整理

（1）按式（4-6）计算塑限，精确至0.1%：

$$w_P = \left(\frac{m_n}{m_d} - 1\right) \times 100 \tag{4-6}$$

式中　w_P——含水率，%；

m_n——湿土质量，g；

m_d——干土质量，g。

（2）将搓滚法塑限试验数据记录于表4-4中。试验需要进行2～3次的平行测定，取各次测定塑限的平均值为最终目标值，并规定计算得到的塑限值的平行差值，黏土和粉质黏土不得大于2%，粉土不得大于1%，否则应重新进行试验。

表4-4　搓滚法塑限试验

工程名称：________　　试验者：________

土样说明：________　　计算者：________

试验日期：________　　校核者：________

试样编号	盒　号	水质量 m /g	湿土质量 m_n /g	干土质量 m_d /g	塑限 w_L /%	塑限平均值 /%

第三节　击实试验

一、试验目的

击实试验是模拟土工建筑物现场压实条件，采用一定质量的锤以一定的落距和锤击次数击实土样以了解土的压实特性的一种试验方法。其目的是测定试样在一定击实功作用下（非饱和状态下）含水率与干密度的关系，以确定土体的最大干密度和其对应的最优含水率，为工程设计提供初步的填筑标准。

室内击实试验模拟土工建筑物现场压实条件，在一定击实功（与现场施工机械相匹配）作用下，得到不同含水率时土的干密度变化规律。通过击实试验得到土体两个击实参数，最大干密度 $\rho_{d,max}$ 和最优含水率 w_{op}，根据施工规范提出填土碾压标准、土体允许含水率和控制干密度。

击实试验分轻型击实试验和重型击实试验两种。

二、试验原理

细粒土的击实曲线如图 4-7 所示。图中击实曲线（实线）的开展即反映了细粒土在不同含水率下的击实特征，击数一定条件下（意味着击实功一定），细粒土在含水率较低时，土粒表面的吸着水膜较薄，在某一击实功作用下，击实过程中粒间电作用力以引力占优势，土粒相对错动困难，并趋向于形成任意排列，干密度小；随着含水率的增加，吸着水膜增厚，击实过程中粒间斥力增大，土粒容易错动，因此土粒定向排列增多，干密度相应增大。但是当含水率达到最优含水率后，若再继续增大含水率，土样内出现大量的自由水和封闭气体，外力功大部分变成孔隙水应力，因而土粒受到的有效击实功减小，干密度降低，即干密度反而随含水率的增加而减小。而对于细粒饱和土，由于渗透系数小，在击实过程中来不及排水，故认为是不可击实的。

此外，从图可见，击实功（击数所反映）对于干密度与含水率的关系亦有显著影响。当击实功提高时，土体干密度仍是随含水率的增加先增大后减小，且土体的最大干密度逐渐增大，最优含水率随之减小。右侧的理论饱和线（虚线），是指对应某一干密度下，土体如果完全饱和时的含水率值。如图 4-7 所示，击实曲线在高含水率下也只能无限逼近理论饱和线，即非饱和的土体通过击实的方式永远也不可能达到完全的饱和状态。

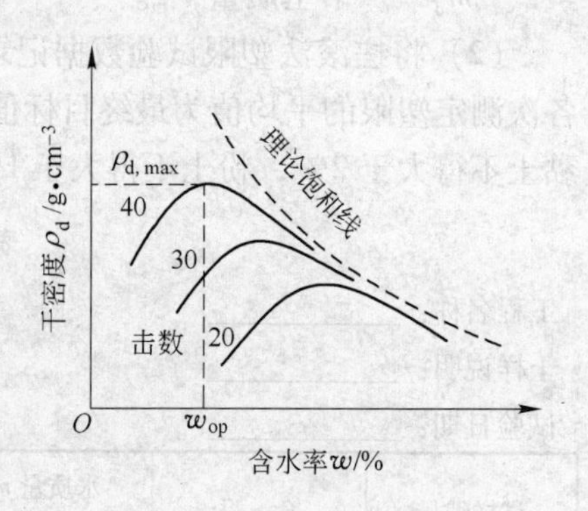

图 4-7　典型击实曲线及与理论饱和线的关系图

对于无黏性土，大量试验表明，其在仅使用击实方法下不容易密实，而且密实过程中也无法得到如图 4-7 所示的具有峰值特征的含水率与干密度关系曲线，即不存在最优含水率和最大干密度。有关无黏性土密实特性及检测方法请参阅本书第三章的内容。

三、试验设备

（1）击实仪：分为轻型击实仪和重型击实仪两类（见图 4-8），分别提供不同的击实能量，用于轻型和重型击实试验。击实仪的击实筒、击锤、护筒等主要部件的尺寸如表 4-5所示。

表 4-5　击实仪主要部件规格表

试验方法	锤底直径 /mm	锤质量 /kg	落高 /mm	击实筒			护筒高度 /mm
				内径/mm	筒高/mm	容积/cm^3	
轻　型	51	2.5	305	102	116	947.4	50
重　型	51	4.5	457	152	116	2103.9	50

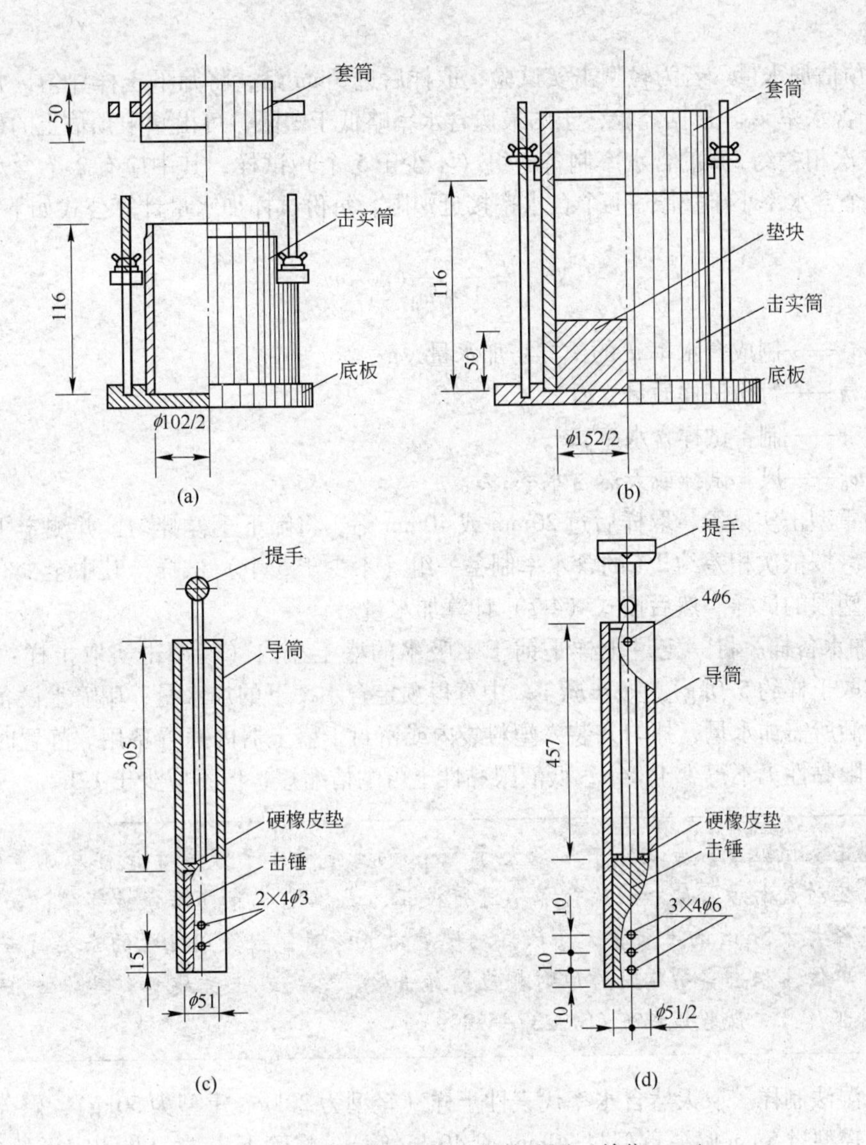

图 4-8　击实筒、击锤和导筒的构造图（单位：cm）
（a）轻型击实筒；（b）重型击实筒；（c）2.5kg 击锤；（d）4.5kg 击锤

（2）推土器：由特制的螺旋式千斤顶或液压千斤顶加反力框架组成。

（3）台秤：称量 10kg，最小分度值 1g。

（4）天平：称量 200g，最小分度值 0.01g。

（5）标准筛：孔径为 20mm、40mm 圆孔筛和 5mm 标准筛。

（6）其他设备：烘箱喷水设备、碾土设备、盛土器、修土刀和保湿设备等。

四、试验步骤

1. 试样制备

击实试验试样制备分干法制备和湿法制备两种。

（1）干法制样。取一定量代表性土样，轻型击实试验为 20kg、重型击实试验为 50kg，风干碾碎。

1）预估加水量。若为轻型击实试验，取样后过5mm筛，将筛下土样拌匀，并测定土样的风干含水率w_0。根据经验，土的最优含水率略低于塑限，可由塑限预估土的最优含水率。按依次相差约2%的含水率制备一组（不少于5个）试样，其中应有2个含水率大于塑限，2个含水率小于塑限，1个含水率接近塑限。每份试样加水量计算公式如下：

$$\Delta m_w = \frac{m}{1 + w_0}(w - w_0) \tag{4-7}$$

式中 Δm_w——制成含水率w的试样需加水量，g；

m——每份试样质量，g；

w——制备试样含水率，%；

w_0——风干试样或天然含水率，%。

若为重型击实试验，取样后过20mm或40mm筛，将筛下土样拌匀，并测定土样的风干含水率。按依次相差约2%的含水率制备一组（不少于5个）试样，其中至少有3个含水率小于塑限的试样。然后按式（4-7）计算加水量。

2）加水备样。将一定量土样平铺于不吸水的盛土盘内（轻型击实取土样约2.5kg，重型击实取土样约5.0kg），按步骤1）中算得预定含水率下的加水量，用喷水设备往土样上均匀喷洒所需加水量，拌匀并装入塑料袋内或密封于盛土器内静置备用。静置时间分别为：高液限黏性土不得少于24h，低液限黏性土可酌情缩短，但不应少于12h。

★ 轻型击实试验中，当试样中粒径大于5mm的土质量小于或等于试样总质量的30%时，应对最大干密度和最优含水率进行校正，具体见本节数据分析部分；而当试样中粒径大于5mm的土质量大于试样总质量的30%时，应使用更大的击实筒击实，击数以单位体积击实功相同为原则相应增加击数、落高或击锤质量，具体方法可参考水利部《土工试验规程》(SL 237—1999)。

（2）湿法制样。取天然含水率代表性土样（轻型为20kg、重型为50kg），碾碎后按要求过筛（轻型过5mm筛、重型过20mm或40mm筛），将筛下土拌匀并测定天然含水率。和干法制样一样，预估最优含水率，在最优含水率附近制5份土样，相邻两份试样的含水率差值宜为2%。静置一昼夜使含水率均匀分布备用。

★ 同一种土（特别对液限较高的黏性土），以烘干、风干、天然含水率三种状态分别来配置不同含水率试样，其进行击实所能得到的最大干密度依次减小，而对应的最优含水率依次增大。此现象在一定程度上归因为烘干和风干条件可改变黏性土中的胶结性质。所以在现场工程中，应根据土的天然含水率与最优含水率间的关系来确定采用干法或湿法制样，若天然含水率大于最优含水率时采用湿法制样，否则采用干法制样。

2. 击实

击实过程的具体操作步骤为：

（1）将击实仪平稳置于刚性基础上，连接击实筒与底座，安装护筒，击实筒内壁涂一薄层凡士林或润滑油。称取一定量试样，倒入击实筒内，分层击实。轻型击实时试样分3层击实，每层装入试样600～800g，每层25击。重型击实时分5层，每层装入试样900～1100g，每层56击；若分3层，每层94击。每层试样高度宜相等，两层交界处的土面应刨毛。击实后，每层高度不超过理论高度5mm，最后余高应小于6mm。

★　重型击实试验中，为了保证击实筒中央土层和周围土层所受击实功能相同，在采用机械操作时，击实仪必须具备在每一圈周围击实完成后，中间加一锤的功能。

（2）拆除护筒，用刀修平击实筒顶部的试样。拆除底板，试样底部若超出筒外，也应修平，擦净筒外壁，称筒与试样总质量，精确至1g。计算出试样湿密度。

（3）用推土器从击实筒内推出试样，从试样中心处取2份代表性土样（轻型为15～30g，重型为50～100g），平行测定土的含水率，称量准确至0.01g，含水率的平行误差不得超过1%。计算试样的干密度。

（4）重复步骤（1）～（3），对不同含水率的试样依次进行击实，得到各试样的湿密度、含水率，计算得到试样干密度。

五、数据整理

1. 计算

（1）按式（4-8）计算击实后各试样的含水率：

$$w = \left(\frac{m}{m_d} - 1\right) \times 100 \tag{4-8}$$

式中　w——击实后试样含水率，%；

m——用以测定含水率的湿土质量，g；

m_d——用以测定含水率的湿土烘干后质量，g。

（2）按式（4-9）计算击实后各试样的干密度：

$$\rho_d = \frac{\rho}{1 + w} \tag{4-9}$$

式中　ρ_d——干密度，g/cm^3，计算精确到0.01g/cm^3；

ρ——击实后试样的湿密度，g/cm^3；

w——击实后试样含水率，%。

（3）按式（4-10）计算土的饱和含水率：

$$w_{sat} = \left(\frac{\rho_w}{\rho_d} - \frac{1}{G_s}\right) \times 100 \tag{4-10}$$

式中　w_{sat}——饱和含水率，%；

G_s——土粒比重；

ρ_w——水的密度，g/cm^3。

将击实试验测定和计算所得的相关数据填入表 4-6 中。

表 4-6 击实试验记录表

工程名称：__________ 试验者：__________

土样编号：__________ 计算者：__________

试验日期：__________ 校核者：__________

试验序号											
干密度	筒 + 土重/g										
	筒重/g										
	湿土重/g										
	湿密度/g · cm^{-3}										
	干密度/g · cm^{-3}										
含水率	盒号										
	盒 + 湿土/g										
	盒 + 干土/g										
	盒质量/g										
	水质量/g										
	干土质量/g										
	含水率/%										
	平均含水率/%										
最大干密度/g · cm^{-3}				最优含水率/%							

2. 制图

将按式（4-9）计算的干密度和含水率，以干密度为纵坐标，含水率为横坐标，绘制如图 4-9 所示的干密度与含水率的关系曲线。通过寻找曲线上峰值点的纵、横坐标，即可确定土的最大干密度和最优含水率。若曲线不出现峰值点，应进行补点试验。

同时，按式（4-10）计算不同干密度下土的饱和含水率，绘制该土体在不同含水率下的理论饱和曲线于同一图中（类似图 4-9 所示）。

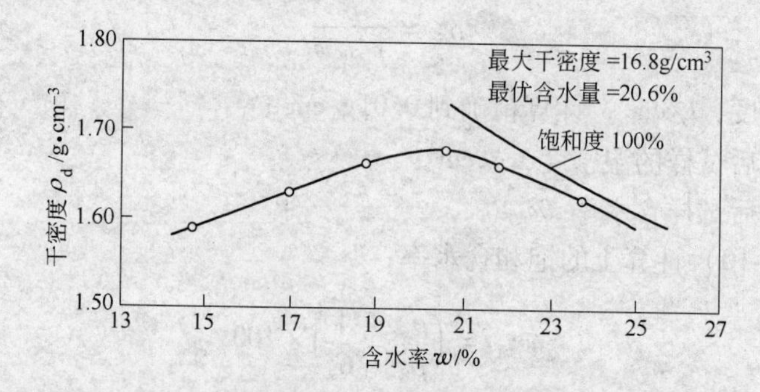

图 4-9 击实条件下干密度与含水率关系曲线

3. 校正

轻型（重型）击实试验中，当试样中粒径大于 5mm（重型为 40mm）的土质量小于或等于试样总质量的30%时，最大干密度和最优含水率按下式进行校正：

$$\rho'_{d,max}=\frac{1}{\dfrac{1-P}{\rho_{d,max}}+\dfrac{P}{G_{s2}\rho_w}} \tag{4-11}$$

$$w'_{op}=w_{op}(1-P)+w_2P \tag{4-12}$$

式中 $\rho'_{d,max}$——校正后土样的最大干密度，g/cm³；

$\rho_{d,max}$——粒径小于5mm试样的最大干密度，g/cm³；

P——粒径大于5mm（重型为40mm）的土粒百分含量，%；

G_{s2}——粒径大于5mm（重型为40mm）的土粒饱和面干比重；

ρ_w——水的密度，g/cm³；

w'_{op}——校正后的最优含水率，%；

w_{op}——粒径小于5mm试样的最优含水率，%；

w_2——粒径大于5mm（重型为40mm）的土粒吸着含水率，%。

★ 饱和面干比重指当土粒呈饱和面干状态时的土粒总质量与相当于土粒总体积的纯水在4℃时质量的比值。

思 考 题

4-1 液限含水率和塑限含水率试验时，为什么要去掉大于0.5mm的颗粒?

4-2 圆锥液限仪试验与液塑限联合测定试验在测定细粒土液限时有何不同?

4-3 请举出目前国内外用于测定细粒土液限的三种试验方法，并简述其原理。

4-4 请简述细粒土具有最优含水率的原因及其影响因素。

4-5 砂土能否通过本章所述的击实试验得到最大干密度和最优含水率?

第五章 土的渗透系数测定试验

第一节 导 言

岩土力学应用于工程中有三大问题需要解决——渗流、强度和变形。所谓渗流，是指土孔隙中的自由水在重力作用下发生运动迁移的现象。有关渗流需要解决的工程问题有很多，从站在水的角度所考虑的流量、流网的确定，防渗与固结排水压缩量的关注，到立足于土粒角度所分析的、渗流中对土粒稳定产生显著影响的渗流力的计算，以及在固结这一本质属于不稳定渗流问题中沉降速率的计算等等。

从微、细观层面上看，渗流就是水在土的孔隙中流动，其方向实际上是千变万化的，但在宏观视角下一般只确定其一个基本的流向作为渗流方向，而且为了计算的便利，通常选取的也是研究对象的横截面而非真正的过水面积。在这些基础之上，想要解决上述工程问题，其关键一点就是要确定土的渗透系数。

渗透系数的测定，亦或是这一系数的发现，都是从达西渗透定律（Darcy's law）出发的。达西定律的原始表达式为：

$$v = ki \tag{5-1}$$

式中 v——土的渗流速度，cm/s；

k——土的渗透系数，cm/s；

i——渗流时的水力坡降。

所谓渗流速度，就是水在土体中发生渗流时，单位时间流过单位渗流截面的流量；而水力坡降，就是单位渗流路径上的能量（水头）损失。从式（5-1）出发，可以转换得到渗透系数 k 的求解式：

$$k = v/i \tag{5-2}$$

因此，如要测定 k，就要分别求得渗流速度 v 和水力坡降 i，这是所有渗透试验设计的出发点。另一方面，从大量土体渗透系数测定的实际结果看，并非所有土都严格服从达西定律，从而给渗透系数的测定带来很大变数。如图 5-1 所示，大体而言只有砂土符合达西定律，即渗流速度与水力坡降的比值始终不变。而对黏土而言，其在水力坡降轴上有一个初始的截距，表明只有提供一定的水力坡降（起始水力坡降）才能够发生渗流，且发生渗流以后的斜率并不为常数。由于斜率体现了渗透系数的大小，因此可知，随着水力坡降的增加，黏土的渗透系数也在增加，只有在水力坡降较大时，该值才接近常数。而对粗粒土中的砾土而言，较小的水力坡降条件下，其渗透系数为常数，但随着水力坡降增加，其渗透系数将减少，而且呈现曲线变化特征。

从内在因素分析，细粒土渗透系数较小，且存在临界起始水力坡降，原因不仅仅是由

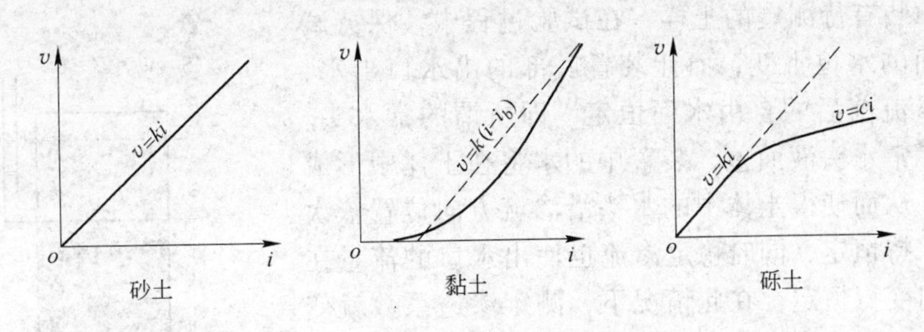

图 5-1　土的渗透速率与水力坡降的关系

于颗粒小造成相应的孔隙也小，更重要的是其矿物成分亲水性大，且结合水膜较厚，从而使渗透特性显著降低。

另外在渗流过程中，水头能量之所以发生损失，即产生水力坡降，实际上是黏滞阻力的能耗造成的。而黏滞性的发挥程度又与温度有关，温度越高，水体的黏性越小，动力黏滞系数就越小，黏滞耗能也便越小，则水在土体中的流速就会增加，亦即渗流系数会随温度升高而变大。

以上内容是对土体渗流特性和渗透系数本质做出的简单描述，亦反映了渗透系数测定的基本思路，同时也提示检测人员，一定要充分估计水力坡降对渗透系数测定所带来的影响。

具体到实际的渗透系数测定方式，可分室内试验和室外试验两种方法。其中室内试验又分两类，即用于测定较高渗透系数的常水头试验和用于测定较低渗透系数的变水头试验，而测定的方法都是依据达西渗透定律进行衍生而实现的。测定了渗透系数以后，就能对土体的渗透性进行工程分类。一般地，当土体的渗透系数 $k>10^{-3}$cm/s 时，判定土体为强渗透性；当 k 介于 10^{-3}cm/s 与 10^{-6}cm/s 之间时，为中等渗透性；当 $k<10^{-6}$cm/s 时，为弱渗透性。表 5-1 列出了常见土的渗透系数量级范围。

表 5-1　常见土的渗透系数量级范围

土类型	渗透系数/cm · s^{-1}	土类型	渗透系数/cm · s^{-1}
黏　土	$a\times10^{-10}\sim a\times10^{-7}$	细砂、粉砂	$a\times10^{-4}\sim a\times10^{-3}$
粉质黏土	$a\times10^{-7}\sim a\times10^{-6}$	中　砂	$a\times10^{-3}\sim a\times10^{-2}$
粉　土	$a\times10^{-6}\sim a\times10^{-4}$	砾石、粗砂	$a\times10^{-2}\sim a\times10^{-1}$
黄　土	$a\times10^{-5}\sim a\times10^{-4}$	卵　石	$a\times10^{-1}\sim a$

在接下来的三节内容中，将就室内试验的常水头法和变水头法以及现场的综合测试方法分别予以介绍。

第二节　室内常水头试验

一、试验原理

常水头试验，其试验装置的基本原理结构如图 5-2 所示。

装置中装有待测定的土样，在试验过程中，保持试样装置顶面的水位不变，而让装置底部的出水口出水，这就使得渗流前后的自由水面恒定，即所谓的常水头。由于形成了常水头液面差，装置中的水将在土体中形成恒定渗流，从而使得土体中的水头沿渗流方向位置依次下降，并保持恒定，同时稳定渗流也使出水口的流量在单位时间内变得恒定。在此情况下，测定渗透系数就变得简单了。

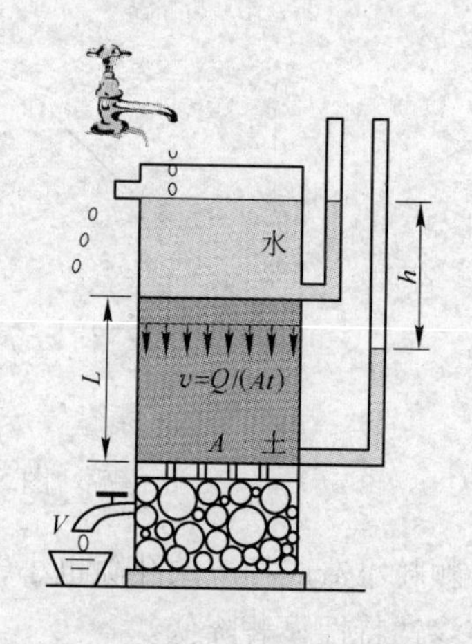

图 5-2 常水头试验原理示意图

具体到试验中，一方面通过稳定条件下进出土体的两个测压管中的液面差值求得渗流路径上两点间的水头损失 h，再根据两点间的渗流路径 L 及公式 $i = h/L$，确定水力坡降值 i。

★ 需要注意的是：严格意义上讲，两点渗流造成的能量损失应是位能、压能和动能之和的差值，而上面所述仅仅确定了两点自由水位的差值，并没有包括动能的变化。但通过计算分析可知，渗流中的动能较之位能和压能，属于高阶无穷小量，因此可忽略不计。

另一方面，测量出水口在一定时间 t 中的流量 Q，除以渗流试样的横截面积 A，就可求得水在恒定渗流时的渗流速度 v，即 $v = Q/(At)$。

如此再根据前述的达西渗流定律公式（5-2），即可求得土体的渗透系数 k。

常水头法只适用于渗流系数比较大的土，原因如下：

（1）由于该试验需要测定一定时间的流量，根据现行的装置而言，70cm^2 横截面积，测定流速通常需几十秒到几分钟。而如果土体的渗透系数较小，例如下降 2 ~ 3 个数量级，则测定相同的可读流量，便需要数小时甚至数十小时的时间，从时间上考虑不经济；而如果改用扩大渗流截面的方法，则装置横截面至少要扩大 2 ~ 3 个数量级，这无疑在用土量以及装置制作耗材上也是极不经济的，且给试验操作带来很大麻烦。

（2）如图 5-1 所示，对渗透系数小的土质而言，还存在一个临界水力坡降，若水力坡降不足，再长的时间，土体也不会发生渗流。而临界水力坡降并不由时间和渗流的横截面积决定，而是取决于常水头试验中渗流进出面上的水头差以及发生渗流的路径，黏土发生渗流的起始水力坡降一般较大（大于 20 的很常见），在 10cm 的渗流路径下，就需要提供 2m 以上的水头差，才能实现渗流，这对常水头试验仪器而言，就要制作超高的试样模具，明显不现实，而若减少渗流路径，则连测定孔压变化的测压管位置都很难设置。

综上所述，常水头法只适用于渗流系数比较大的土，测定的渗透系数范围大致在 $10^{-4} \sim 10^{-1}$cm/s 之间，而对渗透性差的土，其渗透系数测定采用的是变水头法，将在本章第三节予以介绍。

二、试验设备

（1）常水头渗透仪。常水头试验的试验装置有很多，一般都满足如图 5-3 所示的装置构型。在我国，使用较多的是 70 型渗透仪，其得名于设备中主容器封底金属圆筒的横截面尺寸为 $70cm^2$。设备总高 40cm，底部金属孔板以上 32cm。金属孔板的作用是过水滤土，不让土量在渗流过程中有损失；而土样上部通常与容器顶部也有 2cm 的间隙，主要是防止充水时，将土样溅出。此外在装置左侧中部，设定了三个测压管，用于测定渗流不同位置处的水头，测压管之间的距离均为 10cm。

（2）5000mL 容量的供水瓶。

（3）500mL 容量的量杯。

（4）5000g 量程、1.0g 分度值的天平。

（5）温度计。

（6）秒表。

（7）木质击实棒。

（8）其他：橡皮管、夹子、支架等。

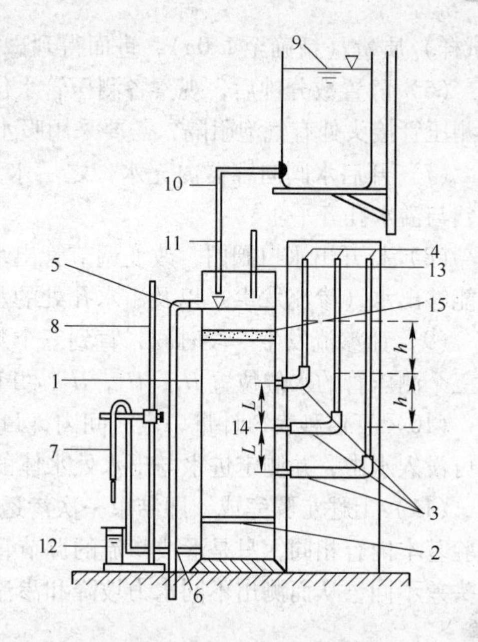

图 5-3　常水头渗透仪

1—封底金属圆筒；2—金属孔板；3—测压孔；4—玻璃测压管；5—溢水孔；6—渗水孔；7—调节管；8—滑动支架；9—容量为 5000mL 的供水瓶；10—供水管；11—止水夹；12—容量为 500mL 的量筒；13—温度计；14—试样；15—砾石层

三、试验步骤

（1）按照图 5-3 所示连接好仪器，检查各管路和试样筒接头处的密封性是否完好，连接调节管 7 和供水管 10，由试样筒底部倒充水直至水位略高于金属透水板顶面，放入滤纸，关闭止水夹 11。

（2）取代表性风干土样 3～4kg，称量精确至 1.0g，测定土体的风干含水率，用以计算干土质量。

（3）将试样分层装入仪器，大约 2～3cm 一层，每层装完后，用击实棒轻轻击打到一定厚度，用以控制孔隙比，如试样含黏粒较多，则应在金属孔板上加铺厚约 2cm 的粗砂过渡层防止试验时细料流失，并量出过渡层厚度。试样装好后，连接供水管和调节管，并从调节管进水至试样顶面，饱和试样。

★　注意注水饱和时，水流不能过大，否则容易冲动试样，破坏孔隙的均匀性。

（4）重复第（3）步，分层填充试样，直至最后一层试样高出最上侧测压管管口衔接处 3～4cm。待最后一层试样饱和后，在试样上部铺设 2cm 厚的砾石层作为缓冲层。继续使水位上升至圆筒顶面，将调节管卸除后，使得管口高于圆筒的顶面，观测三个测压管水位是否与孔口齐平。

（5）量测试样顶部距离筒顶的高度，换算得试样高度；称量剩余土样，换算得装入土

（试样）质量（精确至1.0g），进而得到试样的干密度和孔隙比。

（6）静置数分钟后，观察各测压管水位是否与溢水孔5齐平，如果不是，则说明试样或测压管接头处有气泡阻隔，需要采用吸水球进行吸水排气。

（7）开启水阀向容器内充水，之后水龙头始终处于开启状态，保证容器顶部水面溢满，与溢水孔齐平。

（8）打开出水口阀门，改变调节管出水口位置，一般低于试样上部1/3高度处，并保证能够出水（渗流发生）以及溢水孔处的水位始终不变，之后恒定出水口位置不变。

（9）让渗流发生一段时间，直到三个测压管中水位恒定，表明已经形成稳定渗流，记录三个测压管的水位位置 H_1，H_2，H_3，并确定两两水位差为 h_1，h_2。

（10）开启秒表，计量一定时间内，量筒承接出水管流出的渗流水量，此时调节管口不可没入水中，并测定进水与出水处水体的温度，取平均值 t。

（11）上述步骤完成，即结束一次渗透系数测定，按照该步骤再重复5~6次试验。各试验基本内容相同，只是形成渗流的调节管出水口位置要做相应变化，以使每次试验中的水头差不同，从而测出不同水力坡降和渗流速度下土体的渗透系数。

四、数据处理

（1）试样干密度和孔隙比的计算。两者的计算公式分别为：

$$\rho_d = \frac{m/(1+w)}{Ah} \tag{5-3}$$

$$e = \frac{\rho_w G_s}{\rho_d} - 1 \tag{5-4}$$

式中　m——风干土的质量，g；

w——风干土的含水率，%；

ρ_d——试样干密度，g/cm³；

A——试样横截面积，cm²；

h——试样高度，cm；

e——试样孔隙比；

G_s——土粒比重。

（2）渗透系数的计算。计算公式为：

$$k = v/i = \Delta Q\left(\frac{\Delta l}{H_1 - H_2} + \frac{\Delta l}{H_2 - H_3}\right)\Big/(2A\Delta t) \tag{5-5}$$

式中　Δt——测定时间，s；

ΔQ——Δt 时间内的水流流量，cm³；

Δl——渗流路径，即两测压孔中心间的试样高度，cm，一般为10cm；

H_1，H_2，H_3——试样在三个测压管的水位高度，cm。

式（5-5）中，$\Delta Q/(A\Delta t)$ 部分是由流量和时间换算得到的渗流速度，而 $\left(\frac{\Delta l}{H_1 - H_2} + \frac{\Delta l}{H_2 - H_3}\right)\Big/2$ 部分，则代表了依据三个测点水头所算得的两两水力坡降倒数的平均值。

★　理论上说，计算平均水力坡降的方法是直接求解两个水力坡降的平均值，很多岩土工程著作也这样表述，但从直接求解水力坡降平均值的公式 $i = \left(\dfrac{H_1 - H_2}{\Delta l_1} + \dfrac{H_2 - H_3}{\Delta l_2}\right)\Big/2$ 可见，由于试验装置一般设定两两水头测点的渗流路径长度相同，即 $\Delta l_1 = \Delta l_2 = \Delta l$，因此实际水力坡降平均值的公式就变为 $i = \left(\dfrac{H_1 - H_3}{\Delta l}\right)\Big/2$，即中间测点的水头读数 H_2 实际并未用到，亦即没有真正起到平均的作用。而如果按照式（5-5），先求解两段水力坡降的倒数，再求平均值，以此来计算渗透系数，则可以避免上述问题。请读者在应用时多加注意。

将各次算得的渗透系数，取形如 $a \times 10^{-n}$ 的形式（$1 < a < 10$），a 允许保留一位小数，且求得的各渗透系数 a 值不能超过2，进而求解各值的算术平均值，得到该土在 T℃时的渗透系数 k_T。

（3）按照式（5-6），折算得到20℃时的土体渗透系数 k_{20} 为：

$$k_{20} = k_T \eta_T / \eta_{20} \tag{5-6}$$

式中　k_{20}——标准温度下试样的渗透系数，cm/s；

η_T——T℃时水的动力黏滞系数，Pa · s；

η_{20}——20℃时水的动力黏滞系数，Pa · s。

水在各温度下的动力黏滞系数见表5-2。

表 5-2　水在各温度下的动力黏滞系数

水温/℃	水的动力黏滞系数 /10^{-3}Pa · s	水温/℃	水的动力黏滞系数 /10^{-3}Pa · s	水温/℃	水的动力黏滞系数 /10^{-3}Pa · s
5	1.545	16	1.140	27	0.876
6	1.501	17	1.111	28	0.859
7	1.455	18	1.033	29	0.823
8	1.412	19	1.057	30	0.806
9	1.372	20	1.030	31	0.789
10	1.338	21	1.008	32	0.773
11	1.300	22	0.980	33	0.757
12	1.265	23	0.960	34	0.752
13	1.230	24	0.940	35	0.727
14	1.200	25	0.916		
15	1.170	26	0.896		

（4）最后将所有实验数据和换算结果填入表5-3所示的常水头试验数据记录表中。

表 5-3　渗透试验记录表（常水头法）

试样高度：＿＿＿＿＿　　干土质量：＿＿＿＿＿　　测压管间距：＿＿＿＿＿
试样面积：＿＿＿＿＿　　土粒比重：＿＿＿＿＿　　试样孔隙比：＿＿＿＿＿

试验次数	经过时间 /s	测压管水位/cm			水位差/cm		水力坡降倒数平均 $1/i$	渗水量 /cm^3	渗透系数 /$cm \cdot s^{-1}$	水温 /℃	水温 20℃ 渗透系数 /$cm \cdot s^{-1}$	平均渗透系数 /$cm \cdot s^{-1}$
		Ⅰ管 H_1	Ⅱ管 H_2	Ⅲ管 H_3	h_1 $H_1 - H_2$	h_2 $H_2 - H_3$						
1												
2												
3												
4												
5												
6												

第三节　室内变水头试验

一、试验原理

如上节所述，常水头试验并不利于测定渗透性较差土质的渗透系数。这类土质的渗透系数的测定，由变水头试验来完成，其所测渗透系数的适用范围一般为 $10^{-7} \sim 10^{-4}$cm/s。

变水头试验的实现，也是源于达西渗透定律。由于达西定律的原始表达式为 $v = ki$，因此本节仍从式子 $k = v/i$ 出发，来解释试验原理。

图 5-4 所示是变水头装置的原理示意图。

图中 L 段所示的就是变水头装置中放置的土样，而装置左右分别有一个水面，从图中可见，右边细管中水面要比左边水面高，当试验开始时，打开细管中的阀门，水就从左边细管流经土样，最终从左侧容器水面的出水口流出。装置中，出水口的水位恒定，而右侧进水口的水位在逐渐下降，并不像常水头试验中那样需要不断补充水，因此该试验被称为变水头试验。

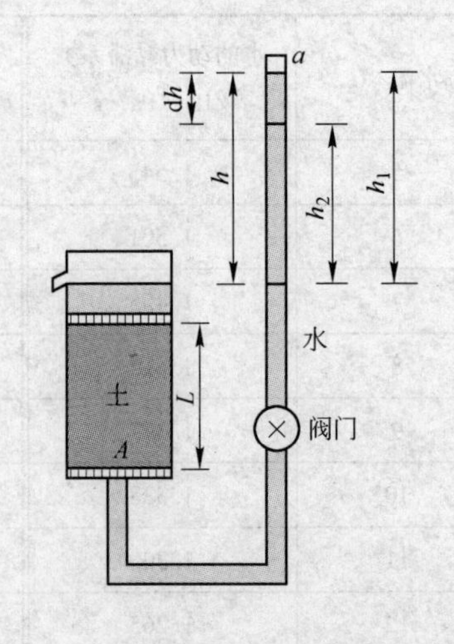

图 5-4　变水头试验原理示意图

而在不补水的条件下，如何测定渗透系数呢？不妨再从原理公式出发寻找解决思路。为求渗透系数 k，就需知道渗流速度 v 和水力坡降 i。先看水力坡降，若取一即时时刻 t，此时，进出水面水头差为 h，而后在微小时刻 dt 变化下，进水水头下降 dh，而出水水头不变，则此时两个水面的水头差为 h - dh，由于进水和出水口流速都非常小（比常水头要小得多），因此 h - dh 就是土中水在渗流过程中发生的能量损失。而土体的渗流路径是不变的 L，因此 t + dt 时刻，土体的即时水力坡降为（h - dh）/L。而即时的流速，因实在太小，不能由出水口称量计算，故转从进水口分析，在 dt 时间内，细管中水位下降 dh，意味着微小时刻

的流量 dQ 变化可用 adh 表示，而对应的即时平均渗流速度，则为 adh/Adt（A 为渗流土体的横截面积），因此在 $t+dt$ 时刻，土体的渗透系数计算式为：

$$k = v/i = \left(\frac{adh}{Adt}\right) \Big/ \left(\frac{h}{L}\right) \tag{5-7}$$

然而这个式子是基于瞬时数值在物理上的理解，在数学上依然无法求解，只能更进一步，利用积分的表达式来求解一个平均的流速：

$$k = v/i = \left(\frac{\int_{h_1}^{h_2} adh}{\int_{t_1}^{t_2} Adt}\right) \Big/ \left(\frac{h}{L}\right) \tag{5-8}$$

式（5-8）建立的物理含义，就是变微小时间段的即时流速与水力坡降的比值为较长时间段中，平均流速与平均水力坡降的比值。

但要注意，实际计算时，即时水头 h 不能留在积分式外，因为 h 也是一个随时间变化的量，从物理意义上理解，既然流速是一个平均值，水力坡降更是一个平均值，因此也要把 h 放在积分号内，相应的，根据平均流速与平均水力坡降求解渗透系数的合理公式应为：

$$k = \frac{\int_{h_1}^{h_2} a\left(\frac{L}{h}\right)dh}{\int_{t_1}^{t_2} Adt} \tag{5-9}$$

即

$$k = 2.3\frac{aL}{A(t_2 - t_1)}\lg\frac{h_1}{h_2} \tag{5-10}$$

式中　a——变水头管的内截面积，cm^2；

L——渗流路径，即试样高度，cm；

t_1，t_2——测读水头的起始时间和终止时间，s；

h_1，h_2——起始和终止水头，cm。

对式（5-10），读者可能还会产生另一个疑问，即渗透系数的平均值是否可以用来替代即时值，例如选择长时间和短时间渗流所计算出的渗透系数平均值是否会产生差异，以及如何应对这种差异。由于在实际试验数据分析过程中，测定的渗透系数确实有一定波动甚至可能出现较大差值，因而解释和解决此类疑惑变得更有必要。

笔者认为，对以上问题要一分为二来看。通常理解的达西渗流定律，是在砂土中验证的，而在黏性土中，实际流速与水力坡降间并不符合线性的变化特征。如图 5-2 所示，黏土发生渗流需有一起始水力坡降，且随水力坡降增加，流速呈现非线性变化（逐渐变大），最终方接近一常数；相应地，作为斜率而反映出数值特征的土体渗透系数，也将随水力坡降的变化而变化（严格说是随水力坡降的上升而上升，到比较高的水平才趋近常数）。因此在实际的变水头试验中，当渗流路径不变化，而试验中的水头在不断下降时，若水头整体水平不高，不同时段测定的渗流系数是会逐渐变小的，即上文中读者的担心是存在的；但如果选取的水头较高，且两个时间点内，水头的变化值比较小，则求得的渗透系数变化是在图 5-2 所示的直线段，即每次测定的渗透系数值是较为稳定的。

★　试验中，应选取接近实际工程情况的水力坡降值进行试验。而若要知道渗透系数随水力坡降的变化规律，则应进行多次不同水力坡降水平的试验进行分析，但每次试验中的水头落差值不宜过大。具体要求，将在数据分析中予以说明。很多土工测试的著作中并未提到这点，请试验者加以注意。

变水头试验只适用于渗透系数小的土，其原因为：若测定土的渗透系数过大，变水头管中，水位下降过快、记录时间差就有困难，而若要让变水头管中水位下降变慢，则变水头管横截面尺寸就要缩小。渗透系数每提高一个数量级，细管的面积就要下降一个数量级，这对目前已不到 0.5cm^2 的细管横截面尺寸而言，是很难做到的，且会增加毛细作用等负面影响。因此渗透系数大的土，还是应用常水头装置测定其渗透系数。

二、试验设备

1. 变水头渗透仪

在我国较多采用的是南 55 型变水头渗透仪，如图 5-5 所示，它是南京水利科学研究院于 1955 年研制定型的。装置中试样放置在图中所示的渗透容器中，横截面积为 30cm^2，高 4cm。而渗透容器内部结构，底部是透水石（试验中透水石都要浸润），然后依次向上为滤纸、泥膏试样、滤纸和上部透水石，最上为容器顶部的旋紧压盖。渗透容器的底部接口处连接进水管，是渗流的进口（在底部有两个接口，一般为对称布置，接任何一头都可）；而容器上面有一出水口，为渗流出口。此外，图中所示提供水力坡降的细管装置的横截面积，要根据实验室配备的实际管路面积确定。

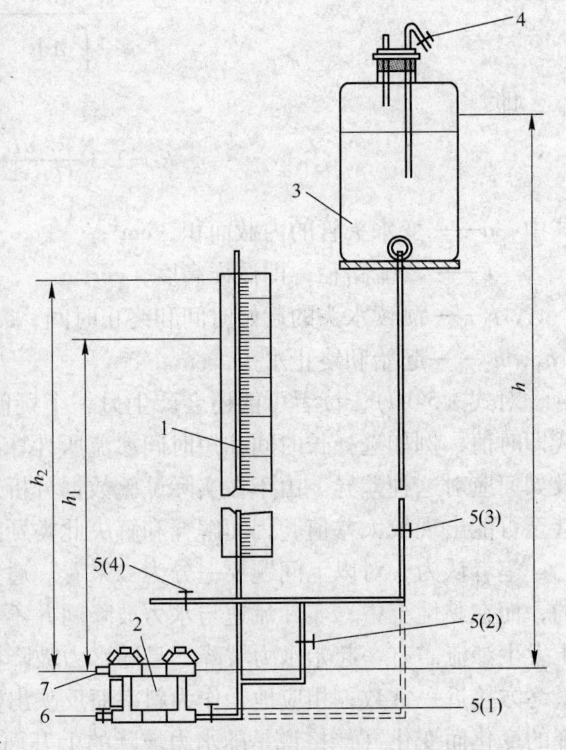

图 5-5　变水头渗透仪
1—变水头管；2—渗透容器；3—供水瓶；4—接水源管；5—进水管夹；6—排气管；7—出水管

另外，对于某些淤泥质土，一般的变水头试验也不能满足快速测定渗透系数的要求，故而改用加压型渗透仪，或采用三轴仪或固结仪装置的渗透试验进行测定。加压型渗透仪的测定方法，主要是通过气压增加入水口处的水压，并保持出水口处的水头压力不变，从而增加水力坡降，进而提高渗流速度，以在较短的时间内测定渗透系数。而三轴仪或固结仪装置的渗透试验更是为了模拟现场在一定真实围压条件下，渗透系数变化情况。有关这部分的试验方式，可参考文献［6］。

2. 辅助设备

无气水，刮刀，量筒，秒表，温度计等。

三、试验步骤

（1）对原状黏土或一般含水率下重塑黏土的试样制备应按本书第八章第二节的规定进行。制样时将环刀压入原状或重塑土样块，平整土样两面（但不能用刀往复涂抹，以免闭塞孔隙，影响渗流），形成装在环刀中的黏土试样。而对吹填土、淤泥土等超软土，可直接取现场或已调配至与现场含水率一致的呈流塑状态的土膏备用。

（2）在渗透容器套筒内壁涂抹一层凡士林，再在容器底部依次放置浸润的透水石和滤纸。对已装在环刀中的试样，将装有试样的环刀装入渗透仪的容器中；而对流塑状态的土膏试样，则先将环刀装入渗透容器固定，然后将调配好的土膏根据预期的质量缓慢装入环刀（注意装入过程中严禁使土膏中产生气泡），直至装满整平。

（3）试样装入后，放置上部滤纸和透水石，安装好止水圈，去除多余凡士林，盖上渗透容器顶盖，拧紧顶部的螺钉，保证渗透容器不漏水、漏气。

（4）对不易透水的土样，在第（2）步装样前需先进行真空抽气饱和；而对土膏试样和较易透水试样，可在第（3）步后直接用变水头装置的水头进行试样饱和。

★　土中的气泡可能会堵塞土的孔隙，使得测定的渗透系数比饱和土低，一些时候渗透系数随着试验历时的延长而降低，就是由于气泡逐渐分离、迁移、堵塞孔道造成的，因此在进行饱和土的渗透试验时，一定要对其充分饱和，并且使用无气水。

（5）饱和完成后，将渗透仪进水口与水头装置的测压管连接，再将渗流入水夹关闭，开启注水夹，保证渗流水头具有足够高度，关闭注水夹。

（6）开启渗流入水夹，先将底部排气口打开，保证不再出气泡，随后关闭，再打开顶部排水口，一定时间后判别是否有渗流发生，发生渗流的判别以出水口出现缓慢滴水为准。如果始终未有出水，则继续增加测压管中的水位高度，重复上述步骤，直到渗流发生为止。

（7）记录渗流水头的高度 h_1，同时开启秒表，记录发生渗流一定时间 Δt 后的渗流水头 h_2，保证 $h_1 - h_2$ 大于10cm，之后便可利用公式（5-10），求得试样渗透系数 k_0，而对时间差 $\Delta t = t_1 - t_2$，规定黏粒含量较高或干密度较大的土体也不要超过3~4h。注意，在测定终点读数时不能关闭出水和进水阀门，否则会有气泡回灌影响读数。

（8）按步骤（7），反复测定5~6次渗透系数，每次取不同的初始渗流水头 h_1 和时间间隔 Δt，注意初始水头不能太低，一者太低不会发生渗流，二者低渗透系数土的渗透系数在较低水头（流速）下是随着水头（流速）的增加而增加的，如此就不能保证所测渗透系数为一常数。

（9）另外还应测定试验开始时与终止时的水温，用以修正不同温度下的渗透系数。

★　如果在试验过程中出现水流加快或者出水口浑浊现象，表明可能有局部流土破坏的可能，应检查是否漏水或者有集中渗流，如有，要停止试验，重新制样。

四、数据处理

(1) 渗透系数按式（5-10）进行计算，即：

$$k = 2.3\frac{aL}{A(t_2 - t_1)}\lg\frac{h_1}{h_2}$$

(2) 根据式（5-10），求解试验温度下的渗透系数，再按式（5-6）以及表5-1所示的水在各温度下的动力黏滞系数，折算得到20℃时的渗透系数 k_{20}。

(3) 实验数据和换算结果填入表5-4所示的变水头试验数据记录表中。

表5-4　渗透试验记录表（变水头法）

试样高度：＿＿＿＿＿＿　干土质量：＿＿＿＿＿＿　测压管间距：＿＿＿＿＿＿

试样面积：＿＿＿＿＿＿　土粒比重：＿＿＿＿＿＿　试样孔隙比：＿＿＿＿＿＿

试验次数	经过时间/s	测压管读数/mm		渗透系数/cm·s^{-1}	水温/℃	水温20℃渗透系数/cm·s^{-1}	平均渗透系数/cm·s^{-1}
		h_1	h_2				
1							
2							
3							
4							
5							

实际工程应用中，对渗透系数低的土，如前所述，其渗透系数是随着水力坡降的变化而变化的，因此在测定渗透系数和求解时应该考虑两个方面：

(1) 根据实际的需要，选取接近实际条件的水力坡降进行渗透系数测定，此时，算得的几个渗透系数可求取平均值。

(2) 如果工程中水力坡降的条件并不确定，建议按照上述步骤，进行不同水力坡降条件的渗透系数测定，相似水力坡降条件下，测定5~6组，取其平均值；而几个不同水力坡降水平下的平均渗透系数，不要再取平均值，而应绘制渗透系数随平均水力坡降变化的关系曲线，以备工程应用所需。

第四节　现场井孔抽水渗透试验

一、试验原理

室内渗透试验，只能测定现场某一点的渗透系数，实际上现场土并不均匀，且移送到室内的过程中易受扰动，所测结果不能充分代表现场的实际情况。而测定土体的渗透系数，其目的就是为了评价现场土的综合渗透特性，因此除对各点土在室内进行渗透系数测定以外，一般在工程中还会采取现场测定的方法。现场常见的方法包括井孔抽水法和井口注水法两类，亦有多用于岩体渗透系数测定的钻孔压水试验（也可用于贫水干旱地层和水位较深地区）。本节介绍的是井孔抽水法。

井孔抽水法和变水头法基于同样的近似概念，即所有测得的渗透系数都是渗流路径上的平均值。为了更简明地说明井孔抽水法的试验原理，笔者以有两个观测孔的井孔抽水试验为例进行介绍，该类试验的水位分布见图5-6。

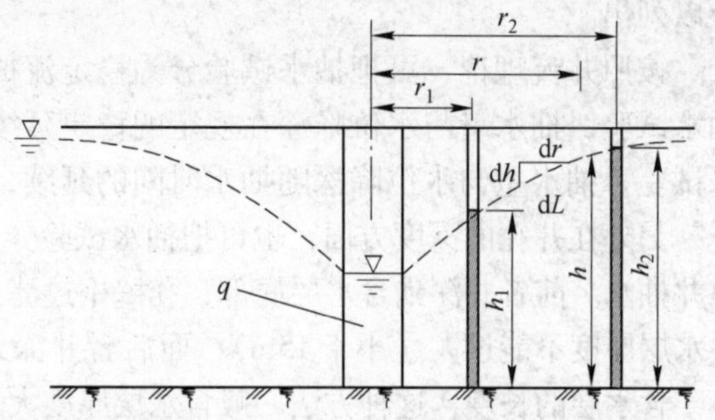

图5-6　井孔抽水法水位分布示意图

如图5-6所示，在抽水井的周围将形成一个漏斗，而漏斗半径对应的每一个过水截面都是一个圆柱面，面积为 $2\pi rh$，因此相应的流量 q 为：

$$q = kiA = k\frac{\mathrm{d}h}{\mathrm{d}r}(2\pi rh) \tag{5-11}$$

式中　q——抽水井范围内过水断面流量，cm/s；

k——抽水井范围内平均渗透系数，cm/s；

r——漏斗半径，m；

h——距离抽水井中心 r 处的水头高度，m。

为了求得渗流路径上两个观测孔区域范围内土体的平均渗透系数，就必须求解这个范围内，平均的水力坡降和该平均水力坡降位置对应的平均过水断面积，据此可将式(5-11)改写为：

$$q = 2\pi k\frac{h\mathrm{d}h}{\frac{1}{r}\mathrm{d}r} = 2\pi k\frac{\int_{h_1}^{h_2}h\mathrm{d}h}{\int_{r_1}^{r_2}\frac{1}{r}\mathrm{d}r} \tag{5-12}$$

式中　r_1，r_2——两个观测孔到抽水井井轴中心的水平距离，m；

h_1，h_2——两个观测孔中的水头高度，m；

其他符号意义同式（5-11）。

★　式（5-12）中的积分含义与本章第三节中室内变水头法所用式（5-9）的积分式不同，此处是由积分求得的平均水力坡降的概念来取代局部微分的水力坡降概念；而变水头法的积分概念，是由累积的总流量概念来取代瞬时微分的流量概念。

进而得到平均渗透系数的求解表达式：

$$k = \frac{q}{\pi}\frac{\ln(r_2/r_1)}{h_2^2 - h_1^2} \approx 2.3\frac{q}{\pi}\frac{\lg(r_2/r_1)}{h_2^2 - h_1^2} \tag{5-13}$$

这一试验被广泛应用于现场土层透水性的评价，在水文地质调查的普查和初勘阶段也广泛采用。但是在具体操作中，相关公式会有变化，其不同变化形式将在下面数据分析中予以列出。

按照井流理论，可把抽水试验分为稳定流抽水试验和非稳定流抽水试验。对于稳定流抽水试验，抽水量与水位降深在规定的稳定延续时间内不随时间变化，而对于非稳定流抽水试验，抽水量与水位降深随抽水时间的延续，水位逐渐下降或水量逐渐减少。

另外在井孔的深度方面，也可把抽水试验分为两种，一种是完整井抽水，另一种是非完整井抽水。前者井深到含水层底部，孔壁中过滤器的长度等于含水层的长度，这种方法一般含水层厚度不能过大（小于15m）；而后者井深无法到达含水层底部，孔壁中过滤器的长度小于含水层的长度，这种方法一般含水层厚度大于15m或者非均质含水层单层厚度大于6m。

需要说明的是，本节主要介绍的是适用于土体渗透系数测定的单孔抽水试验方法，并且数据处理是以稳定流完整井抽水试验为基础所进行的。

二、试验设备

（1）抽水设备：需要根据含水层的水量、水位、孔径、孔深和动力条件等因素进行选取，常用的抽水设备有空压机、射流泵、深井泵等。

（2）过滤器：设置在抽水井中过水滤土的装置，需要根据土质的不同而进行不同类型的选择，有骨架过滤器、网状过滤器、缠丝过滤器和砾石过滤器等。

（3）测量水位工具：常用工具包括电测水位计、测钟、浮子式水位计等。

（4）测量流量工具：常用的如流量表、水箱、堰等。

（5）测量气温、水温工具：普通温度计、水温计等。

三、试验步骤

（1）设置排水渠收集抽水水量，距离要充分远，以不影响本地试验测试结果为目的。

（2）在现场打设试验井，抽水孔位置应根据试验的目的，结合场地水文地质条件、地形、地貌条件以及周围环境，布置在有代表性地段，并且要贯穿所要测定渗透系数的土层。

打井孔径应满足抽水设备、出水量以及避免产生三维流的影响等要求。常见抽水孔径参考值如表5-5所示，且应保证打设井孔的垂直，要求100m深度的孔斜不超过1°。

表5-5　常见抽水孔径参考值

含水层土性	含水层厚度小于25m时的抽水孔径/mm	含水层厚度大于25m时的抽水孔径/mm
细　砂	127～146	146～168
粗　砂	146～168	168～219
卵砾石	>168	>219

（3）设置过滤器和测压管，安装抽水设备和测试器具，并在正式测试前，对井孔和测试孔反复用清水冲洗。

（4）试验性抽水，检查水泵、动力、测试器具的运转情况和工作效果，以便及时发现和解决问题。

（5）观测静止水位。抽水孔与观测孔都需测得天然静止水位，每2h测1次，3次所测数字基本相同或4h内水位升降不超过1～2m，无连续上升或下降趋势，即为天然静止水位。

（6）放入抽水泵，以井为中心，以恒定速率抽水，形成一个稳定的、以井孔为中心的漏斗状地下水面。

抽水过程中，要求有3次不同的水位降深。其中抽水孔的最大降深S_{max}接近含水层厚度的三分之一。但对承压水，一般认为不宜降到含水层的顶板以下。这3次降深分别为：$S_1 \approx \frac{1}{3}S_{max}$，$S_2 \approx \frac{2}{3}S_{max}$，$S_3 \approx S_{max}$。此外，降深顺序宜细土先小后大，粗砾先大后小。

水位和流量的观测时间，按照5min、5min、5min、10min、10min、10min、20min、20min、20min、20min、20min、30min的时间间隔进行，之后每30min观测一次。抽水的持续时间应在4～8h。

当确认稳定时间内，涌水量和动水位都没有明显上升或下降趋势时，通过测定试验井和观测孔中的稳定地下水位，可以绘制出整个地下水的变化图形。一般的动水位的稳定标准，用水泵抽水时，水位波动值不超过3～5cm；用空压机抽水时，水位波动不超过10～20cm。而涌水量的稳定标准，一般是最大、最小涌水量的差值与常见涌水量的比值不超过5%。

四、数据分析

（1）绘制井内涌水量Q、井内水位降深S随时间t的变化曲线。

（2）绘制井内涌水量Q和单位井内涌水量q随井内水位降深S的变化曲线，判别抽水的正常状况，或是否有承压水层等特征。

图5-7表示了典型类型的Q-S和q-S曲线特征，可根据曲线类型特征，查表5-6确定大致的类型，以判别抽水是否正常及是否需要进行水位降深修正。

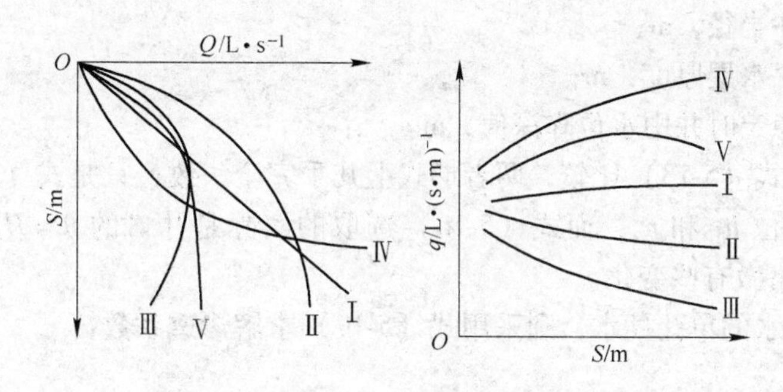

图5-7　Q-S和q-S曲线类型特征图

表5-6　Q-S和q-S曲线类型判别表

曲线类型	情况分析与判别
Ⅰ	承压水，曲线正常
Ⅱ	潜水或承压水受到管壁、过滤器阻力或三维紊流影响，曲线正常，但需要进行水位降深修正
Ⅲ	抽水孔水源不足，或过水断面遭到阻塞
Ⅳ	一般为不正常曲线，需要重新抽取某一降深；若仅是因为抽水龙头贴近过滤器进水部位引起的，则为三维紊流影响的正常曲线，但需要进行水位降深修正
Ⅴ	某一降深以下S增加，但是Q不再改变，属于降深过大，需要重新调整降深

（3）对水位降深值进行修正。分析 Q 和 q 随 S 变化曲线类型特征，修正 S。当曲线为Ⅱ或Ⅳ类型时，往往是由于抽水井中三维渗流或紊流影响导致了附加降深，因而需要扣除，修正公式如下：

$$S' = S \pm \beta Q^2 \tag{5-14}$$

$$\beta = \frac{S_{i+1}/Q_{i+1} - S_i/Q_i}{Q_{i+1} - Q_i} \tag{5-15}$$

式中　S'，S——修正前后的井内水位降深，m；

S_i——第 i 次抽水时孔井内的水位下降值，m；

S_{i+1}——第 $i+1$ 次抽水时候孔井内的水位下降值，m；

Q_i——第 i 次抽水时孔井出水量，L/s；

Q_{i+1}——第 $i+1$ 次抽水时孔井出水量，L/s。

如果是Ⅱ型曲线，式（5-14）修正取负号；是Ⅳ型曲线，式（5-14）修正取正号。

（4）进行稳定型完整井抽水渗透系数计算。对无承压水的单孔抽水，采用式（5-16）计算渗透系数：

$$k = 0.732q\frac{\lg(r_2/r_1)}{(2H - S)S} \tag{5-16}$$

式中　q——抽水稳定时井中抽水流量，m^3/s；

r_2——含水层影响半径，m；

r_1——抽水井半径，m；

H——潜水含水层厚度，m；

S——抽水稳定时井中水位降深值，m。

式（5-16）和式（5-13）比较，两者形式上几乎完全一致，只是式（5-13）中选取的是两个观测孔的水位 h_1 和 h_2，而式（5-16）选取的实际是井口的 $h = H - S$ 和稳定处的 $h_2 = H$，所以形式略微有些变化。

而如果是承压水的单孔抽水，则采用式（5-17）求解渗透系数：

$$k = 0.36q\frac{\lg(r_2/r_1)}{MS} \tag{5-17}$$

式中　q——抽水稳定时井中抽水流量，m^3/s；

r_2——含水层影响半径，m；

r_1——抽水井半径，m；

M——承压含水层厚度，m；

S——抽水稳定时井中水位降深值，m。

式（5-17）和式（5-13）比较，形式上一致，但是系数明显降低。从概念上理解，是因为承压水水头要比潜水高，势必带来流量增加，在获得相同渗透系数的公式中，其前系数的减少，实际体现了相应分母上水力坡降的增加。

严格的抽水试验，还要判别水文地质条件，编制抽水试验成果综合图表（包括场地平面图、钻孔柱状图等）。有关这部分内容，以及完整井多孔或潜水与承压水并存等条件下和非完整井抽水时渗透系数的测定与计算方法，可参考文献［43］，本书不再详述。

思 考 题

5-1　室内常水头试验数据处理中如何使三个测压管水头都得到充分利用?

5-2　室内变水头试验中，实验仪器正常，操作规范，水头在某一高度时，装置顶部排水口始终未见有缓慢滴水，请从原理上分析其原因，如何解决?

5-3　室内变水头试验中，对不同水力坡降水平下的平均渗透系数如何进行后续数据处理?

5-4　现场井孔抽水渗透试验中，如何判别抽水是否正常，或是否有承压水层等特征? 如何对水位降深值进行修正?

第六章　土的变形特性指标测定试验

第一节　导　　言

在地基上修建建筑物，地基土内各点不仅要承受土体本身的自重应力，而且还要承担由建筑物通过基础传递给地基的荷载产生的附加应力作用，这都将导致地基土体的变形。土体变形可分为体积变形和形状变形。在工程上常遇到的压力范围内，土体中的土粒本身和孔隙水的压缩量可以忽略不计，故通常认为土体的体积变形完全是由于土中孔隙体积减小的结果。对于饱和土体来说，孔隙体积减小就意味着孔隙水向外排出，而孔隙水的排出速率与土的渗透性有关，因此在一定的正应力作用下，土体的体积变形是随着时间推移而增长的。我们把土体在外力作用下体积发生减小的现象称为压缩，而把土体在外力作用下体积随时间变化的过程称为固结。

在附加应力作用下，原已稳定的地基土将产生体积缩小，从而引起建筑物基础在竖直方向的位移（或下沉）称为沉降。在三维应力边界条件下，饱和土地基受荷载作用后产生的总沉降量 S_t 可以看做由三部分组成：瞬时沉降 S_i、主固结沉降 S_c、次固结沉降 S_s，即：

$$S_t = S_i + S_c + S_s \tag{6-1}$$

瞬时沉降是指在加荷后立即发生的沉降。对于饱和黏性土来说，由于在很短的时间内，孔隙中的水来不及排出，加之土体中的水和土粒是不可压缩的，因而瞬时沉降是在没有体积变形的条件下发生的，它主要是由于土体的侧向变形引起的，是形状变形。如果饱和土体处于无侧向变形条件下，则可以认为 $S_i = 0$。由于瞬时沉降量通常不大，一般建筑物不予考虑，对于沉降控制要求较高的建筑物，瞬时沉降通常采用弹性理论来估算。

主固结则是荷载作用下饱和土体中孔隙水的排出导致土体体积随时间逐渐缩小，有效应力逐渐增加，最终达到稳定的过程，也就是通常所指的固结（以下均简称固结）。固结所需要的时间随着土体渗透系数等条件的变化而变化，特别对黏土而言，其是一个相对长期的过程，因此这种变形随时间变化的过程在实际问题中不能被忽视。由土体经历（主）固结过程所产生的沉降称为主固结沉降（或固结沉降），它占了总沉降的主要部分。

此外，土体在主固结沉降完成之后在有效应力不变的情况下还会随着时间的增长进一步产生沉降，这就是次固结沉降（亦有认为是与主固结同步发生）。次固结沉降对某些土如软黏性土是比较重要的，对于坚硬土或超固结土，这一分量相对较小。

为了研究土体的最终沉降，以及确定达到这一最终值前，沉降随时间的逐渐开展规律，我们必须对土体的压缩以及固结特性进行研究，为此前人设计了室内的一维压缩（固结）试验来进行研究。此类试验的主要装置为压缩（固结）仪，用这种仪器进行试验时，由于盛装试样的刚性护环所限，试样只能在竖向产生压缩，而不能产生侧向变形，故称一维（或单向或侧限）固结试验。

第二节　一维固结（压缩）试验

一、试验目的

土体的压缩是指土体在外力作用下孔隙体积减小的现象。土体固结是指土体在外力作用下，超静孔压不断消散，固结应力逐渐转化为有效应力，体积随时间变小的过程。因此，压缩和固结是两个既有区别又密切联系的概念。在室内，研究者一般通过完整的一维固结（压缩）试验，对侧限条件下的试样施加不同分级的竖向荷载，量测每级荷载作用过程以及最终稳定下的土体变形量，进而确定土体相关固结（压缩）性状指标，为开展固结和沉降计算服务。

压缩试验的目的是获得土体体积的变化与所受外力的关系。研究土体的压缩性状，即对土体固结应力全部转为土体有效应力（即孔隙水压力稳定或超静孔隙水压力全部消散后）终了时刻时产生的土体变形进行研究。在一维压缩试验中，一般根据获取的 e-p 压缩曲线，可得到压缩系数 a_v，根据 e-lg$p$ 曲线可得压缩指数 c_c，在卸荷回弹曲线上可得到回弹指数 c_s，判别其压缩性状，并可通过压缩曲线分析得到土体的前期固结应力等应力历史状况，为工程中土体的沉降分析提供关键的计算参数。

而固结试验的目的是获得一定大小的外力作用下，超静孔隙水压力消散，有效应力增加，土体体积随时间变化的关系。在一维固结试验中，根据试验结果，并采用太沙基一维固结理论分析计算得到固结系数 c_v，进而可以计算土体实现一定固结度所需要的时间，也可分析在一定工期内，土体实际完成的沉降量和工后沉降。

二、试验原理

1. 压缩试验

土体在外力作用下的体积减小绝大部分是孔隙中的水和气体排出，引起孔隙体积减小所导致的，因此可用孔隙比的变化来表示土体体积的压缩程度。

如图 6-1 所示，在无侧向变形（亦称侧限）的条件下，试样的竖向应变即等于体应变（图中 V_s 表示土颗粒体积），因此试样在 Δp 作用下，孔隙比的变化 Δe 与竖向压缩量 S 之间有如下关系：

$$S = \frac{e_0 - e_1}{1 + e_0}H = -\frac{\Delta e}{1 + e_0}H \qquad (6\text{-}2)$$

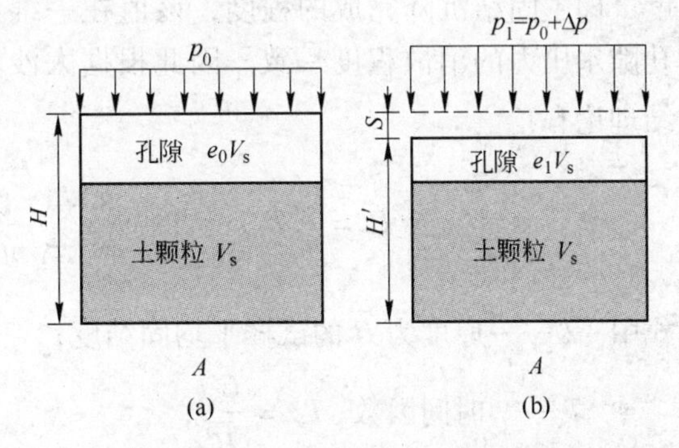

图 6-1　无侧向变形条件下土体受竖向荷载作用时的压缩变形示意图
（a）初始竖向荷载 p 作用时；
（b）竖向荷载增量 Δp 作用时

式中　S——土样在 Δp 作用下的压缩量，cm；

H——土样在初始竖向荷载 p_0 作用

下压缩稳定后的厚度，cm；

e_0——土样厚为 H 时的孔隙比；

e_1——土样在竖向荷载增量 Δp 作用下压缩稳定后的孔隙比；

Δe——土样在竖向荷载增量 Δp 作用下压缩稳定后的孔隙比改变量，即 $e_1 - e_0$。

由式（6-1）可得土样在竖向荷载 $p + \Delta p$ 作用下压缩稳定后的孔隙比 e_1 的表达式为：

$$e_1 = e_0 - \frac{S}{H}(1 + e_0) \tag{6-3}$$

由以上公式可知，只要知道土样在初始条件下 $p_0 = 0$ 时的高度 H_0 和孔隙比 e_0，就可以计算出每级荷载 p_i 作用下的孔隙比 e_i。进而由（p_i，e_i）绘出土体的 e-p 压缩曲线（见图6-2）或 e-lg$p$ 压缩曲线（见图6-3）。

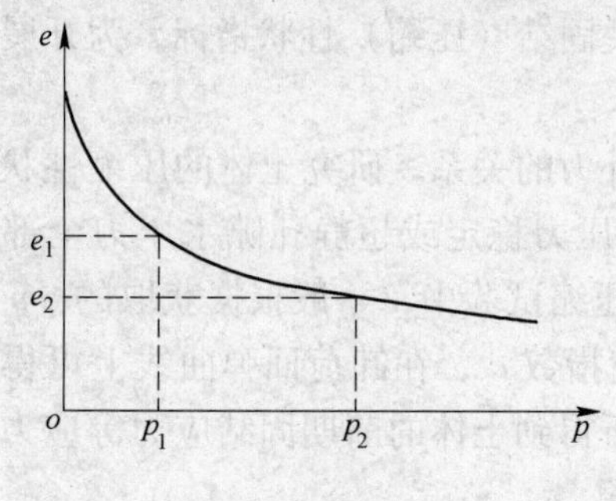

图6-2　e-p 曲线

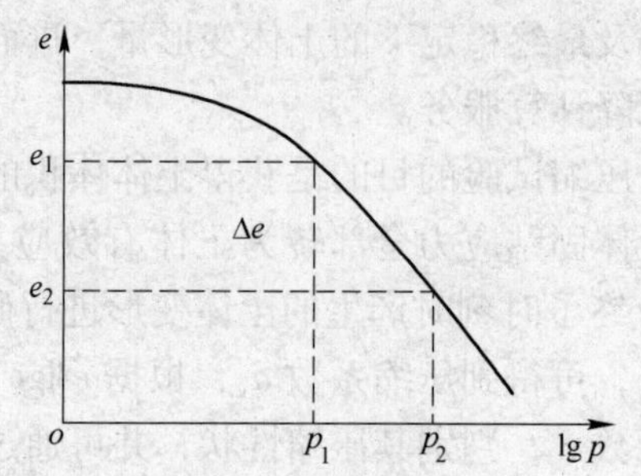

图6-3　e-lg$p$ 曲线

2. 固结试验

一维固结试验是将天然状态下的原状土或人工制备的扰动土制备成一定规格的土样，然后在侧限与轴向排水条件下测定土在各级竖向荷载作用下压缩变形随着时间的变化规律。

如图6-4 所示，试样在竖向荷载 p 作用下，最终沉降量为 S。自加上 p 的瞬间开始至任一时刻 t 试样的沉降量用 $S(t)$ 表示，并定义 $U = S(t)/S$ 为土样的固结度，即主固结沉降完成的程度，该值在一维条件下与孔隙水压力的消散程度一致。因此根据太沙基一维固结理论有：

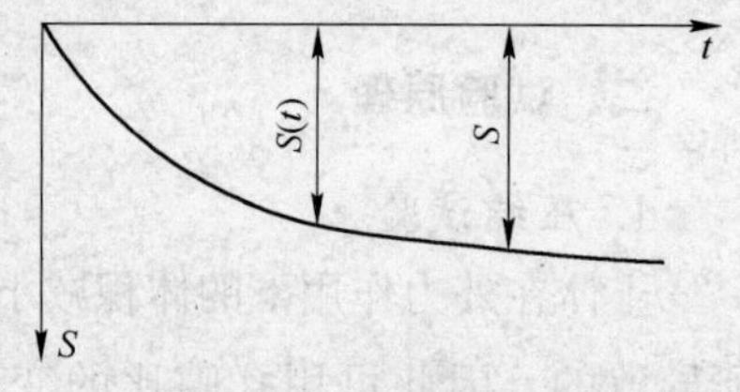

图6-4　试样固结过程沉降时程曲线

$$U = f(T_v) = 1 - \frac{8}{\pi^2}\sum_{m=1}^{\infty}\frac{1}{m^2}e^{-(\frac{m\pi}{2})^2 T_v}(m = 1,3,5,\cdots) \tag{6-4}$$

式中　U——厚度为 H 的试样平均固结度；

T_v——时间因数，$T_v = \frac{C_v t}{\overline{H}^2}$；

C_v——固结系数，cm^2/s；

$\overline{H}$——试样最大排水距，单面排水时为 H，双面排水时为 $H/2$，cm。

在固结试验中，最重要的就是确定土体的固结系数，其主要有两种方法，即时间平方根法和时间对数法，其原理分别如下：

（1）时间平方根法。根据太沙基一维固结理论解答，式（6-4）的理论解在 U-$\sqrt{T_v}$坐标系下有图 6-5 所示形状的曲线。

图 6-5 中，固结度 $U<53\%$ 范围内，U-$\sqrt{T_v}$ 关系近似为一直线，将直线延长，交 $U=90\%$ 的水平线于 b 点。并将 $U=90\%$ 的水平线 ab 延长与 U-$\sqrt{T_v}$ 曲线交于 c 点。据 U-$\sqrt{T_v}$ 关系可证明：

$$\frac{\overline{ac}}{\overline{ab}}=1.15 \tag{6-5}$$

过 $U=0$ 的 o 点，连接 oc，作平行于$\sqrt{T_v}$轴的任一水平线 dmn，分别交 ob、oc 线于 m 、n，根据几何定律必然有以下关系：

$$\frac{\overline{dn}}{\overline{dm}}=\frac{\overline{ac}}{\overline{ab}}=1.15 \tag{6-6}$$

而在固结试验中，我们测出一系列数据（t_i，$S(t_i)$）后，可画出如图 6-6 所示的曲线。由固结度基本定义知 $S(t_i)$ 与 U 成正比，由 T_v 的定义知 T_v 与 t 成正比。因此图 6-6 中，$S(t)$ 与$\sqrt{t}$有与图 6-5 中的 U 与$\sqrt{T_v}$相似的关系，即在 $S(t)$-$\sqrt{t}$ 坐标系下，任作一水平线 $d'm'n'$，使得$\frac{\overline{d'n'}}{\overline{d'm'}}=1.15$，连接 $o'n'$并延长交 $S(t)$-$\sqrt{t}$ 曲线于 c' 点，则 c' 点必为固结度为 90% 的点，其坐标为（S_{90}，$\sqrt{t_{90}}$），从而可计算出对应固结度为 90% 的完成时间 t_{90}。再由式（6-4）得到 $U=90\%$ 时，$T_v=0.848$，代入时间因数的定义式可得：

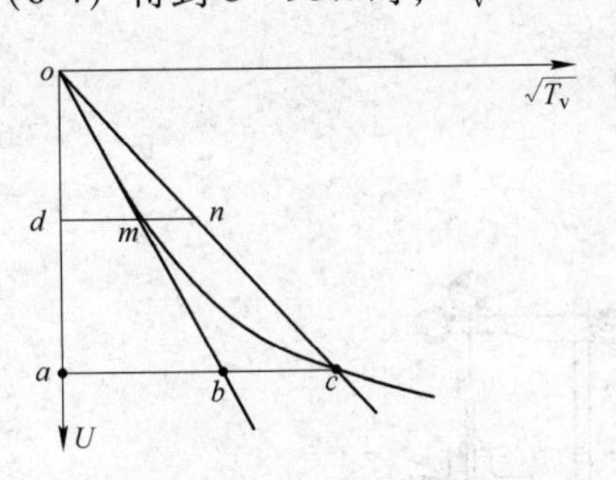

图 6-5　U-$\sqrt{T_v}$ 理论关系曲线

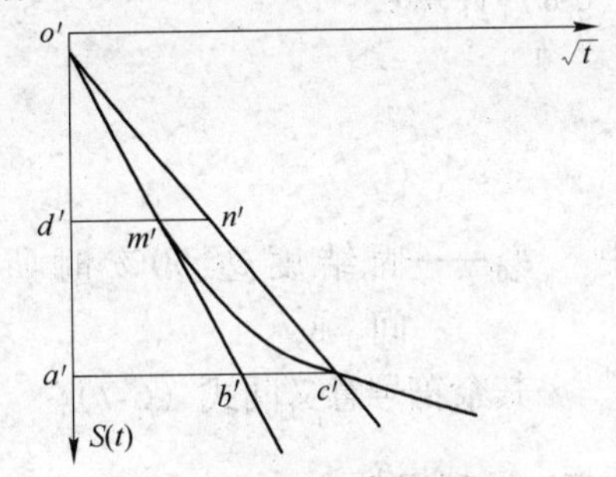

图 6-6　$S(t)$-$\sqrt{t}$ 理论关系曲线

$$C_v=\frac{0.848\,\overline{H}^2}{t_{90}} \tag{6-7}$$

式中　C_v——固结系数，cm^2/s；

$\overline{H}$——试样最大排水距，单面排水时为 H，双面排水时为 $H/2$，cm；

t_{90}——固结度为 90% 时所对应的时间，由图 6-6 用作图法得到，s。

（2）时间对数法。对于某一级压力，以试样竖向变形百分表读数 d 为纵坐标，以时间的对数 $\lg t$ 为横坐标，在半对数纸上绘制 d-$\lg t$ 曲线（见图 6-7），该曲线的首段部分近似抛物线，中间段近似一直线，末端部分随着固结时间的增加而趋于一直线。

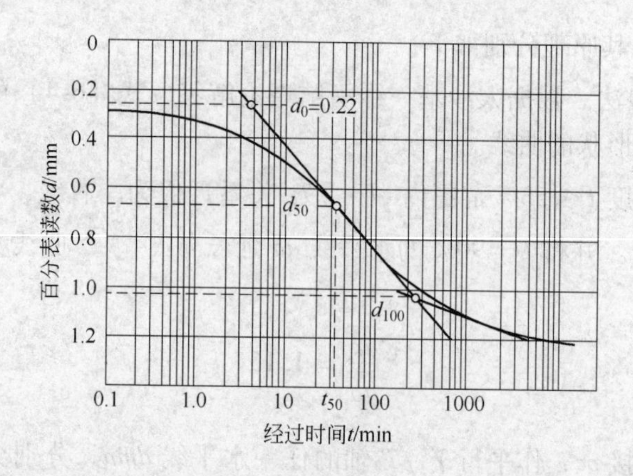

图 6-7　时间对数法确定固结系数示意图

在 d-lg$t$ 曲线的开始段抛物线上，任选一个时间点 t_1，相对应的百分表读数为 d_1，再取时间 $t_2=4t_1$，相对应的百分表读数为 d_2。从时间 t_1 相对应的百分表读数 d_1，向上取时间 t_1 相对应的读数与时间 t_2 相对应的百分表读数 d_2 的差值 d_1-d_2，并作一水平线，水平线的纵坐标 $2d_1-d_2$ 即为固结度 $U=0$ 的理论零点 d_{01}；另取其他时间按同样方法求得三次不同的 d_{02}、d_{03}、d_{04}，取四次理论零点的百分表读数的平均值作为平均理论零点 d_0。而延长曲线中部的直线段和通过曲线尾部切线的交点即为固结度 $U=100\%$ 的理论终点 d_{100}。

根据 d_0 和 d_{100} 即可确定出相应于固结度 $U=50\%$ 的纵坐标 $d_{50}=(d_0+d_{100})/2$，根据式（6-4），可得对应的时间因数为 $T_v=0.197$。于是，某级压力下的垂直向固结系数 C_v 可按式（6-8）计算：

$$C_v=\frac{0.197\,\overline{H}^2}{t_{50}} \tag{6-8}$$

式中　t_{50}——固结度达 50% 时所需的时间，s；

其余符号意义同式（6-7）。

三、试验设备

（1）固结仪。固结仪整体结构如图 6-8 所示。工作原理是在杠杆上施加砝码，利用杠杆原理，通过不同的力臂，将压力经过横梁传递到试样顶盖上，进而实现规定的竖向应力作用于试样上。设备主要由固结容器、加压装置、变形量测装置和辅助配件等组成。不同型号仪器最大压力不同，一般分低压固结仪（最大荷载 400kPa）和高压固结仪（最大荷载 3200kPa）两类。

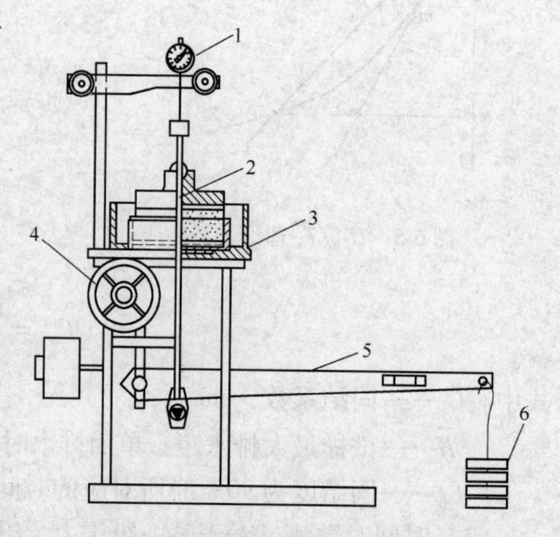

图 6-8　固结仪整体结构示意图

1—竖向位移百分表；2—加压桁架；3—固结容器；4—平衡转轮；5—杠杆；6—砝码

（2）固结容器。固结容器结构如图6-9所示，由环刀、护环、透水石、加压上盖和量表架等组成。常用试样为横截面30cm^2（直径61.8mm）或50cm^2（直径79.8mm），高均为20mm的圆柱体。

（3）加压设备。可采用量程为5～10kN的杠杆式、磅秤式或其他加压设备。

（4）变形测量设备。百分表（量程10mm，分度值为0.01mm），或精确度为全量程0.2%的位移传感器（建议其量程亦在10mm左右）。

（5）其他设备。秒表、切土刀、钢丝锯、环刀、天平、含水率量测设备等。

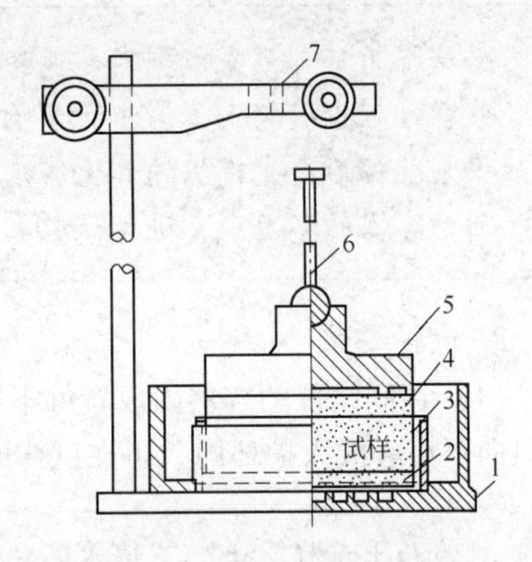

图6-9　固结容器结构示意图
1—水槽；2—护环；3—环刀；
4—透水石；5—加压上盖；
6—量表导杆；7—量表架

四、试验步骤

固结试验是在压缩试验的过程中进行的，即在某级荷载作用下，测读沉降$S(t_i)$和t_i，因此完整的一维固结（压缩）试验的主要步骤如下：

1. 试样准备

（1）制取环刀试样，根据试验操作一般分两种：环刀切取式和环刀填入式。

1）环刀切取式。此种方法适用于原状土和击实法制备的重塑土样（具体操作见第八章土样制备）。取环刀，将环刀内壁涂一薄层凡士林或硅油，刃口向下放于备好的土样上端，用两手将环刀竖直地下压，再用削土刀修削土样外侧，边压边削，直到土样突出环刀上部为止。然后将上、下两端多余的土削至与环刀平齐。当切取原状土样时，应与天然状态土的垂直方向一致。

2）环刀填入式。此种方法适用于击样法、压样法制备的重塑土样和调成一定含水率要求的吹填土。对击样法、压样法制备环刀试样的具体操作见第八章土样制备；而对吹填土，则其含水率不宜超过1.2～1.3倍液限，并将该土与水拌合均匀，在保湿器内静置24h。然后把环刀刃口向上，倒置于小玻璃板上用调土刀把土膏填入环刀，排除气泡刮平，完成试样制备。

★　环刀内壁涂凡士林的目的是为了减小环刀壁与土样间的摩擦，尽量减小切样过程对试样的扰动，同时在压缩过程中减小环刀壁与试样间的摩擦力，使所施加的压力沿试样高度方向不发生变化；切取原状土样时，应使环刀垂直均匀压入土样中，否则试样与环刀壁间会出现空隙，影响试验结果的准确性。

（2）擦净粘在环刀外壁上的土屑，测量环刀和试样总质量，扣除环刀质量，得试样质量，根据试样体积计算试样初始密度；用试验余土测定试样含水率。对扰动土试样，需要饱和时，可采用抽气饱和法饱和（相关操作见第八章土样制备）。

★　若试样为不可预先成型的超高含水率吹填土，则按上述填入式法制样，会在环刀的装样过程中引起土体溢出，影响试验操作。因此建议将环刀按照下述试样安装方法安装就位后，先根据饱和土密度计算装入环刀的土量，再将土膏直接填入已安置在固结容器的环刀中，进行试验。

2. 试样安装

（1）在固结仪的容器内放置好下透水石、滤纸和护环，将带有环刀的试样和环刀一起刃口向下小心放入护环内，再在试样的顶部依次放置滤纸、上透水石和加压盖板。

★　对饱和土试样，上、下透水石应事先浸水饱和；对非饱和状态的试样，透水石湿度尽量与试样湿度接近。

（2）将压缩容器置于加压框架下，对准加压框架正中。

（3）为保证试样与仪器上下各部件之间接触良好，应施加1kPa的预压应力，装好量测压缩变形的百分表或位移传感器。

★　百分表固定住后，土体沉降可以从反映百分表指针伸长程度的表盘读数上读出。由于百分表指针量程大小有限，在装样时，应充分预计试样变形所导致表针的伸长量，并将百分表表针尽量预收缩。

3. 分级加压

（1）确定需要施加的各级压力。按加载比 $\Delta p_i/p_i=1$（Δp_i 为荷载增量，p_i 为已有荷载）加载，一般荷载等级依次为12.5kPa、25kPa、50kPa、100kPa、200kPa、400kPa、800kPa、1600kPa、3200kPa。第一级荷载的大小亦可视试样的软硬程度适当增大，一般为12.5kPa、25kPa或50kPa，且不能使试样挤出；最后一级应力应大于自重应力与附加应力之和100～200kPa。

★　需要确定原状土的先期固结压力时，初始段的加载比应小于1，可采用0.5或0.25。施加的最后一级压力应使测得的曲线 e-lg$p$ 下段出现直线段；对超固结土应进行卸压再加压来评价其再压缩特性，开始卸载时对应的压力应大于前期固结应力。

★　对于饱和试样施加第一级压力后应立即向水槽中注水浸没试样，非饱和试样进行压缩试验时须用湿棉纱围住加压板周围，避免水分蒸发。

（2）当需要做回弹试验时，回弹荷载可由超过自重应力或超过先期固结压力的下一级荷载依次卸荷至要求的压力（一般不降到零，可降到初始加载的第一级荷载，如12.5kPa或25kPa），然后再按照前次加载的荷载级数依次加荷，直到最后一级目标荷载为止。卸荷后回弹稳定标准与加压相同，即每次卸压稳定需要24h，之后记录土体的卸荷变形。而对于再加荷时间，因考虑到固结已完成，稳定较快，因此可采用12h或更短的时间。

（3）当需要测定固结系数 C_v 时，应在某一级荷载下测定时间与试样高度变化的关系，并按下列时间顺序记录量测沉降的百分表读数：0.1min、0.25min、1min、2.25min、4min、6.25min、9min、12.25min、16min、20.25min、25min、30.25min、36min、42.25min、49min、64min、100min、200min、400min、23h 和 24h 至稳定为止。

当不需要测定沉降速率时（即进行单独的压缩试验），则施加每级压力后 24h 测定试样高度变化作为稳定标准。测记稳定读数后，再施加下一级压力，依次逐级加压至试验结束。

★　当试样的渗透系数大于 10^{-5}cm/s 时，允许以主固结完成作为相对稳定标准（通常根据 e-lg$t$ 曲线中起始与终了两近似直线段的交点作为主固结完成点）；对某些高液限土，24h 以后尚有较大的压缩变形时，以试样变形每小时变化不大于 0.005mm 判定为稳定。

（4）试验结束，吸去容器中的水，拆除仪器各部件，取出试样，测定含水率。

五、数据整理

1. 压缩试验

（1）将试验中土体的相关变形记录参数填入表 6-1 中。

表 6-1　压缩试验记录表

工程名称：＿＿＿＿＿＿　　　　试验者：＿＿＿＿＿＿

土样编号：＿＿＿＿＿＿　　　　计算者：＿＿＿＿＿＿

试验日期：＿＿＿＿＿＿　　　　校核者：＿＿＿＿＿＿

试样初始高度：＿＿＿＿			试样初始含水率：＿＿＿＿		试样面积：＿＿＿＿	
试样密度：＿＿＿＿			试样初始孔隙比：＿＿＿＿		土粒比重：＿＿＿＿	
加荷历时	压力/kPa	仪器变形量/mm	百分表读数/mm	试样压缩量/mm	压缩后试样高度/mm	孔隙比

（2）根据式（6-9）计算试样的初始孔隙比 e_0：

$$e_0 = \frac{(1 + w_0) G_s \rho_w}{\rho_0} - 1 \tag{6-9}$$

式中　e_0——试样的初始孔隙比；

ρ_0——试样的密度，g/cm^3；

w_0——试样的初始含水率,%；

G_s——土粒比重；

ρ_w——水的密度，g/cm^3。

（3）根据式（6-10）计算各级压力 p_i 作用稳定后试样的孔隙比 e_i：

$$e_i = e_0 - \frac{S_i}{h_0}(1 + e_0) \tag{6-10}$$

式中　e_i——第 i 级竖向压力作用稳定后的试样孔隙比；

e_0——试样的初始孔隙比；

h_0——试样的初始高度，mm；

S_i——第 i 级压力作用下试样压缩稳定后的总压缩量，为试样的初始高度与第 i 级压力作用下试样压缩稳定后的高度之差，mm。

★　在较高的竖向荷载作用下，仪器本身会产生压缩变形，因此百分表指针表征的沉降实际包括了试样竖向变形和仪器压缩变形两部分。在高压固结试验中，仪器的变形量不能忽略，需根据所加的荷载增量与仪器导杆的弹性模量折算出仪器本身的沉降变形。最终要从百分表表征的沉降量中减去仪器本身沉降量，才能求得土体真实的压缩沉降量。

（4）根据每级 p_i、e_i，绘制如图 6-10 所示的 e-p 压缩曲线，计算相应的压缩性指标。

1）压缩系数 a_v。压缩系数定义为土体在侧限条件下孔隙比减少量与竖向压应力增量的比值，记为 a_v，常用其表征土的压缩性高低。在 e-p 压缩曲线中，a_v 采用两个压缩荷载对应孔隙状态点的连线的斜率（即压缩曲线的割线斜率）来表示。

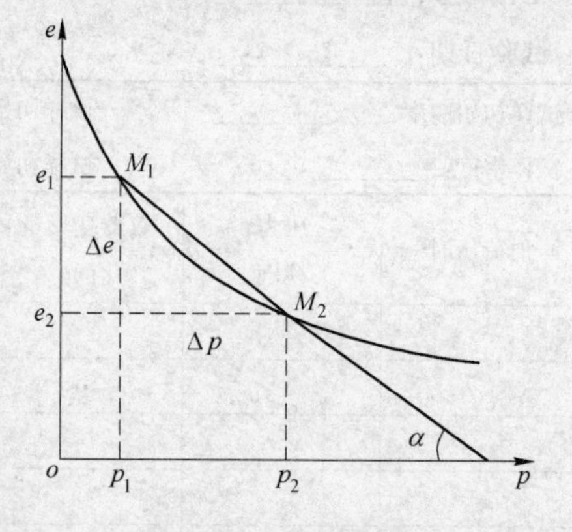

图 6-10　e-p 压缩曲线

如图 6-10 所示，设压力由 p_1 增至 p_2，相应的孔隙比由 e_1 减小到 e_2，用压缩系数 a_v（即割线 M_1M_2 的斜率）来表示土在这一段压力范围的压缩性：

$$a_v = \frac{e_1 - e_2}{p_2 - p_1} = -\frac{\Delta e}{\Delta p} \tag{6-11}$$

式中　p_1，p_2——试样所受的两级竖向应力，kPa；

e_1，e_2——试样对应 p_1，p_2 竖向荷载下压缩稳定后的孔隙比；

Δp——试样所受的两级竖向应力之差，kPa；

Δe——试样在竖向荷载增量 Δp 作用下压缩稳定后的孔隙比减少量，即 $e_2 - e_1$。

由图 6-10 可见，压缩系数并非常数，其大小与土所受的荷载大小有关，工程中一般采用 100 ~ 200kPa 压力区间对应的压缩系数来评价土的压缩性。

2）压缩模量 E_s。土在完全侧限条件下竖向应力增量 Δp 与相应的应变增量 $\Delta\varepsilon$ 的比值，称为侧限压缩模量，简称压缩模量，用 E_s 表示，单位为 MPa。

根据无侧向变形条件（即试样横截面面积不变），可以推导出压缩模量与压缩系数等参数间的关系式为：

$$E_s = \frac{\Delta p}{\Delta e/(1+e_1)} = \frac{1+e_1}{a_v} \tag{6-12}$$

式中符号意义同式（6-11）。

★　同压缩系数一样，压缩模量也不是常数，而是随着压力大小而变化。因此在运用到沉降计算中时，应根据实际竖向应力的大小在压缩曲线上取相应的孔隙比计算这些指标。

（5）绘制如图 6-11 所示的 e-lgp 压缩曲线，并计算相应的压缩性指标。

1）压缩指数 C_c。压缩指数为 e-lgp 压缩曲线直线段的斜率，为无量纲量，如式（6-13）所示：

$$C_c = \frac{e_1 - e_2}{\lg p_2 - \lg p_1} = \frac{e_1 - e_2}{\lg \dfrac{p_2}{p_1}} \tag{6-13}$$

式中　C_c——土体的压缩指数；其他符号意义同式（6-11）。

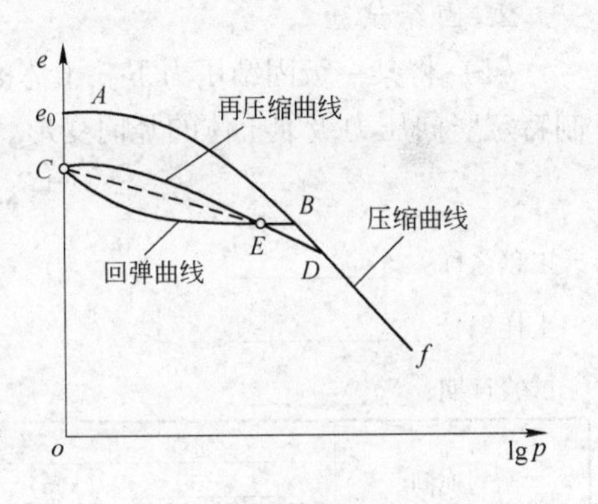

图 6-11　e-lgp 压缩、回弹和再压缩曲线

压缩指数 C_c 与压缩系数 α_v 不同，它在压力较大时为常数，不随压力变化而变化。值越大，土的压缩性越高，低压缩性土一般 $C_c < 0.2$，高压缩性土一般 $C_c > 0.4$。利用该值，可以方便地预测土体在较高压力下的压缩变形。

2）确定回弹、再压缩曲线和回弹指数 C_e。常规的压缩曲线是在试验中连续递增加压获得的，如果加压到某一级 p_i 后不再加压，而是逐级进行卸载直至预期的压力（按照试验步骤（2）进行回弹试验），并再加载压缩，则可记录各卸载和再压缩荷载等级下土样稳定高度，进而换算得相应孔隙比，并绘制出孔隙比与相应竖向压力之间的回弹曲线和再压缩曲线（如图 6-11 中 BC 和 CD 曲线所示）。

连接卸荷终点 C 和再压缩曲线与回弹曲线交点 E，以割线 CE 的斜率作为回弹指数或再压缩指数 C_e。对一般黏性土，$0.1 \leqslant C_e \leqslant 0.2$。

3）确定土体的先期固结应力 p_c。土层历史上曾经受到的最大固结应力称为先期固结应力，也就是地质历史上土体在固结过程中所受过的最大有效应力，用 p_c 来表示。先期固结应力是了解土层应力历史，合理预测土体压缩变形的重要指标。

先期固结应力 p_c，常用卡萨格兰德（Casagrande）于 1936 年提出的经验作图法来确定（见图 6-12），具体操作步骤如下：

①在 e-lgp 曲线拐弯处找出曲率半径最小的点 O，过 O 点作水平线 OA 和切线 OB；

②作 $\angle AOB$ 的平分线 OD，与 e-lg$p$ 曲线直线段的延长线交于 E 点；

③E 点所对应的有效应力即为原状土试样的先期固结压力 p_c。

必须指出，采用这种简易的经验作图法，要求取土质量较高，绘制 e-lg$p$ 曲线时还应注意选用合适的坐标轴比例，否则很难找到曲率半径最小的点 O。

试样的先期固结应力确定后，就可将它与试样原位现有有效应力 p_0' 和固结应力 p_0 比较，从而判断该土是正常固结土（$p_c=p_0'=p_0$）、超固结土（$p_c>p_0'=p_0$）还是欠固结土（$p_c=p_0'<p_0$）的固结状态，最后根据室内压缩曲线的特征，推求出土体的现场压缩曲线，并进行现实荷载下土体压缩沉降的估算。

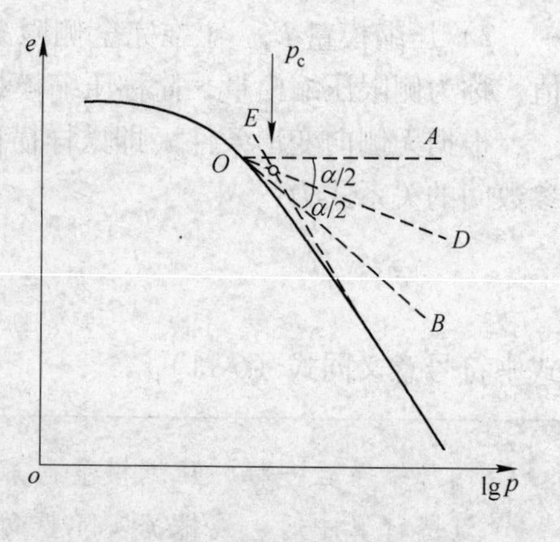

图 6-12　土体先期固结应力的确定

2. 固结试验

（1）将某一级固结压力下，土体的相关变形参数值填入表 6-2 中，并根据表中数据绘制特定竖向压力级下土体的竖向变形、孔隙比随时间的变化曲线。

表 6-2　固结试验记录表

工程名称：＿＿＿＿＿＿　　试验者：＿＿＿＿＿＿

土样编号：＿＿＿＿＿＿　　计算者：＿＿＿＿＿＿

试验日期：＿＿＿＿＿＿　　校核者：＿＿＿＿＿＿

经过时间	各级竖向固结压力					
	＿＿＿（kPa）		＿＿＿（kPa）		＿＿＿（kPa）	
	时间	百分表读数/mm	时间	百分表读数/mm	时间	百分表读数/mm
0. 1min						
0. 25min						
1min						
2. 25min						
4min						
6. 25min						
9min						
12. 25min						
16min						
20. 25min						
25min						
30. 25min						
36min						
42. 25min						
49min						
64min						
100min						
200min						
400min						
23h						
24h						
总变形量/mm						
仪器变形量/mm						
试样总变形量/mm						

（2）计算某级固结压力下，土体的固结系数 C_v

1）时间平方根法。参照本节试验原理中有关时间平方根法确定固结系数的操作步骤，根据某级荷载下的试样竖向变形与时间的曲线关系（见图 6-6），确定该级压力下土体的垂直向固结系数：

$$C_v = \frac{0.848\,\overline{H}^2}{t_{90}} \tag{6-14}$$

式中 C_v——固结系数，cm^2/s；

$\overline{H}$——最大排水距离，cm，单向排水时等于某级压力下试样的初始高度与终了高度的平均值之半；双向排水时等于单向排水取值的一半；

t_{90}——固结度为 90% 时所对应的时间，s。

2）时间对数法。参照本节试验原理中有关时间对数法确定固结系数的操作步骤，根据某级荷载下的试样竖向变形与时间的曲线关系（见图6-7），确定该级压力下土体的垂直向固结系数：

$$C_v = \frac{0.197\,\overline{H}^2}{t_{50}} \tag{6-15}$$

式中 t_{50}——固结度达 50% 所需的时间，s；

其他符号意义同式（6-7）。

思 考 题

6-1 如何确定压缩试验中的第一级和最后一级竖向压力的大小?

6-2 如何根据原状土的压缩试验来确定土体的先期固结压力?

6-3 固结试验中确定土体固结系数有哪些方法，请简述其基本思想。

第七章　土的抗剪强度和指标测定试验

第一节　导　言

岩土工程从基本理论到实际应用都贯穿着三个方面的研究：渗流、变形和强度，其中渗流、变形（固结和压缩）两个课题的试验内容已在第五章和第六章说明，本章将对涉及强度的测试技术予以介绍。

在学习这部分内容之前应先对土的强度理论和强度规律有基本了解。

土是岩石风化后得到的散粒堆积体，其颗粒尺寸较之一般材料，如金属、塑料等的分子颗粒，要明显大得多。由此也导致其强度性状与其他连续材料有显著差异。整体上看，土体是在外力作用下，颗粒之间因发生错动产生过大变形而发生破坏，因此在形式上应属剪切破坏，对应的破坏强度则被称作抗剪强度。人们对这种强度的研究，经历了很长时间，虽争议不少，但仍然取得了一定基本共识：土体材料整体服从库仑强度定律，即破坏面上的抗剪强度与剪切前该面上的法向有效应力成正比。然而现实中土体的外部应力组合非常复杂，通常无法精确地确定破坏面的位置，从而也无从直接利用库仑定律。此时，需借助外力组合和真实破坏面上应力组合关系来由表及里地分析土体的破坏性状，为此产生了很多土工测试方法。

本章将围绕最为常用的室内测试技术中的直剪试验、三轴试验、无侧限抗压强度试验、动三轴试验以及室外测试技术中的十字板剪切试验进行重点介绍，并简要说明一些非常规强度试验的原理、思路和适用范围。

第二节　直剪试验

一、试验目的

直剪试验，全称直接剪切试验，其基本原理是通过设定剪破面，确定土体剪破面上法向应力与剪应力间的关系，进而验证库仑强度规律，获取土的抗剪强度指标（黏聚力和内摩擦角），并得到土体在剪切过程中剪应力与剪切位移之间的关系。从本质上说，直剪试验可以得到因加载速率不同而实现不同排水控制条件下的三套强度指标或强度。（具体说明见加载步骤）

二、试验原理

库仑于1776年进行试验，得到了如图7-1（a）所示的砂土在受剪切条件下破坏面上法向应力 σ 和抗剪强度 τ_f 间的关系：

$$\tau_f = \sigma \tan\varphi \tag{7-1}$$

式中　τ_f——土的抗剪强度，kPa；

σ——剪切滑动面上的法向应力，kPa；

φ——土的内摩擦角，(°)。

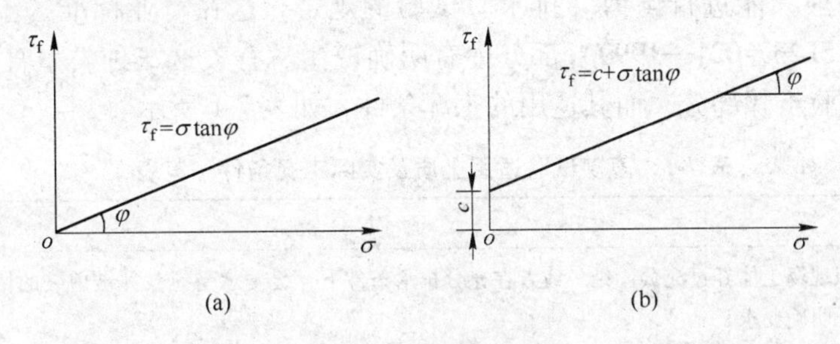

图 7-1　库仑定律所反映的土体抗剪强度与法向应力间的关系

（a）无黏性土；（b）黏性土

这个试验实际上揭示了土体强度破坏本质上最根本的两个特征：其一，土体是受剪切破坏，而不是拉伸或压缩形式的破坏；其二，剪应力并非常数（不同于 Tresca 准则对应的材料），而是与法向应力近似呈线性关系。

以后根据黏性土的试验结果，如图 7-1（b）所示，又提出了更为普遍的土的抗剪强度表达形式：

$$\tau_f = c + \sigma \tan\varphi \tag{7-2}$$

式中　c——土的黏聚力，kPa。

其他符号意义同式（7-1）。

式（7-1）和式（7-2）就是揭示土体强度规律的数学表达式，被称为库仑定律。

直剪试验，很大程度上就是沿循库仑揭示土体强度规律的思路，而进行的强度准则的测定。直剪试验在直剪仪中进行，试验大致原理如图 7-2 所示，即：一个试样，设定分属于上、下两个剪切半盒，在试验过程中，推动下半盒，使得上、下半盒产生错动，从而人为设定土体在上、下半盒交界面处破坏，并通过确定这个破坏面上不断发展的相对位移程度，确定土体所受剪应力与剪切位移的关系，并由此确定土体强度，绘制相应强度包线。

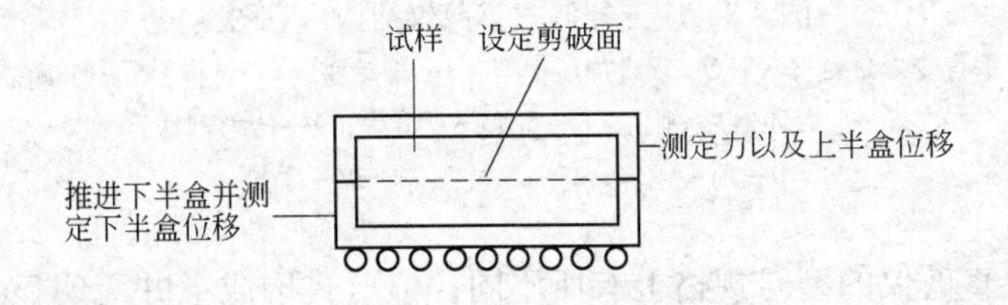

图 7-2　直剪试验实现原理图

另外，由于土体在不排水条件下，会产生超静孔隙水压力，导致有效应力状态的变化，而有效应力才是决定土体强度和变形的根本应力状态，因此试验中排水条件的控制，对分析、预测土体的受力和强度特性非常关键。为模拟试验过程中不同排水条件，直剪试验采用慢剪、固结快剪和快剪三种试验类型，其核心差异在于控制固结以及剪切过程中排水条件不同。直剪仪属于外敞式设备，无法真正控制排水条件，所谓的控制排水，只能通过加载速率来实现。对黏性土，渗透性差，若加载速率较快，可认为是不排水条件；而对无黏性土，渗透性好，即使加载速率较快，也难以确保究竟是排水还是不排水条件，因此才有无黏性土一般只能进行慢剪（排水）试验的规定，这在行业标准《土工试验规程》直接剪切试验（SL237-021—1999）部分中有明确说明。有关这三种类型直剪试验的具体步骤见本节的试验步骤部分，而其适用的工况条件，如表 7-1 所示。

表 7-1　直剪试验适用土质及实际工况条件一览表

试验名称	适用工况
慢剪试验	模拟现场土体经过充分固结，或者在充分排水条件下，缓慢承受荷载并被剪破的情况。室内试验对土质无明确要求
固结快剪试验	模拟现场土体经过固结后，在不排水情况下，或者施工速度较快，渗透性较小，而承受剪切荷载破坏的情况。建议仅用于渗透系数较小的土（渗透系数小于 10^{-6}cm/s）
快剪试验	一般用以模拟现场土体土层较厚，渗透性较小，施工速率较快，尚来不及固结就被剪切破坏的情况。室内试验，建议仅用于渗透系数较小的土（渗透系数小于 10^{-6}cm/s）

三、试验设备

（1）主体设备——直剪仪：分为应变控制式直剪仪和应力控制式直剪仪两类，其中前者使用较多，其结构示意图如图 7-3 所示，由剪切盒、垂直加压设备、剪切传动装置、测力计、位移量测系统组成。

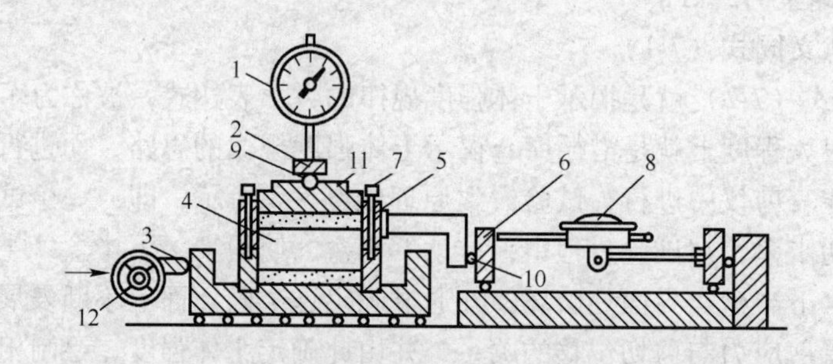

图 7-3　应变控制式直剪仪结构示意图

1—垂直变形量百分表；2—垂直加压框架；3—推动座；4—试样；5—剪切盒；
6—量力环；7—销钉；8—量力环百分表；9—传力钢珠；
10—前端钢珠；11—试样顶盖；12—手轮

国内各厂家在直剪仪的型号规格上有所不同，但形式构成上并无明显差异，都存在直剪盒上、下间的相对错动。由于剪切过程中上盒也会发生位移，故真正的土体剪切位移是上盒与下盒的相对位移，而国外有些直剪设备，因上部测力杆的刚度很大，可认为上半盒是固定不变的，位移仅仅发生在下半盒中。如使用不同设备，试验者应学会区分。

（2）制样环刀：内径 61.8mm，高 20mm。

（3）位移量测设备：量程为 10mm，分度值为 0.01mm 的百分表；或精确度为全量程

0.2%的传感器。

（4）其他设备：秒表、天平、烘箱、修土刀、饱和器、滤纸等。

四、试验步骤

（1）试样制备。根据工程需要，若是制备黏土试样，则参考第六章固结试验制样部分进行原状或重塑黏土的制样（固结试验中试样高度一般与直剪试验中的一致），每组试样不得少于4个。试样制备完成后按试验步骤（3）的规定方法，将试样放入直剪盒中。而如果是制备重塑无黏性土试样，则按照试验步骤（3）规定直接在直剪试样盒中进行制样。

（2）安装试样盒。将试样盒安放入卡槽的滚珠之上，对正上、下剪切盒后，将固定销钉插入，然后在盒中依次放入底部透水石和滤纸（如是快剪试验则改用不透水的等大小塑料膜或有机玻璃圆片）；上、下盒外部各有一个凸起钢珠构造，可保证与量力环和推进杆的结合。

★　注意，透水石和滤纸要预先打湿，湿度接近试样的初始湿度。

（3）制样或安放试样。对原状或重塑试样，放样前，都要先将销钉插入直剪试样剪切盒的对角孔洞中，以固定正位上、下剪切盒。

若试样为采用环刀制备的原状或重塑黏土，则先在剪切盒底部放入透水石和滤纸（对于快剪试验则放置塑料片或有机玻璃圆片，并涂抹一层凡士林阻水）；然后将带有试样的环刀平口向下、刃口向上，对准剪切盒口放入，并在试样上部亦放置滤纸（对于快剪试验则放置塑料片或有机玻璃圆片，并涂抹一层凡士林阻水）和透水石，将试样小心地推压入剪切盒内，移除环刀。

若试样是重塑无黏性土，则先在剪切盒底部放入透水石和滤纸，再根据制备试样所需土量和含水率，换算得制备试样所需加水量，并将土和水均倒入盒中，形成2cm高土样，并用毛刷刮平，在上部亦放置透水石，以及顶盖、钢珠（便于施加集中力）。

（4）调节剪切盒的水平位置，使得上半剪切盒的前端钢珠刚好与量力环接触，依次放上传压盖、加压框架，安装垂直位移和水平位移量测装置，对量力环百分表调零或测记初读数。

★　不要使上半剪切盒与测力计接触过多，否则会对剪切盒产生预剪力，导致拔出销钉后，上部剪切容器产生反向位移，造成剪切前的预剪，使得位移和应力记数不准。

（5）施加垂直压力。类似固结仪的操作方式，将直剪仪杠杆挂重一头从挂钩处取下，待加压框架杠杆平衡后，根据施加垂直压力需要，将不同质量的砝码挂在杠杆挂重吊钩上。

根据工程中实际需要或土体的软硬程度施加各级垂直压力，进行不少于四级的竖向加载。可以取垂直压力分别为100kPa、200kPa、300kPa、400kPa，也可以根据现场条件，施加一级大于现场预期最大压力的垂直压力，一级等于现场预期最大压力的垂直压力，另外二级则为小于现场预期最大压力的垂直压力。

★　对一般土质，每级垂直压力可以一次轻轻施加，而对松软土，需从小应力开始，即分级施加垂直压力，以防土样挤出。

施加压力后，若试样为饱和试样，则向盒内注满水；当试样为非饱和试样时，不必注水，而在加压板周围包以湿棉纱，防止土样水分蒸发。在完成装样工作以后，应根据实际需要，分别采用慢剪、固结快剪和快剪的加载步骤，进行试样剪切。三种试验的基本适用土样类型和简要注意事项如表7-1所示。

（6）慢剪试验。该试验适用于无黏性土和黏性土。因其固结压缩和剪切的时间均足够长，孔隙水压力消散充分，不论对于何种土，均可控制排水过程，故而对土质情况要求不高，具体步骤如下：

1）施加竖向压力后，每1h测读变形一次。直至试样固结变形稳定后方可进行剪切。变形稳定标准为每小时不大于0.005mm，也可采用位移的时间平方根法和时间对数法来确定。

2）试推剪切盒，当发现量力环有读数后，拔出销钉。

3）慢剪试样。转动手柄，由推动座对直剪盒下盒施加水平推力，以小于0.02mm/min的剪切速度进行剪切（手轮转动一圈，试样下剪切盒的行进距离就是0.02mm），试样每产生0.2～0.4mm的剪切位移，测记一次量力环读数并记录下盒对应的剪切位移转数，当量力环百分表读数出现峰值，应继续剪切至剪切位移为4mm时再停止剪切并记下百分表峰值作为试样的破坏应力值；而当剪切过程中量力环百分表读数无峰值时，应剪切至剪切位移为6mm时停止剪切（若在4～6mm位移中出现峰值，则可在出现峰值后停止剪切）。

★ 注意，此处停止试验的剪切位移标准4mm或6mm，指的是上下剪切盒的相对位移，而试验过程中，直接测读的是通过手轮转数控制的下剪切盒绝对位移，考虑到剪切过程中上剪切盒也会产生位移，因此试验停止时下剪切盒的绝对位移控制值要大于上述试验停止的剪应变控制标准。这在固结快剪和快剪试验中亦同。

由于慢剪试验历时较长，若需要估算试样的剪切破坏时间，可按下式计算：

$$t_f = 50t_{50} \tag{7-3}$$

式中 t_f——达到破坏所经历的时间，min；

t_{50}——固结度达到50%所需的时间，min。

★①在记录量力环读数时，剪切位移不能停止，要始终保持下部剪切盒匀速前行。

②上述最大剪切位移的控制，一般和试样直径有关，一般选取1/15～1/10的试样直径。

4）剪切结束，吸去盒内积水，退去剪切力和垂直压力，移动加压框架，取出试样，测定试样含水率。

（7）固结快剪试验。该试验适用于渗透系数小于10^{-6}cm/s的土，其原因见试验原理分析。

1）、2）步骤同慢剪试验。

3）快速剪切试样。转动手柄，由推动座对直剪盒下盒施加水平推力，以0.8mm/min的剪切速度进行剪切，试样每产生0.2～0.4mm的剪切位移，测记一次量力环读数并记录下盒对应的剪切位移转数，当量力环百分表读数出现峰值，应继续剪切至剪切位移为 4mm 时再停止剪切并记下百分表峰值作为试样的破坏应力值；而当剪切过程中量力环百分表读数无峰值时，应剪切至剪切位移为 6mm 时停止剪切（若在 4 ~ 6mm 位移中出现峰值，则可在出现峰值后停止剪切）。一般整个剪切过程持续 3 ~ 5min。

4）剪切结束，吸去盒内积水，退去剪切力和垂直压力，移动加压框架，取出试样，测定试样含水率。

（8）快剪试验。该试验一般适用于黏性细粒土，其原因见试验原理分析。也有一些观点认为，如果试样能在 30 ~ 50s 内剪坏，则可用于渗透性较强、含水率高的土。但此时可能存在剪切速率效应，即对黏滞阻力的影响：当剪切速率较高，剪切历时较短时，黏滞阻力较大，此时得到的强度偏大，影响测定的精度，故并不推荐。

1）施加垂直压力后，直接转动手柄，试推下剪切盒，量力环读数显示有接触后，拔出销钉，开始剪切。

2）快速剪切试样的卸样。此步骤同固结快剪试验中的步骤 3）和 4）。

五、数据处理

（1）剪切过程中的剪应力和位移记录。将相应数据记录在表 7-2 中。

表 7-2 直剪试验数据记录表

工程名称：______ 试验者：______

送检单位：______ 计算者：______

土样编号：______ 校核者：______

试验日期：______ 试验说明：______

试验方法：______				初始孔隙比：______			钢环系数：______		
剪切速率：______				初始含水率：______					
法向应力/kPa									
固结变形量/mm									
剪切前孔隙比									
手轮转数	剪切位移/mm	钢环读数/0.01mm	剪应力/kPa	钢环读数/0.01mm	剪应力/kPa	钢环读数/0.01mm	剪应力/kPa	钢环读数/0.01mm	剪应力/kPa
抗剪强度/kPa									
抗剪强度指标	$c=$			$\varphi=$					

剪切过程中，试样所受剪切力是量力环位移读数与其钢环系数的乘积，若再除以土体的受剪面积，则近似可以看成是土体所受剪应力的大小。其关系式如下：

$$\tau = \frac{T}{A} = \frac{R \cdot C}{A} = r \cdot C \tag{7-4}$$

式中 τ——试样所受剪应力，kPa；

T——试样所受剪力，N；

A——试样的受剪面积，一般认为就是试样的初始截面积 60cm^2，若为精确计，应详细计算任意阶段上的实际受剪切面积；

R——量力环百分表读数，0.01mm；

C——量力环的刚度系数，N/0.01mm。

同时，按照式（7-5）计算试样相应的剪切位移，即剪切位移应为上、下直剪盒的相对位移 Δl（注意该值不能叫剪应变，而是剪切位移）：

$$\Delta l = \delta - R \tag{7-5}$$

式中 δ——下剪切盒的水平位移，为手轮转动圈数 n 乘以 0.02，mm；

R——量力环百分表读数（亦即上剪切盒的水平位移），0.01mm。

（2）剪切位移和剪应力关系曲线绘制。以剪应力τ为纵坐标，剪切位移 Δl 为横坐标，绘制如图 7-4 所示剪应力与剪切位移关系曲线，取曲线上剪应力的峰值为抗剪强度（箭头所示），无峰值时，取剪切位移为 4mm 时所对应的剪应力为抗剪强度。

（3）强度包线和抗剪强度指标求解。以抗剪强度τ_f 为纵坐标，竖向压应力 p 为横坐标，绘制两者关系曲线（见图 7-5）。该直线的倾角为摩擦角，在纵坐标上的截距为黏聚力。

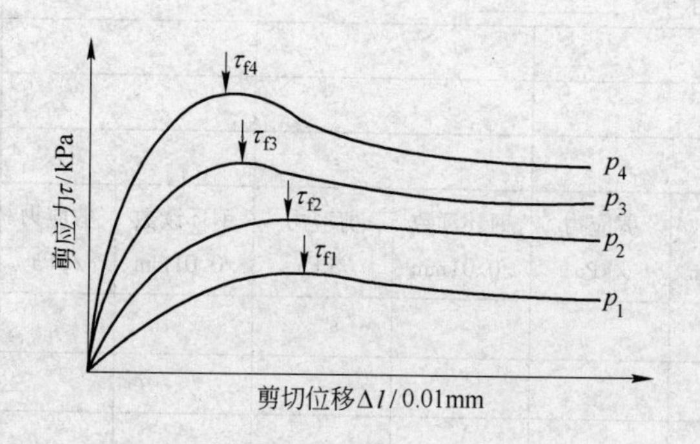

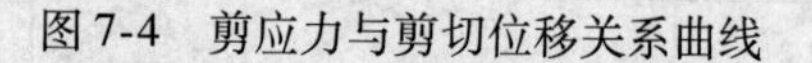

图 7-4 剪应力与剪切位移关系曲线

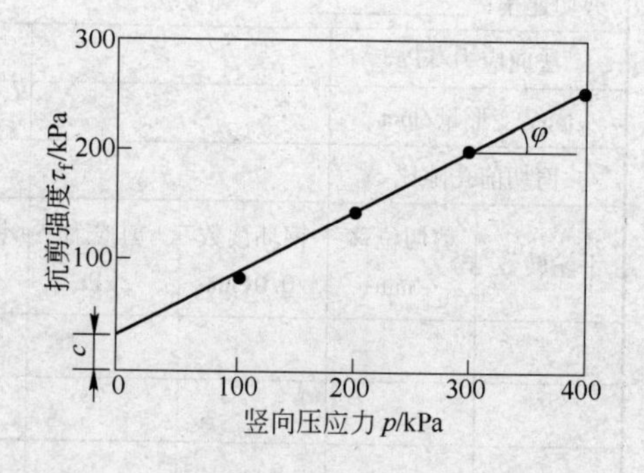

图 7-5 抗剪强度与竖向压应力关系曲线

需要指出的是，对慢剪和固结快剪试验同组中的各个试样，在剪切前具有不同的有效应力状态，因此一组试验能够得到抗剪强度指标；而对快剪试验，严格说，剪切前几个试样的有效应力状态都相同，竖向应力未转化到有效应力状态上去，剪切过程中的性状结果近似，因此同组快剪试验得到的只是一定竖向有效压应力下的强度而非强度指标。

（4）补充说明。从原理上说，直剪试验能较直观地揭示库仑定律所反映的土体强度破坏本质，但由于其装置和试验条件的种种局限，反而使其失去了室内最佳强度试验的地位。这些局限性主要表现在以下方面：

1）传统直剪试验，明确规定了破坏面，而这个指定面对于非均匀的原状土而言，可能并非薄弱面，这是直剪试验的一个不足之处。

2）目前在常用直剪试验的剪切过程中，试样的剪切面面积在不断减小，而数学分析中，却假定该面不变来计算应力状态，这将给试验结果带来很大的误差。不过也有研究认为，虽然实际剪切过程中，剪切面面积在不断减小，但因为法向应力和剪应力都是除以同一个面积，因此法向应力和剪应力的计算值较之真实值是等比例减少的，故而虽然在确定强度峰值上，计算值要比真实值偏小，但就确定强度指标而言，带来误差不大。

3）直剪试验中除了受力面外，试样其他面上应力状态未知和无法控制，而严格上说，这些面上的应力状态都会对土体的破坏面性状产生影响，因此不能全面精确地控制和分析土体所受的应力状态，也成为直剪试验结论成果推广的局限。

尽管直剪试验存在多方面的局限和问题，但因其操作简单，在揭示原理和强度规律方面比较直观，故在设计院、勘察单位和科研院校仍然应用非常广泛。而为克服直剪设备的局限性，国内外也生产了一些改进的仪器，用以测定破坏面上的土体抗剪强度和指标，如图 7-6 和图 7-7 分别所示的单剪仪和环剪仪，就是其中的代表。

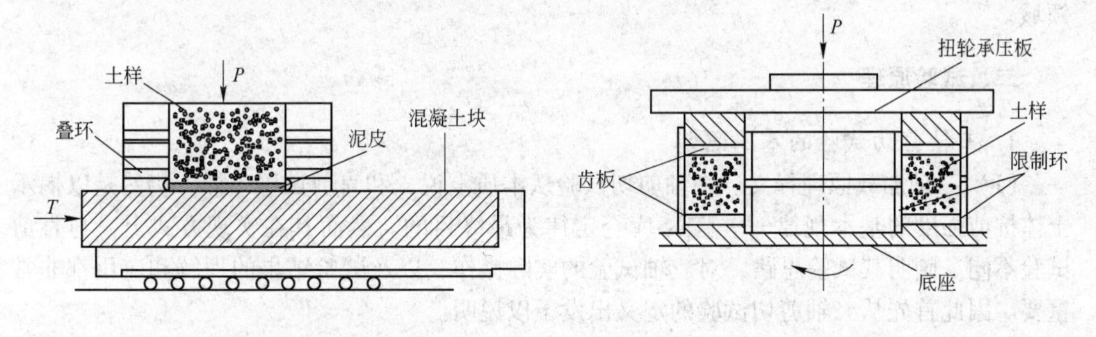

图 7-6 单剪仪的基本结构　　图 7-7 环剪仪的基本结构

单剪仪是针对直剪仪中试样在受剪时破坏面固定单一、应力应变不均匀、边界面上存在应力集中等缺点所改进的设备。按照剪切盒结构，单剪仪又可分为叠环式（试样用橡皮膜套着），绕有钢丝的加筋模式和刚性板模式，其均用以限制试样受压后侧向膨胀和控制试样排水。试样在单剪仪中的形状通常为圆饼状，环形的结构使得试样在周边不会产生明显的应力应变不均匀，加载过程中竖向应力和水平应力保持常数，剪应力不断增加。与直剪仪中试样的破坏形状不同，单剪仪中试样水平面与竖直面都不一定是破坏面。单剪仪可以进行动、静的不排水、排水或固结不排水试验，测定抗剪强度和剪切模量；可以用来模拟土体受水平剪切的情况。

环剪仪的试验原理为：将制作好的试样放入环剪盒中，施加法向应力使土样固结；固结完成后，向下剪切盒施加剪切应力，下剪切盒以一定的剪切应力或者剪切速率转动，上剪切盒保持不动；在剪切的过程中，剪应力传感器、垂向位移传感器、孔隙水压力传感器分别监测剪应力、垂向位移及孔隙水压力，并由数据采集仪以设定的频率采集这些数据。较之直剪仪，环剪仪的明显优势在于剪切过程中，可以在一个方向进行连续剪切，并且剪切面积固定不变；还可施加较大的荷载，可研究大变形条件下的强度降低问题等。

由于单剪仪、环剪仪等设备价格较贵，目前主要为一些科研院校和大型设计、勘察单位使用，尚难全面推广。

第三节　三轴压缩试验

一、试验目的

土的三轴剪切试验（包括三轴压缩试验、三轴拉伸试验等）是为了在更严格的应力和排水控制条件下，测定土体的抗剪强度、抗剪强度指标以及应力-应变关系而产生的。该试验还能在一定程度上反映应力路径、应力历史对土体性状的影响，以为解决科研和工程问题所需。三轴试验是室内常规土工试验中最复杂的一种试验，其控制排水条件严格，较之其他一般剪切试验能更好模拟土体在不同排水条件和应力路径下的受力性能与破坏特征，因而日益受到重视。试验测得的强度以及强度指标可应用于支挡结构土压力计算、边坡稳定分析、地基承载力计算等涉及岩土工程问题的众多领域。

二、试验原理

1. 三轴剪切试验的基本思想

（1）三轴加载原理释义。三轴剪切试验从本质上说，和直剪试验一样，仍然是以揭示土体抗剪强度的基本规律——莫尔-库仑定律为最终目的。然而其在实现方式上，与直剪试验不同。阐明其试验思路，对三轴试验的实际操作，以及试验结果的理解和应用都非常重要。因此首先从三轴剪切试验的定义出发予以说明。

如图7-8所示，一立方单元土体，其在三个相互垂直面上作用三个主应力 σ_1、σ_2 和 σ_3，则此三个面的垂线方向即是主应力的三个正交轴，称之为三轴。如不考虑主应力方向旋转，则只要能自如控制三个面上的主应力大小，那么在土体任意面上，均可以产生期望的应力组合状态，与此相应的宏观力学性状也可被反映出来。然而现实试验条件下，实现三轴上完全独立的加载有较大困难；且一般工程条件中，较多的应力状态是水平向两个主应力值接近，而竖向主应力值差异较大，即图7-8所示 $\sigma_2=\sigma_3\neq\sigma_1$ 的应力状态。因此经试验者逐步构思，将试样塑造成一圆柱体。此时若在试样的周围施加各向相等压力，且在竖向再施加一个轴向压力，即在土体中实现相当于水平向两个主应力相等、竖直方向为

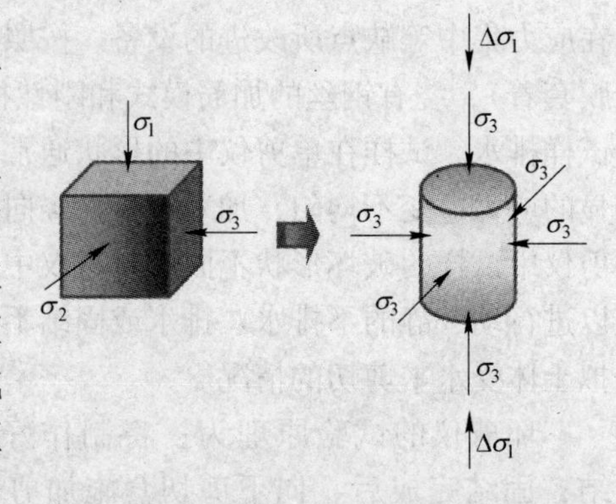

图7-8　土体单元体三轴条件下的受力示意图

另一主应力的拟（准）三轴情况。因此严格地说，实验室中以圆柱体为试样的三轴试验，只能算是一种拟（准）三轴试验。

回顾土的库仑强度定律，其揭示的是土体破坏面上法向应力与剪应力之间的关系。而三轴试验的模型，提供的是土体在主应力面上的应力状态，如何将应力状态从主应力面映射到破坏面中去呢？如图7-9所示的基于库仑定律得到的土体强度破坏线，其上点 A，代表破坏面上的应力状态。根据材料力学知识，对此点做垂线，交法向应力轴于 O_1 点，并以 O_1 点为圆心，O_1A 的距离为半径画圆，交法向应力轴于 M、N 点。圆 O_1 就是土体在破坏时刻的临界莫尔圆，点 M、N 分别代表了土体破坏时刻的大主应力和小主应力。反之，如果试验中确定了土体破坏时的大、小主应力，就能够形成一个个破坏莫尔圆，而对应的莫尔圆的公切线，便是土体的破坏强度包线，三轴试验实现强度和强度指标测定的实践思想亦源于此。因此，在三轴试验中，试验者只需先控制土体的一个主应力，例如水平围压，而增加竖向应力，就可使土体的应力莫尔圆逐渐变大，直至破坏。由形成的一个个破坏莫尔圆，便可得强度包线，进而得到抗剪强度指标。

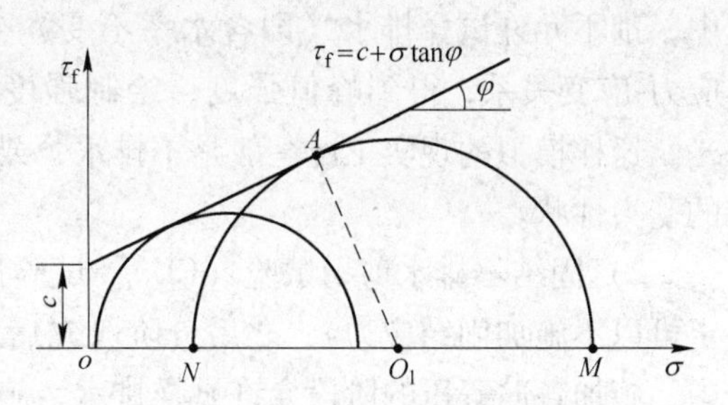

图7-9　土体极限平衡状态时库仑强度包线与破坏莫尔圆关系示意图

而从材料力学视角分析，三轴试验就是莫尔-库仑强度规律揭示的过程。大量试验表明，在一定围压基础上，于排水或不排水条件下增加竖向应力直至试样破坏，分别得到的一组破坏莫尔圆都可有近似直线的公切强度包线，这个强度包线的内在涵义，要比直剪试验得到的强度包线复杂，将在试验原理的第二部分予以介绍。

三轴剪切试验中“剪切”的得名，是由于最终实现的是土体破坏面上的剪切破坏。而从加载特征来看，当竖直方向的主应力比水平方向大时，力学上可看成在竖直方向施加了一个偏压力，所以这样的三轴剪切试验，又称三轴压缩试验。反之，当竖直方向主应力比水平方向主应力小时，相当于等压条件下，竖直方向上施加了一个偏拉力，故称三轴拉伸试验。由此可知，大量文献中对三轴压缩、三轴拉伸等试验的表述，都是从应力路径特征来定义的，而三轴剪切试验的“称谓”则是一种笼统揭示土体破坏特征的说明。对应于三轴压缩和三轴拉伸，试验过程中，周围压力和竖向偏应力还可以共同变化，形成更多的组合方式，进而产生更多不同应力路径类型的三轴试验，限于篇幅，本文不再列举。

本节所介绍的三轴试验，是周围压力相等，竖向应力增加直至试样破坏的三轴压缩试验。

（2）排水控制条件说明。在试验目的介绍中，已说明需严格控制三轴试验的排水条件，方能体现该类试验在加载路径控制性能方面的优势。实际上，三轴压缩试验也确实根据其加载过程中排水条件控制步骤的不同，产生了三种基本分类，以下予以简要说明，而具体操作方法将在试验步骤中介绍。

1）不固结不排水剪切试验（UU）。试验过程中，先对试样施加一定固结应力（对原状土可不施加固结应力）；之后分阶段先后对试样施加等向压力和轴向偏压，这两个阶段中，都不允许试样排水（即含水率不变），直至试样剪切破坏。记录试验过程中的孔压、应力-应变关系，得到峰值强度，绘制强度包线，测得相应的总应力抗剪强度指标 c_u 和 φ_u。这样模拟的现实工况一般是不排水，或者渗透性差的地基在瞬时或短时间荷载作用下的受力性状。

2）固结不排水剪切试验（CU）。试验过程中，先对试样施加一定固结应力（对原状土可以不施加固结应力）；之后分阶段先后对试样施加等向压力和轴向偏压，这两个阶段中，施加各向等压的阶段允许试样排水，施加轴向偏压阶段不允许试样排水，直至试样剪切破坏。记录试验过程中的孔压、应力-应变关系，得到峰值强度，绘制强度包线，测得相应的总应力抗剪强度指标 c_{cu}、φ_{cu}和有效应力抗剪强度指标 c'、φ'。

3）固结排水剪切试验（CD）。试验过程中，先对试样施加一定固结应力（对原状土可以不施加固结应力）；之后分阶段先后对试样施加等向压力和轴向偏压，这两个阶段中，都允许试样排水，直至试样剪切破坏。记录试验过程中的应力-应变关系，得到峰值强度，绘制强度包线，测得相应的有效应力抗剪强度指标 c_d 和 φ_d。

★ 严格地说，上述三类试验中，都应该在最起初对试样施加一定固结应力，因为就工程实际意义而言，这模拟了地基土原始的固结条件（应力状态），对 UU 试验，此点尤其重要。但《土工试验方法标准》(GB/T 50123—1999) 中规定，如进行 UU 试验，初始固结应力 $\sigma_c=0$，直接进行后两步不排水的围压和轴向偏压力的施加。而这对原状土而言，就意味着不排水剪切都是在超固结状态下进行的，因而与模拟具有一定地应力场的现场条件下的强度特征存在差异，读者需引起注意。而在 UU 试验前，对土样施加一步等向或不等向的固结过程，是完全可以的。

2. 三轴试验不排水强度线规律性的本质根源

三轴固结不排水试验（CU）在总应力破坏状态下依然可以得到有规律的、近似直线的强度包线，是三轴不排水试验和对应工况具有规律预测性的前提保证。然而从机理上看，三轴固结排水试验，对应有效应力状态，其强度包线就是理论上排水条件的库仑强度包线，合乎道理，也便于理解；但基于三轴固结不排水条件下破坏总应力状态所得的强度包线，并非是不排水条件下的库仑强度包线。如图 7-10 所示，由同一状态的 CU 试验有效应力包线可推知，CU 试验总应力强度包线与破坏总应力莫尔圆的切点 P、Q 并不落在破

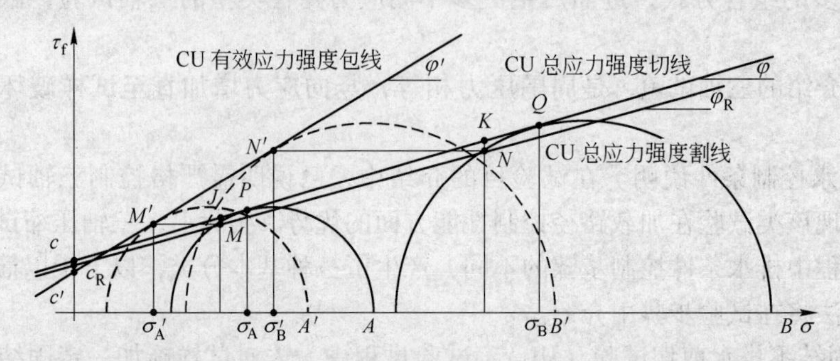

图 7-10　三轴固结不排水剪切总应力和有效应力强度包线

坏面上，而其上的点 M'、N'，由于与有效应力破坏圆上切点具有相同的剪应力值，才是真正破坏面上的总应力状态，而其构成的 CU 总应力强度割线 MN 才是不排水条件下的库仑强度包线。因此关于 CU 试验总应力强度切线包线的由来，较难令人理解，目前也很少有文献涉及对其的解释。

笔者通过研究，根据排水和不排水条件下的库仑定律，分析得到了三轴不排水剪切条件下“唯象”的总应力强度切线之所以线性存在的物理解释。简而言之就是因为土体在破坏面上产生孔压与其剪切前破坏面上的有效法向应力 p_c 成正比，即与 p_c 有关的孔压系数 D_f 为常数；而相应地，三轴压缩试验中，不排水剪切条件下的孔压系数 A_f 能与破坏时莫尔圆的半径 R_f 以及上述孔压系数 D_f 等土体强度参数建立如式(7-6) 所示的关系式，进而在数学上确保了三轴总应力强度包线得以以线性形式存在。

$$A_f = \frac{\cos\varphi' D_f}{(1 - D_f)\tan\varphi'} + \frac{(1 - D_f)c' - c_R}{2(1 - D_f)\tan\varphi'} \cdot \frac{1}{R_f} \tag{7-6}$$

式中 D_f——与破坏面法向应力 p_c 相关孔压系数，可视作常数；

φ'——CU 有效应力强度包线的倾角，即有效应力强度指标的内摩擦角，(°)，也是排水条件下，库仑强度规律所反映的内摩擦角；

c'——排水条件下的库仑强度规律所反映的黏聚力，也是 CU 有效应力强度包线所对应的黏聚力，kPa；

c_R——不排水条件下的库仑强度规律所反映的黏聚力，kPa；

R_f——破坏时莫尔应力圆半径，mm。

明白上述关系，不仅有助于理解三轴排水和不排水试验所揭示土体强度规律的本质原理，而且对工程实践中强度指标的正确选用也非常有益。有关式（7-6）的具体推导，可参考相关文献，本文不再详述。

此外，对三轴不固结不排水试验（UU）而言，同组试样是在不同的围压下进行剪切，但由于围压施加状态均不排水，使得试样在剪切前的孔隙体积并未发生变化，因此理论上后续抗剪强度应基本相同，所以得到的所谓的抗剪强度包线，严格意义并不反映土体的抗剪强度指标，而只能测定不排水条件下的抗剪强度。

三、试验设备

1. 三轴剪切仪

三轴剪切仪型号很多，一般分为应变控制式和应力控制式两种。另外还有应力路径三轴仪、K_0 固结三轴仪、真三轴仪、空心圆柱三轴仪等。本文介绍的是应变控制式三轴仪，其基本构成如图 7-11 所示。

应变控制式三轴仪一般分以下几个部分：

(1) 三轴压力室：压力室为三轴仪主体部分，一般由金属顶盖、底座以及透明的有机玻璃圆罩组成一密封容器。压力室底部有三个孔，分别连通围压加载系统、反压加载和体变量测系统以及孔压传感器。

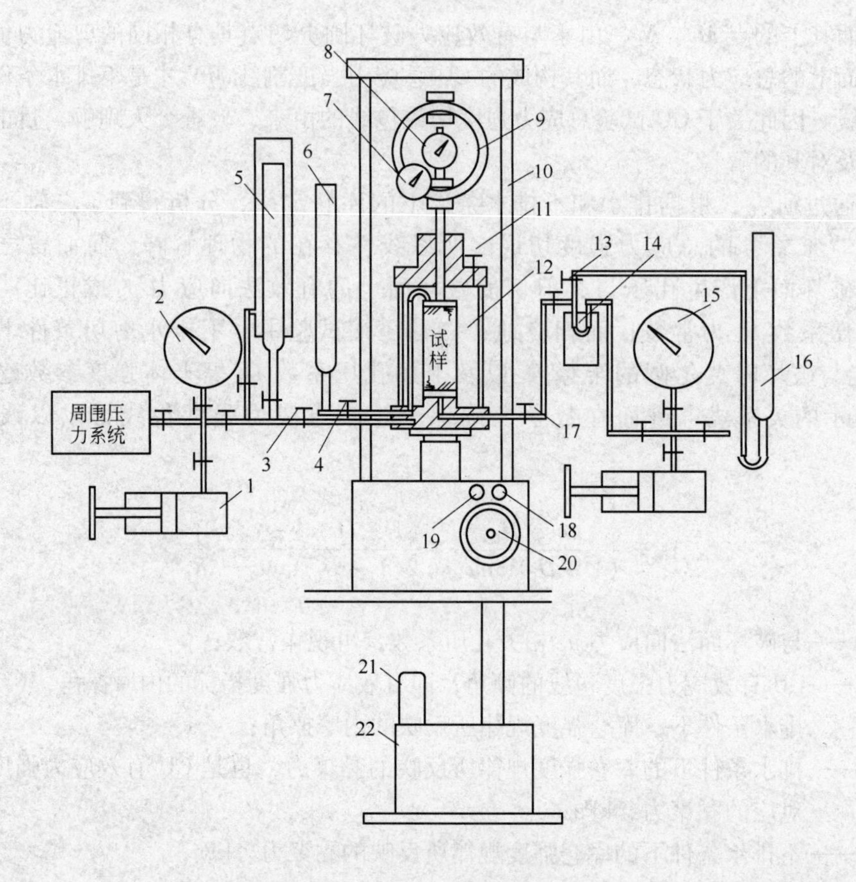

图 7-11　应变控制式三轴仪

1—调压筒；2—围压表；3—周围压力阀；4—排水阀；5—体变管；6—排水管；7—轴向位移百分表；8—量力环百分表；9—量力环；10—轴向加压设备；11—排气孔；12—压力室；13—量管阀；14—零位指示器；15—孔压表；16—量管；17—孔压压力阀；18—加载离合器粗调、细调调节钮；19—加载离合器人工、手动调节钮；20—手轮；21—电动机；22—变速箱

（2）轴向加载系统：采用电动机带动多级变速齿轮箱，并通过传动系统实现压力室从下而上移动，进而使试样受到轴向压力，其加荷速率需根据土样性质和试验方法确定，具体参见后述试验步骤。

（3）围压加载系统：一般采用周围压力阀控制，通过周围压力阀设定到一定固定压力后，其将对压力室中的水量进行自动调节，以保持在一稳定压力水平。另外，围压测量的精度应为全量程的1%。

（4）轴向压力量测系统：一般在试样顶部安装量力环等测力计进行量测，通过量力环上百分表的变形读数，再乘以量力环的刚度系数，即为试样所受到的轴向应力。亦有在三轴仪顶部直接安装荷载传感器，测度受力大小的。轴力传感器应保证测定最大轴向压力的准确度偏差不大于1%。

（5）轴向变形量测系统：轴向变形由长距离的百分表（0～30mm）或者位移传感器测得。

（6）孔隙水压力量测系统：安装传感器，由孔压传感器测定。

（7）反压控制系统：通过设定的体变管和反压稳压系统组成，以模拟土体的实际应力状态或者提高试样的饱和度以及量测试样的体积变化。

2. 附属设备

制备三轴试样所需的系列工具，具体如下：

（1）重塑黏土或砂土试样制备所需：三瓣模、击实筒（见图7-12）、切土装置、承模筒（见图7-13）。

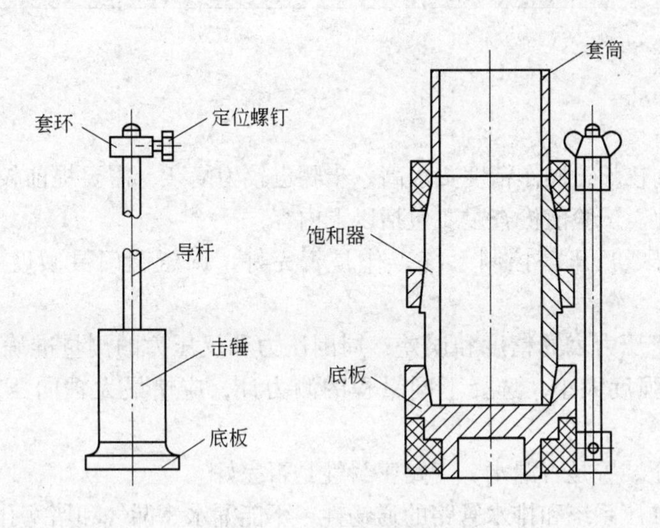

图7-12　击实筒构造图

（2）原状黏土试样制备所需：切土盘、切土架和原状土分样器等。

（3）饱和黏土试样制备所需：饱和器、真空饱和抽水缸。

（4）试样装样所需：对开圆模（见图7-14）、承模筒等。

（5）其他附属设备：天平（要求有三个类型，分别为称量200g/最小分度值0.01g，称量1000g/最小分度值0.1g以及称量5000g/最小分度值1g）、游标卡尺、橡皮膜、钢丝锯、透水石、吸水球等。

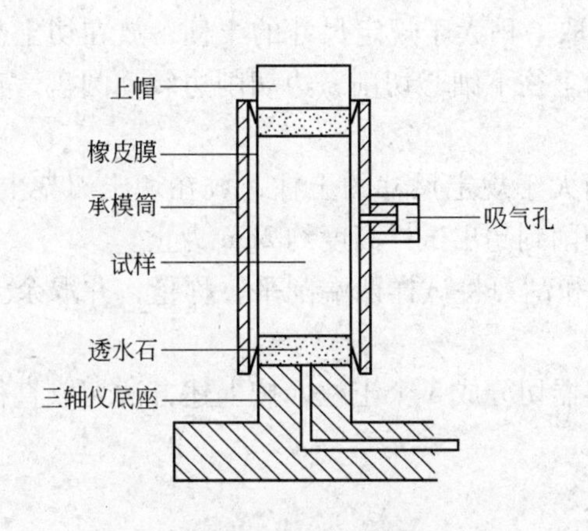

图7-13　承模筒构造图

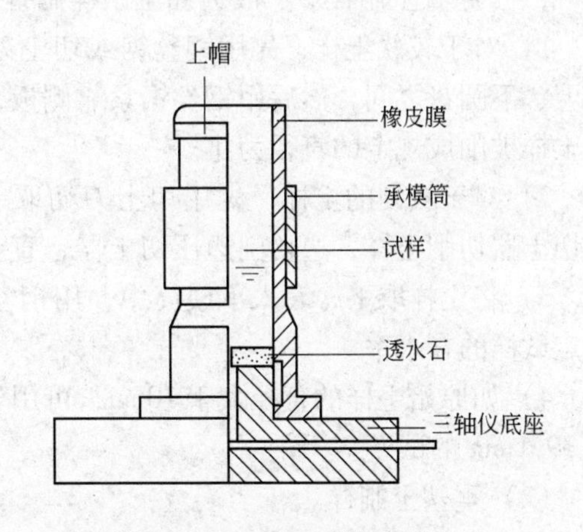

图7-14　对开圆模构造图

★　有关试样尺寸需要补充说明：只有当试样尺寸远大于土粒大小时，试样才能比较真实地反映出土体整体的受力特性，为此要求颗粒粒径尺寸一般不能大于试样直径的1/10（最大也不能超过试样直径的1/5）。因此室内试验针对粗砂以下粒组土体进行试验的常用三轴试验试样规格为直径39.1mm、高80mm的圆柱形试样。另外，比较常见的三轴试验试样尺寸还有直径61.8mm、高150mm和直径101mm、高200mm等几种。

四、试验步骤

1. 仪器检查

三轴试验周期较长，操作精度要求高，步骤也较为复杂，需要提前校核设备，以保证试验结果的可靠性。试验前检查主要包括以下内容：

（1）检测围压、反压等控制系统工作是否完好，调压阀门灵敏度和稳定性是否完好。

（2）检测精密压力表的精度和误差：周围压力和反压力的测量准确度应为全量程的1%，根据试样的强度大小，选择不同量程的测力计，应使最大轴向压力的准确度不低于1%。

（3）检测围压装置是否漏水，管路密封性是否完好。

（4）确定各加压系统和排水管路的通畅性，不能漏水、漏气和堵塞孔道，检查透水石是否畅通和浸水饱和。

（5）孔压检测排除管路中气泡，例如采用纯水冲出方法，使气泡从试样底座溢出。

（6）橡皮膜在装样前应进行查漏，即向膜内充气后，扎紧两端，放入水中检查，如无气泡溢出，方可使用。

2. 试样制备

三轴试验试样的规格和固结试样的规格差异较大，需特别的装置来进行制备，具体分为原状土制样和重塑土制样。

（1）原状土制样。一般为黏土试样制备。

1）对于较软土样，先用钢丝锯或切土刀切取一稍大于规定尺寸的土柱，放在切土盘的上、下圆盘之间，然后用钢丝锯紧靠侧板，由上往下细心切削，边切削边转动圆盘，直至土样被削成规定的直径为止。

2）对于较硬的土样，先用切土刀切取一稍大于规定尺寸的土柱，放在切土刀架上，用切土器切削土样，边切削边压切土器，直至切削到超出试样高度约2cm为止。

3）将土样取下，套入承模筒中，用钢丝锯和刮刀将试样两端削平、称量，并取余土测定试样的含水率。

4）如原始土样的直径大于10cm，可用分样器切分成3个土柱，按上述方法切取直径为39.1mm的试样。

（2）重塑土制样。

1）黏土和粉土制备。由于黏土具有最优含水率特征，若直接配合饱和，在击实时反而不能击密，难以实现预期干密度。故应首先根据试样的干密度与含水率关系曲线测算三轴制样击实筒击实实现预期干密度所需的预期含水率；然后将干土碾碎、风干、过筛，根据风干含水率和前述预期含水率值以及总干土质量，计算干土中所需加水量，将此计算水量均匀撒入干土中，并用塑料袋密封，静置一天后，经检测含水率达到预期含水率目标值后，进行击实。

击实时，根据试样体积，计算需放入击实筒中湿土的总质量，将土分多层装入击样筒进行击实，其中粉质土建议分3～5层，黏质土分5～8层，并在各层面上用切土刀刮毛，便于层间结合。击实完最后一层，将击样器内试样两端整平，取出试样称量。试样制备完成后，用游标卡尺测定试样直径和高度，其中直径按式（7-7）计算：

$$D_0 = \frac{D_1 + 2D_2 + D_3}{4} \tag{7-7}$$

式中　D_0——试样计算直径，cm；

D_1，D_2，D_3——分别为试样上、中、下部位的直径，cm。

2）砂土制备。其制样与黏性土不同，可直接在压力室底座上进行制备。具体分两种方法：

①湿装法，将试样按照体积和干密度换算得到所需干土质量，装入烧杯中，然后在干土中加水，放置在酒精灯上煮沸，排气。待冷却后，在试样底座上依次放上透水石（若是不饱和试样，不排水试验可以放置不透水板）、滤纸，用承模筒支撑橡皮膜，套入底座，用橡皮圈包紧橡皮膜与底座，合上对开圆模（见图7-14）。往橡皮膜中注入三分之一高度的纯水，再将已称量好的水和土分成三等份，依次舀入膜内成形，并保证水面始终高于砂面，直至膜内填满为止，待砂样安装完成，整平砂面，依次放置滤纸和透水板。此法已饱和，主要针对初始密实度不高的试样。

②击实成型法，击实前也类似湿装法，在试样底座上依次放上透水石、滤纸。用承模筒支撑橡皮膜，套入底座，用橡皮圈包紧橡皮膜与底座，合上对开圆模。将控制预期干密度的干土样倒入对开模筒中，击实，再利用水头使土饱和（见后述试样饱和步骤），然后整平砂面，放上透水石或不透水板，盖上试样帽，扎紧橡皮膜。

这两种方法完成后，为能保证试样在拆除对开模后依然直立，可施加5kPa的负压，或者将量水管降低50cm水头，使试样挺立，拆除承模筒。待排水量管水位稳定后，关闭排水阀，记录排水量管读数，用游标卡尺测定试样上、中、下三个直径。

制样对保证试样质量非常关键，同一干密度各组试验的试样，建议同批制备，尽量保证干密度、击实过程、饱和时间以及试样静置时间接近。

3. 试样饱和

（1）真空抽气饱和法。适用于原状土和重塑黏土。属于压力室外饱和法类型，详细参见第八章的土样饱和内容。

（2）水头饱和法。适用于重塑粉砂土，为压力室内饱和法。一般是在试样装入压力室，完成安装后，对其施加20kPa的围压，然后提高试样底部量管水位，降低试样顶部量管水位，使两管水位差在1m左右。打开孔隙水压力阀、量管阀和排水管阀，使无气水从试样底座进入，直待其从试样上部溢出，且溢出水量和流入水量相等为止。此外，为提高试样的饱和度和饱和效率，宜在水头饱和前，从试样底部加通二氧化碳气体进入试样，以置换孔隙中的空气，这是因为二氧化碳在水中的溶解度要大于空气。通气时二氧化碳压力建议设置在5～10kPa，完成后再进行水头饱和。

（3）反压饱和法。反压饱和的原理是利用高水压使土体中的气泡变小或者溶解，进而实现饱和。当试样要求完全饱和时，该方法能使试样进一步饱和，适用于各种土质，但针对黏土的饱和时间较长，反压力较大，亦属于压力室内饱和法。该法是用双层体变管代替排水量管，在试样安装完成后，调节孔隙水压力，使之等于大气压力，并关闭孔压阀、反压阀、体变阀。在不排水条件下，先对试样施加20kPa的围压，开孔隙水压力阀，待孔压传感器读数稳定时，记录读数，关闭孔压阀。从试样顶部连通管路施加水压力（反压），同时同步增加周围围压，注意施加过程需分级施加，以减少对土样扰动，建议围压、反压同步增加的每级压力为30kPa。当每级围压和反压作用持续一定时间后，缓慢打开孔压阀，观测试样孔压传感器读数。若孔隙水压力同步上升的数值与围压上升数值的比值大于0.98，则认为试样已饱和，否则，需进一步同步增加围压和反压，直至满足试样的饱和判别条件。

4. 试样安装

（1）安装试样。此步主要针对黏性土，而无黏性土在制样过程中实际已经完成。在压力室底座上，依次安放透水石、滤纸和饱和后的原状或重塑黏土试样，并在试样周身贴浸水滤纸条7～9条（如进行不固结不排水试验或针对砂土试样，则不用贴），如不测定孔压，对不固结不排水试验也可安放有机玻璃片替代透水石。将橡皮膜套入承模筒中，翻起橡皮膜上下边沿，用橡皮吸球吸气，使橡皮膜紧贴承模筒；再将承模筒套在试样外面，翻下橡皮膜下部边沿，使之紧贴底座；用橡皮圈将橡皮膜下部与底座扎紧，而在试样顶部放入滤纸和透水石，移除承模筒，更换为对开圆模。打开排水阀，使放置在试样顶部的试样帽排气出水，上翻橡皮膜的顶部边沿，使之与帽盖贴紧，并用橡皮圈扎紧，从而使试样与外界隔离。

★　在扎紧橡皮膜前，如发现橡皮膜和试样之间存在气泡，则可用手指轻推方法，将气泡赶出。

（2）安放压力室罩，使试样帽与罩中活塞对准。均匀将底座连接螺母锁紧，向压力室内注水，待水从顶部密封口溢出后，将密封口螺钉旋紧，并将活塞与测力计和试样顶部垂直对齐。

（3）将加载离合器的挡位设置在手动和粗调位，转动手轮，当试样帽与活塞以及测力计接近时，改调速位到手动和细调位，转动手轮，使得试样帽与活塞恰好接触，测力计量力环的百分表刚有读数为止，调整测力计和变形百分表读数到零位。

5. 不固结不排水试验

（1）关闭排水阀。

（2）根据饱和过程中的方法，施加一定围压，在不排水条件下测定试样的孔隙水压力，验证试样饱和度，如试样不饱和，则先要根据饱和过程中的相关反压饱和方法饱和试样。

(3) 试样完成饱和后，关闭排水阀门，对试样施加各向相等的围压，逐级升到预定荷载，一般为 100kPa、200kPa、300kPa、400kPa 四级，或者根据实际工程需要施加。

(4) 围压施加后，虽然是不排水条件，但是传力杆会在水压作用下向上顶升，与试样帽脱离，因此在进行不排水剪切前须转动基座上升转轮，重新调整位置，使得试样帽与传力杆重新接触，并调节位移百分表使读数归零后，方可进行下一步剪切试验。

(5) 将加载离合器的挡位设置由手动改为自动，设定变速箱中位移加载离合器的挡位，调节底座抬升的速率，进而控制剪切应变的速率。对不固结不排水试验，轴向应变增加的速率应控制在 0.5%/min ~ 1%/min，开启电动机，试样每产生 0.3% ~ 0.4% 的轴向应变时（或 0.2 ~ 0.3mm 的位移值），测记一次位移百分表、量力环百分表和孔隙水压力的读数。当轴向应变大于 3% 时，每产生 0.7% ~ 0.8% 的轴向应变时（或 0.5mm 的位移值），测记一次读数。若加载过程中，量力环百分表读数出现峰值，则轴向应变增加到 15% 时停止试验，否则轴向应变需增加到 20% 方能停止试验。

(6) 试验结束后，关闭电动机，卸除周围围压，用吸管排出压力室内的水，将基座上升调节旋钮调至粗调位，转动手轮，降低试样底座，移除压力室，拆除试样，记录试样破坏时的形状，称量试样质量，测定含水率。

> ★ 如前所述，本节中不固结不排水试验是根据行业标准《土工试验规程》三轴压缩试验（SL 237-017—1999）部分所规定的操作步骤来进行介绍的，然而现场进行不排水剪切的土体，此前一般都存在一个天然固结过程。因此，为能准确模拟现场土的初始固结应力水平，应在不固结围压施加以前，先进行一个等压排水的固结过程。其操作方法，可参考固结不排水或固结排水试验中的固结过程，予以施加。

6. 固结不排水试验

(1) 固结不排水的第一步要进行固结，因此在试样安装以后，将排水管中的气体排空，放水使排水管中的水头与试样中部齐高，再将此时孔压读数调整为零，或者记录此时的水头水位读数，作为孔压基准值。

(2) 检测试样是否饱和步骤同不固结不排水试验第（2）步。

(3) 在已施加反压基准上，再对试样施加各向相等的围压，逐级升到预定的荷载，一般净增围压设 100kPa、200kPa、300kPa、400kPa 四级，或根据实际工程需要实施。

(4) 打开排水阀，进行排水，直至超静孔隙水压力消散 95% 以上，记录固结完成后排水管读数，其与排水前排水管读数的差值即为排水量（试样体变）。判定固结完成时间标准是 24h，固结完成后，关闭排水阀，测记当前孔隙水压力和排水管水面读数。

固结前，如前所述，水压增加以后，活塞传力杆可能与试样顶盖脱离。若试验是不固结不排水试验，此时应将加载离合器的挡位设置在手动和细调位，转动手轮，使基座向上抬升，恢复试样帽与活塞传力杆的接触，并重新设定各百分表读数的零位，开始后续试验。而若进行的是固结不排水或固结排水试验，不仅要在固结前，抬升试样一次，固结结束以后，由于试样发生体变，轴向尺寸变短，还需进一步抬升基座，使试样帽与传力杆再次接触，并使各百分表有接触变化。且应测记固结结束后从抬升试样，到与传力杆接触过程中，位移百分表的读数，以此作为试样在固结过程中的轴向变形。另外，也可以用固结过程中试样的排水量通过换算公式来校核轴向变形。(具体内容见数据分析)

★　三轴压缩试验中的固结过程，也可以用来测定土体的固结系数及变形、孔压随时间变化关系，而此时试样上下的两个排水管，只能一路排水，而另一路封闭连接孔压传感器，以测定孔压随时间的变化。

★　若为不等向固结，则应在等压固结以后，再逐级增加轴向压力固结，以防止试样产生过大变形。偏压固结的稳定标准为，5min 内试样轴向变形不超过 0.005mm。

（5）测记完成后，开动电动机，接通离合器，对试样进行轴向加压，速率一般为黏性土轴向应变 0.05%/min～0.1%/min，粉土轴向应变 0.1%/min～0.5%/min，试样每产生 0.3%～0.4% 的轴向应变时（或 0.2～0.3mm 的位移值），测记一次位移百分表、量力环百分表和孔隙水压力的读数；当轴向应变大于 3% 时，每产生 0.7%～0.8% 的轴向应变时（或 0.5mm 的位移值），测记一次读数；若加载过程中，量力环百分表读数出现峰值，则轴向应变增加到 15% 时停止试验，否则轴向应变需增加到 20% 方能停止试验。

（6）完成剪切后，亦按照不固结不排水试验的第（5）步卸除试样，进行数据分析。

7. 固结排水试验

（1）剪切前的过程与固结不排水试验完全相同，参见固结不排水试验的步骤（1）～（3）。

（2）剪切过程中，由于是排水，因此在剪切前，不必关闭排水阀门，同时要改变剪切的速率，控制轴向应变增加的速率为 0.003%/min～0.012%/min；另外，必须控制单位时间内超静孔隙水压力的增量，以保证剪切过程为排水，要求即时的孔压增量不超过 0.05 倍的初始围压。试样每产生 0.3%～0.4% 的轴向应变时（或 0.2～0.3mm 的位移值），测记一次位移百分表、量力环百分表和孔隙水压力的读数。当轴向应变大于 3% 时，每产生 0.7%～0.8% 的轴向应变时（或 0.5mm 的位移值），测记一次读数，若加载过程中，量力环百分表读数出现峰值，则轴向应变增加到 15% 时停止试验，否则轴向应变需增加到 20% 方能停止试验。

五、数据分析

1. 不固结不排水试验

试验相关的记录内容如表 7-3 所示，具体还需按以下步骤，分步进行数据处理分析。

表 7-3　三轴剪切试验数据记录表（UU 和 CU）

工程名称：＿＿＿＿＿＿　　　　试验者：＿＿＿＿＿＿

土样编号：＿＿＿＿＿＿　　　　计算者：＿＿＿＿＿＿

试验日期：＿＿＿＿＿＿　　　　校核者：＿＿＿＿＿＿

第一组					第二组					第三组				
初始固结应力 σ_0 /kPa	围压 σ_3 /kPa	围压增量 $\Delta\sigma_3$ /kPa	$\Delta\sigma_3$ 产生孔压 u_1 /kPa	孔压系数 B	初始固结应力 σ_0 /kPa	围压 σ_3 /kPa	围压增量 $\Delta\sigma_3$ /kPa	$\Delta\sigma_3$ 产生孔压 u_1 /kPa	孔压系数 B	初始固结应力 σ_0 /kPa	围压 σ_3 /kPa	围压增量 $\Delta\sigma_3$ /kPa	$\Delta\sigma_3$ 产生孔压 u_1 /kPa	孔压系数 B

轴向变形 $\Sigma\Delta h$/mm	轴向应变 ε_1/%	测力计读数 R/0.01mm	即时横截面积 A_a /cm^2	轴压增量 $\Delta\sigma_1$ /kPa	孔压 u_2/kPa	轴向变形 $\Sigma\Delta h$/mm	轴向应变 ε_1/%	测力计读数 R/0.01mm	即时横截面积 A_a /cm^2	轴压增量 $\Delta\sigma_1$ /kPa	孔压 u_2/kPa	轴向变形 $\Sigma\Delta h$/mm	轴向应变 ε_1/%	测力计读数 R/0.01mm	即时横截面积 A_a /cm^2	轴压增量 $\Delta\sigma_1$ /kPa	孔压 u_2/kPa

钢环系数 C /N·(0.01mm)$^{-1}$	破坏时轴应力增量 q/kPa	破坏时孔隙应力 u_f/kPa	钢环系数 C /N·(0.01mm)$^{-1}$	破坏时轴应力增量 q/kPa	破坏时孔隙应力 u_f/kPa	钢环系数 C /N·(0.01mm)$^{-1}$	破坏时轴应力增量 q/kPa	破坏时孔隙应力 u_f/kPa

（1）需要确定施加围压阶段和进行剪切阶段的孔隙水压力系数：

$$B = \frac{u_1}{\Delta\sigma_3} \tag{7-8}$$

$$A_f = \frac{u_f - u_1}{B(\sigma_1 - \sigma_3)} \tag{7-9}$$

式中　B——围压 σ_3 作用下的孔隙水压力系数，对于饱和土，要求大于0.95；

u_1——围压 σ_3 作用下的土体孔隙水压力增量，kPa；

A_f——土体破坏时的孔隙水压力系数；

$\Delta\sigma_3$——周围压力增量，kPa；

σ_3——周围压力，kPa；

u_f——土体破坏时的孔隙水压力增量，kPa；

σ_1——土体破坏时的大主应力，kPa。

（2）根据即时的轴向变形，计算试样的轴向应变，并计算试样剪切过程中的平均横截面面积和直径变化值：

$$\varepsilon_1 = \frac{\Sigma\Delta h}{h} \tag{7-10}$$

$$A_a = \frac{A_0}{1 - \varepsilon_1} \tag{7-11}$$

式中　ε_1——轴向应变，%；

$\Sigma\Delta h$——轴向累计变形，mm；

h——试样的初始高度，mm；

A_a——试样的校正横截面面积，cm^2；

A_0——试样的初始横截面面积，cm^2。

因此，亦可得试样即时的直径：

$$d = \frac{1}{\sqrt{1 - \varepsilon_1}} d_0 \tag{7-12}$$

式中　d——试样即时直径，mm；

d_0——试样初始直径，mm；

ε_1——试样轴向应变，%。

（3）根据换算得到的校正横截面面积 A_a 计算总主应力值和主应力差值：

$$q = \sigma_1 - \sigma_3 = \Delta\sigma_1 = \frac{CR}{A_a} \times 10 \tag{7-13}$$

式中　q——大、小主应力差，kPa；

C——测力计的刚度系数，N/0.01mm；

R——测力计位移百分表的读数，0.01mm；

10——单位换算系数。

（4）绘制大、小主应力之差与轴向应变的关系曲线，如图7-15所示，若曲线出现峰值，则将此峰值定为土体破坏点，对应峰值即为破坏莫尔圆的直径；若曲线无峰值，则取

15% 轴向应变对应点的大、小主应力之差作为破坏莫尔圆直径。

★　如果是应力控制式三轴仪，因为是按照应力步长加载，是不可能得到强度峰值的，因此只能取 15% 应变对应的主应力差作为破坏莫尔圆的直径。

（5）以剪应力为纵坐标，法向应力为横坐标，绘制土体在破坏时刻总应力状态的破坏莫尔圆，再根据不同围压级别的几个破坏莫尔圆作出强度包线，并确定相应的总应力强度指标，即内摩擦角 φ_u 和黏聚力 c_u（见图 7-16）。

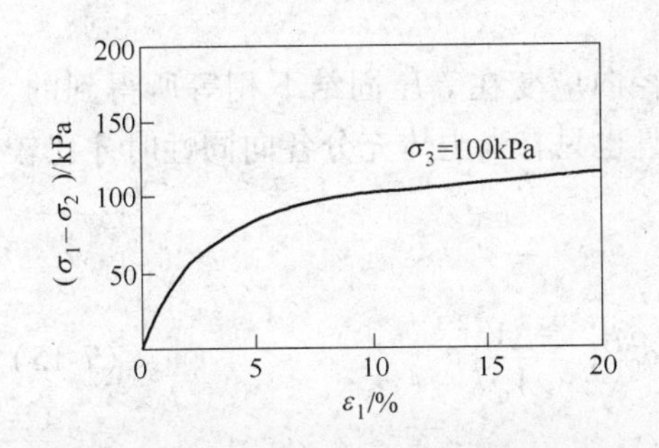

图 7-15　主应力差与轴向应变关系曲线

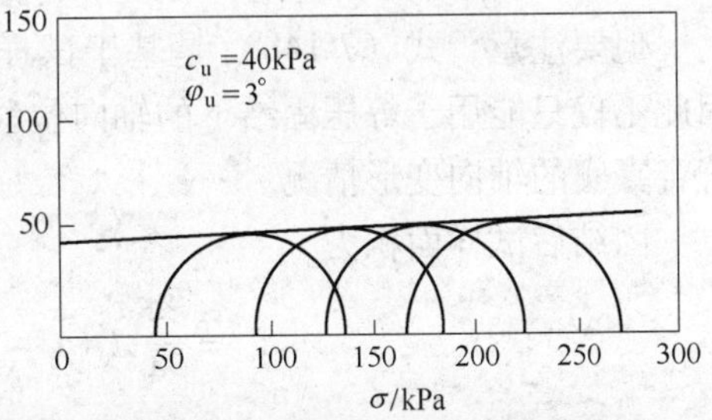

图 7-16　不固结不排水剪切强度包线

★　如前所述，对 UU 试验而言，其加载各试样的有效围压并不改变，即剪切前的有效应力状态没有改变，因此严格地说测定的只是总应力强度，而不是强度指标。

2. 固结不排水试验

相关的试验记录内容如表 7-3 和表 7-4 所示，具体可按照以下步骤，分步进行数据处理分析。

表 7-4　三轴剪切试验数据记录表（CU 和 CD）

工程名称：＿＿＿＿＿＿　　　　试验者：＿＿＿＿＿＿

土样编号：＿＿＿＿＿＿　　　　计算者：＿＿＿＿＿＿

试验日期：＿＿＿＿＿＿　　　　校核者：＿＿＿＿＿＿

试样状态				固结应力：
参　数	起　始	固结后	剪切后	
直径 D/mm				固结沉降量：
高度 H/mm				
面积 S/cm^2				固结排水量：
体积 V/cm^3				
含水率 w/%				

（1）确定固结后试样的变形。

固结后试样高度为

$$h_c = h_0(1 - \varepsilon_0) \tag{7-14a}$$

或

$$h_c = h_0\left(1 - \frac{\Delta V}{V_0}\right)^{1/3} \tag{7-14b}$$

式中　h_c——固结后试样高度，mm；

h_0——固结前试样高度，mm；

ε_0——试样固结中的竖向应变值,%；

V_0——试样初始体积，cm^3；

ΔV——固结中产生的体积变形，cm^3。

但要注意，式（7-14b）是基于试样的轴向和径向应变在等压固结下相等所得到的，因此不仅只能用于等压固结下的轴向位移计算，而且也只有当土体充分各向同性时才比较符合真实的轴向变形情况。

固结后试样面积为

$$A_c = \frac{\pi^2}{4}d_0^2(1 - \varepsilon_1)^2 = \frac{\pi^2}{4}d_0^2\left(1 - \frac{\Delta V}{V_0}\right)^{2/3} \tag{7-15}$$

式中　A_c——固结后试样面积，cm^2；

d_0——固结前试样直径，mm；

ε_1——试样固结中的竖向应变值,%；

V_0——试样初始体积，cm^3；

ΔV——固结中产生的体积变形，cm^3。

（2）确定需要的孔隙水压力系数 A_f 和 B，具体可参见不固结不排水试验中的步骤分析，即式（7-8）和式（7-9）。

（3）根据剪切过程中即时轴向变形，计算试样的轴向应变，并计算试样剪切过程中的平均横截面面积和直径变化值：

$$\varepsilon_1 = \frac{\Sigma\Delta h}{h_c} \tag{7-16}$$

$$A_a = \frac{A_c}{1 - \varepsilon_1} \tag{7-17}$$

式中　ε_1——剪切过程中产生的轴向应变,%；

$\Sigma\Delta h$——剪切过程中的累计轴向变形，cm；

h_c——试样固结后的高度，mm；

A_a——试样的校正即时横截面面积，cm^2。

因此，亦可得试样即时的直径值：

$$d = \frac{1}{\sqrt{1 - \varepsilon_1}}d_c \tag{7-18}$$

$$d_c = 2\sqrt{\frac{V_0 - V_c}{\pi h_0(1 - \varepsilon_1)}} \tag{7-19}$$

式中　ε_1——剪切过程中产生的轴向应变,%；

d_c——试样固结后的平均直径，mm；

h_0——试样固结前的高度，mm；

V_c——试样固结后的体积，cm^3；

V_0——试样固结前的体积，cm^3。

（4）根据换算得到的校正横截面面积 A_a 计算总主应力值和主应力差值：

$$q = \sigma_1 - \sigma_3 = \frac{CR}{A_a} \times 10 \tag{7-20}$$

式中　q——大、小主应力差，kPa；

C——测力计的刚度系数，N/0.01mm；

R——测力计位移百分表的读数，0.01mm；

10——单位换算系数。

（5）根据即时总主应力和孔隙水压力值，计算有效主应力值：

$$\sigma_1' = \sigma_1 - u \tag{7-21}$$

$$\sigma_3' = \sigma_3 - u \tag{7-22}$$

$$\frac{\sigma_1'}{\sigma_3'} = 1 + \frac{\sigma_1' - \sigma_3'}{\sigma_3'} \tag{7-23}$$

式中　σ_1'——即时有效大主应力，kPa；

σ_3'——即时有效小主应力，kPa；

u——即时孔压，kPa。

（6）绘制主应力差值和轴向应变的关系曲线，如图 7-15 所示，如果曲线有峰值，则将此峰值定为土体破坏点，对应峰值即为破坏莫尔圆的直径；若无峰值，则取 15% 轴向应变对应点的主应力差值作为破坏莫尔圆直径。

（7）计算有效主应力比，并以之为纵坐标，绘制有效主应力比和轴向应变的关系曲线，如图 7-17 所示。

（8）以孔隙水压力为纵坐标，轴向应变为横坐标，绘制孔隙水压力和轴向应变的关系曲线，如图 7-18 所示。

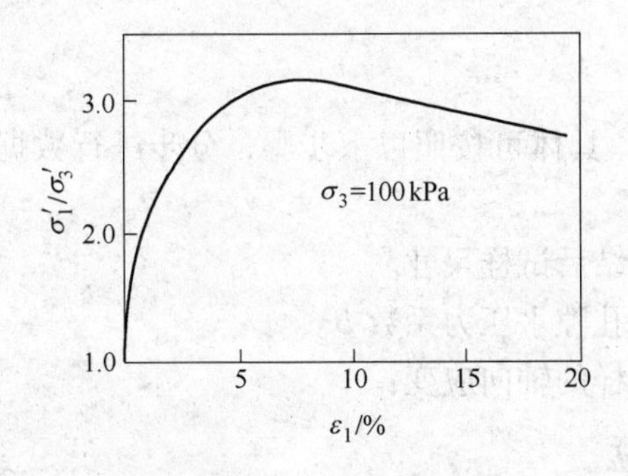

图 7-17　有效主应力比与轴向应变关系曲线

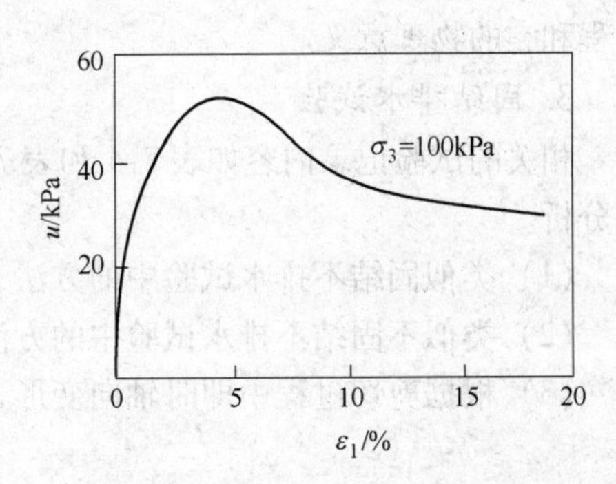

图 7-18　孔隙水压力和轴向应变的关系曲线

（9）以剪应力为纵坐标，法向应力为横坐标，绘制土体在破坏时刻，总应力状态和有效应力状态的破坏莫尔圆，再根据不同围压级别的几个破坏莫尔圆作出总应力和有效应力强度包线，并确定相应的总应力强度指标（内摩擦角 φ_{cu}和黏聚力 c_{cu}）和有效应力强度指标（内摩擦角 φ'和黏聚力 c'），如图 7-19 所示。

（10）此外，还可按照应力路径法来确定有效应力强度指标。具体方法为，如图 7-20 所示，以大、小主应力之差的二分之一为纵坐标，大、小有效主应力之和的二分之一为横坐标，绘制剪切过程中即时有效应力状态，即建立即时大、小主应力之差的半值和大、小有效主应力之和的半值的关系曲线。根据图 7-20 所示的特征，按下式确定土体的有效应力强度指标：

$$\varphi' = \arcsin(\tan\alpha) \tag{7-24}$$

$$c' = \frac{d}{\cos\varphi'} \tag{7-25}$$

式中　φ'——有效内摩擦角，(°)；

α——应力路径图中破坏点连线的倾角，(°)；

c'——有效黏聚力，kPa；

d——应力路径上破坏点连线在纵轴上的截距，kPa。

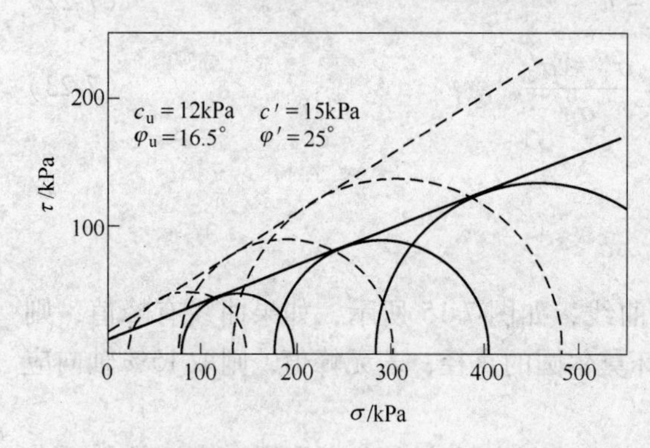

图 7-19　CU 试验总应力和有效应力强度包络图

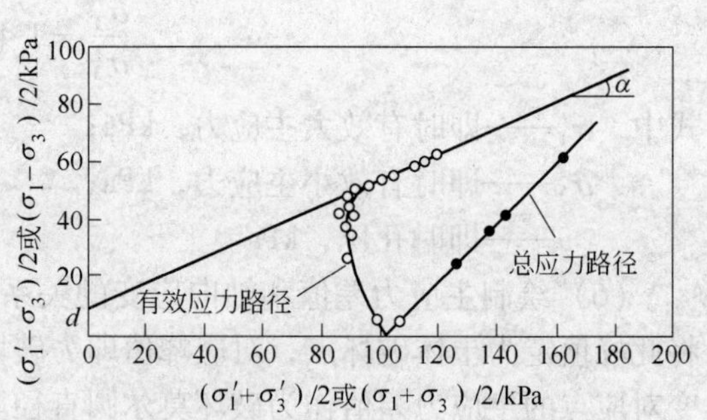

图 7-20　CU 试验机器内过程应力路径图

该方法能够反映剪切过程中有效应力路径变化，可以较好地反映试样在剪切过程中的剪胀性，并能看出土体超固结程度。根据应力路径所出现的特征点，有助于分析土体破坏过程和它的物理意义。

3. 固结排水试验

相关的试验记录内容如表 7-4 和表 7-5 所示，具体可按照以下步骤，分步进行数据处理分析。

（1）类似固结不排水试验中的方法，确定固结后试样尺寸。

（2）类似不固结不排水试验中的方法，确定孔隙水压力系数 B。

（3）根据剪切过程中即时轴向变形，计算试样的轴向应变：

$$\varepsilon_1 = \frac{\Sigma\Delta h}{h_c} \tag{7-26}$$

式中　ε_1——剪切过程中产生的轴向应变，%；

$\Sigma\Delta h$——剪切过程中的轴向变形，mm。

表 7-5　三轴剪切试验数据记录表（CD）

工程名称：＿＿＿＿＿＿　　　　试验者：＿＿＿＿＿＿

土样编号：＿＿＿＿＿＿　　　　计算者：＿＿＿＿＿＿

试验日期：＿＿＿＿＿＿　　　　校核者：＿＿＿＿＿＿

第一组					第二组					第三组				
围压 σ_3/kPa	固结排水量 /cm^3	固结压缩量 /mm	固结后高度 h_c /mm	固结后面积 A_c /mm^2	围压 σ_3 /kPa	固结排水量 /cm^3	固结压缩量 /mm	固结后高度 h_c /mm	固结后面积 A_c /mm^2	围压 σ_3 /kPa	固结排水量 /cm^3	固结压缩量 /mm	固结后高度 h_c /mm	固结后面积 A_c /mm^2

轴向变形 $\Sigma\Delta h$/mm	轴向应变 ε_1/%	测力计读数 R/0.01mm	横截面积 A_a/cm^2	轴压增量 q/kPa	排水管读数 /cm^3	排水量 /cm^3	轴向变形 $\Sigma\Delta h$/mm	轴向应变 ε_1/%	测力计读数 R/0.01mm	横截面积 A_a/cm^2	轴压增量 q/kPa	排水管读数 /cm^3	排水量 /cm^3	轴向变形 $\Sigma\Delta h$/mm	轴向应变 ε_1/%	测力计读数 R/0.01mm	横截面积 A_a/cm^2	轴压增量 q/kPa	排水管读数 /cm^3	排水量 /cm^3

钢环系数 C /N·(0.01mm)$^{-1}$	破坏时轴应力增量 q_f/kPa	破坏时孔隙应力 u_f/kPa	钢环系数 C /N·(0.01mm)$^{-1}$	破坏时轴应力增量 q_f/kPa	破坏时孔隙应力 u_f/kPa	钢环系数 C /N·(0.01mm)$^{-1}$	破坏时轴应力增量 q_f/kPa	破坏时孔隙应力 u_f/kPa

根据试样的即时排水体积，计算试样剪切过程中的平均横截面面积和直径变化值：

$$A_a = \frac{V_c - \Sigma\Delta V_i}{h_c - \Sigma\Delta h_i} \tag{7-27a}$$

$$d_a = \sqrt{\frac{4A_a}{\pi}} \tag{7-27b}$$

式中　A_a——试样固结后的平均横截面面积，cm^2；
V_c——试样固结后的体积，cm^3；
$\Sigma\Delta V_i$——试样剪切过程中即时的累计体积变化，cm^3；
$\Sigma\Delta h_i$——试样剪切过程中即时的累计高度变化，mm；
d_a——试样固结后的直径，mm。

（4）类似固结不排水试验中的方法，根据即时横截面面积来计算总主应力值和主应力差值：

$$q = \sigma_1 - \sigma_3 = \frac{CR}{A_a} \times 10 \tag{7-28}$$

式中　q——大、小主应力差，kPa；
C——测力计的刚度系数，N/0.01mm；
R——测力计位移百分表的读数，0.01mm；
A_a——试样固结后的平均横截面面积，cm^2。

（5）绘制大、小主应力之差和轴向应变的关系曲线，如图7-15所示，如果曲线出现峰值，则将此峰值定为土体破坏点，对应峰值即为破坏莫尔圆的直径；若曲线无峰值，则取15%轴向应变对应点的大、小主应力之差作为破坏点。

（6）计算大、小有效主应力比，以之为纵坐标，绘制大、小有效主应力比和轴向应变的关系曲线，如图7-17所示。

（7）以剪应力为纵坐标，法向应力为横坐标，绘制土体在破坏时刻有效应力状态的破坏莫尔圆。再根据不同围压级别的几个破坏莫尔圆作出有效应力强度包线，并确定相应的有效应力强度指标，即内摩擦角 φ' 和黏聚力 c'（见图7-19）。

（8）如果强度包线没有规律，难以根据破坏应力圆的公切线来确定强度指标，可参考固结不排水试验数据分析第（10）步之法，按照应力路径法来确定有效应力强度指标。

★　固结排水试验，得到的有效应力指标与总应力下的有效应力指标基本相同，因此可采用固结不排水试验结果替代前者，以节省试验时间，但固结不排水试验若进行有效应力状态评价，孔压测定的精度要求较高，且孔压测点只是在试样的底部，其并不能完全反映试样全局的孔压变化，特别对渗透系数差的软黏土而言，此时利用孔压结果换算得到的有效应力状态可能与真实综合情况有一定的偏差，故固结排水得到的有效应力强度指标在有条件的情况下，还是应直接测得。

六、非常规三轴试验类型简介

1. 高压三轴试验

随着高层和超高层建筑物、数百米级的大坝、采矿工程中深部岩土体开挖等重大工程的不断出现，对于工况中高压环境下土体性状的评价变得至关重要。而普通三轴设备因不能提供足够的压力而无法模拟上述的高压工况，从而无从评价此时土体的破坏性状，为此在岩土工程测试领域研发了高压三轴仪。高压三轴仪的大体结构与常规三轴仪近似，其主要特点是施加的围压和轴压很大（可达十几甚至几十兆帕），适用的对象也从一般细粒土的模拟衍生到粗粒土甚至堆石料。

因此，较之常规三轴仪，高压三轴试验的试样与整体设备的尺寸都要大得多（国内外比较共识的观点是以直径300mm，高度600～700mm为宜，同时要考虑试样直径应为试样中最大颗粒粒径的5倍以上，长径比在2～2.5左右），而压力室多采用固定式结构。高压三轴仪的压力室承受压力高，多采用优质钢材构造，同时为便于安装试样时轴线对中以及剪切过程中的观察，在压力室侧壁互为120°方向的上半部位开设三个观测孔，并嵌入耐压密封性好的透明材料。加压方式上一般采用油压加压和稳压系统控制千斤顶，分级直接施加轴向压力。而围压控制装置，有气水交换压力装置和油水交换压力装置，前者施加压力的范围一般在3MPa范围内，后者可以达到7MPa以上，且反应灵敏、精度高、稳定效果好。

2. 真三轴试验

当要研究土体在三个方向的主应力都发生变化时的特性时，常规三轴试验则显得无能为力。为使三轴试验模拟土体破坏时的强度更接近实际情况，可采用真三轴试验来模拟土体破坏。真三轴试验试样为立方体，从三个方向分别施加主应力 σ_1、σ_2 和 σ_3，相应可测得三个方向的主应变。三个主应力可以任意组合，因而能够得出任意应力状态下的三个方向应力-应变关系。而试验中的主体设备为真三轴仪，按其加荷方式可分为刚性板式、柔性橡皮囊式和混合式三种。而从设备结构来看可以分为改造的真三轴仪和盒式的真三轴仪。真三轴仪的构造与使用都较复杂，目前多用于研究性试验。

图7-21所示为河海大学研制的真三轴仪，竖向荷载 F_1 由试样和传力块共同承担，但

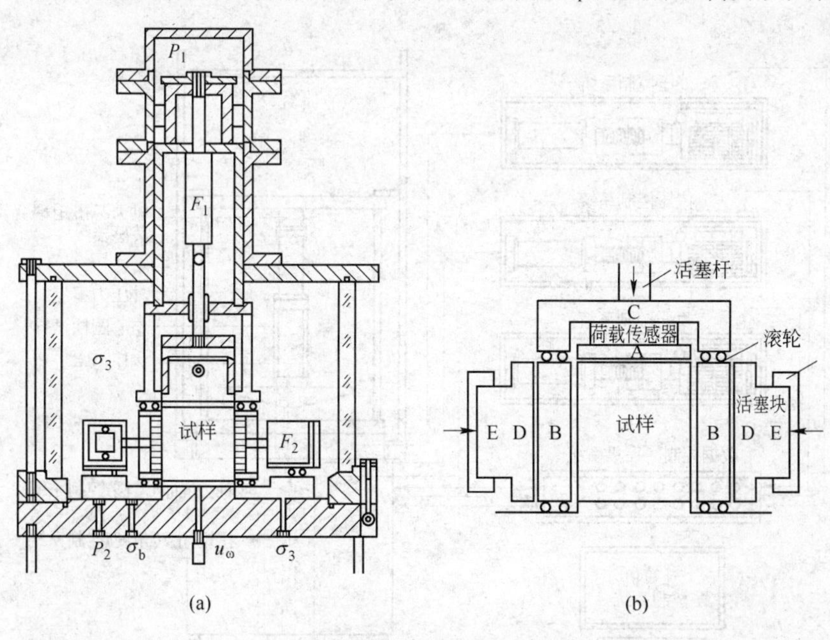

图7-21　河海大学真三轴仪示意图

（a）整体结构；（b）试样加荷示意图

荷载传感器只量测试样上的荷载，从而可算得大主应力 σ_1。中主应力 σ_2 方向的传力块 B 是由多层金属板与橡皮相间复合而成。该传力块在竖向可与试样同步压缩，而在 σ_2 方向依靠金属传力板保持刚性。此外传力块 B 上、下有滚轮，可适应试样在 σ_2 向的变形。σ_2 方向的加荷板不用预留空隙，可使 σ_2 作用均匀，且试样自始至终规整。小主应力 σ_3 则用气压施加。

3. 空心圆柱试验

以空心圆柱试样为试验对象的室内土工试验，其主体设备为空心圆柱仪。该设备通过同时、独立地对空心圆柱试样施加轴力 W 和扭矩 M_T 以及内围压 p_i、外围压 p_o 变载，如图 7-22（a）所示，从而使空心圆柱试样薄壁单元体上所受应力状态，在主应力幅值改变的同时，还发生大主应力 σ_1（小 σ_3）方向在垂直于中主应力 σ_2 的固定平面中连续旋转的复杂应力路径（见图 7-22（b））。

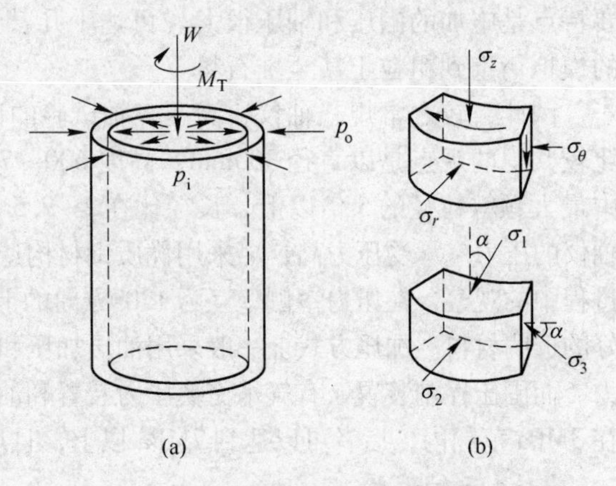

图 7-22　空心圆柱试样及单元体受力示意图

图 7-23 所示的是浙江大学空心圆柱仪的结构示意图。空心圆柱仪是目前国际上研究主应力轴旋转应力路径对土体性状影响以及土的各向异性较为理想的试验设备，但目前大多数设备仅能在静力条件下，实现四个加载参数的独立控制，而在中高频的循环变载过程中，内、外围压一般只能固定为恒定值，仅由轴力和扭矩实现耦合或独立的动力加载。该种实验设备价格高昂，试验操作复杂，目前暂难全面推广。

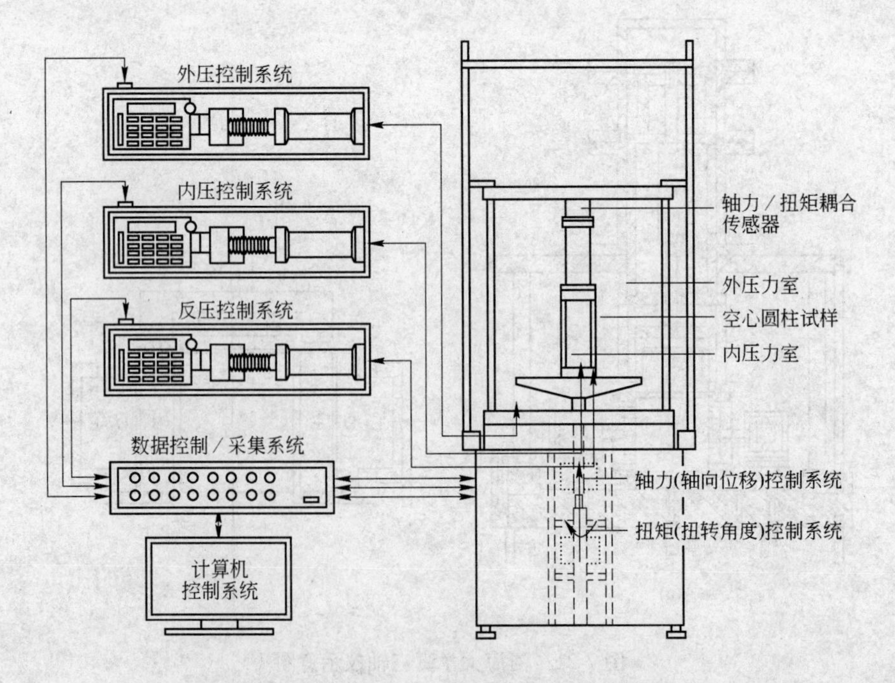

图 7-23　浙江大学空心圆柱仪结构示意图

第四节　无侧限抗压强度试验

一、试验目的

无侧限抗压强度试验，是测定岩土试样在无侧向压力情况下抵抗轴向压力能力的试验。而从本质上说，土体的破坏仍是剪切破坏，该实验条件下所反映的抗剪强度（名义上的抗压强度）可通过土体破坏时刻莫尔圆半径的大小来表示。另外，由于土体一般在原位都有初始有效围压应力场，因此该试验并不能模拟土体的原位应力条件，但其揭示的强度特征，一定意义上反映了岩土材料的结构强度，更主要的是可以揭示土的灵敏度特性（所谓灵敏度就是原状土与重塑土的无侧限抗压强度之比）。

无侧限抗压强度试验一般只在黏性土中进行。

二、试验原理

无侧限抗压强度试验，从本质上说，是三轴压缩试验中不固结不排水剪切类型中侧向压力为零的特例试验。也正因为如此，对于同一种土只能得到一个破坏莫尔圆，只能测定用莫尔圆半径反映的土体强度和灵敏度，而无法揭示土体的强度指标特征。

三、试验设备

1. 应变控制式无侧限抗压强度试验压缩仪，如图7-24所示。此外，该试验也可以在应变控制式的三轴仪上进行。

2. 位移百分表：量程 10mm，最小分度值0.01mm。

3. 切土器：参见三轴试验制样装置。

4. 重塑对开筒：内径39.1mm，高80mm。

5. 天平：称量1000g、最小分度值0.1g。

6. 秒表、钢丝锯、铜垫板、直尺、卡尺、切土刀、塑料薄膜及凡士林等。

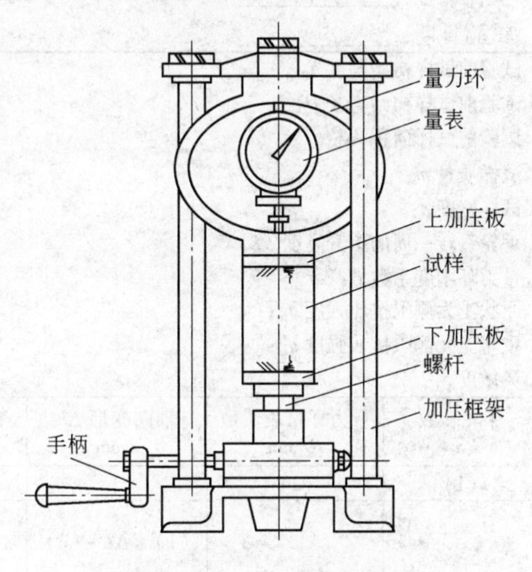

图7-24　应变控制式无侧限抗压强度试验压缩仪

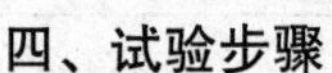

四、试验步骤

（1）制样。

1）原状黏土制样：参考三轴压缩试验中的制样部分制备成型。

2）重塑黏土制样：一般为测定灵敏度时所用。将试验破坏后的试样刮除表面凡士林，再添少量余土，放置在塑料袋中充分扰动。然后将土倒入专用重塑筒中进行定型。

（2）称量。将制备好的黏土试样，放置在天平上称重，并测定试样的高度与上、中、下部位的直径。并用余土测定试样的含水率。

（3）安装试样。在试样的两端涂抹少量凡士林，将其安置在无侧限压缩仪底座的加压板上，转动手轮，抬升底座，使土样上下两端加压板恰好与土样接触，使测力计百分表开始有读数为止，设定此时百分表读数为零。

（4）加载。匀速转动手柄，抬升试样底座，使轴向应变的开展控制在1% min～3%/min的速度，一般在8～10min内完成试样剪切。

（5）记录读数。剪切过程中，当轴向应变小于3%时，每增加0.5%轴向应变，测记测力百分表和位移百分表读数一次，当轴向应变大于3%时，每增加1%轴向应变，测记测力百分表和位移百分表读数一次，直至轴向应变达到20%，停止试验。

（6）卸除试样。转动手柄，将试样底座降下，取出试样，记录试样破坏后的形状和滑动面倾角。

（7）灵敏度测定。如要测定土体灵敏度,将原状土去除凡士林后,添加少量同批次未试验原状土,放在塑料袋中充分扰动,搅拌。再称量出与原状样相同质量土样,倒入重塑筒中,按照重塑样的制样方法击实,制成和原状样同尺寸的试样,按照上述步骤(3)～(6) 进行试验。

五、数据分析

试验相关记录内容如表7-6所示，具体还需按以下步骤，分步进行数据处理分析。

表7-6　无侧限抗压强度试验记录表

工程名称：＿＿＿＿＿＿　　试验者：＿＿＿＿＿＿
土样编号：＿＿＿＿＿＿　　计算者：＿＿＿＿＿＿
试验日期：＿＿＿＿＿＿　　校核者：＿＿＿＿＿＿

<table>
<tr><td colspan="6">试验前试样初始高度 h_0：
试验前试样初始直径 D_0：
试验前试样面积 A_0：
试样质量 m：
试样密度 ρ：
手轮每转一周的抬升高度 ΔL：
量力环刚度系数 C：
原状土无侧限抗压强度 q_u：
重塑土无侧限抗压强度 q'_u：
灵敏度 S_t：</td><td>试样破坏情况</td></tr>
<tr><td>手轮转数
n</td><td>量力环量表读数
R/mm</td><td>轴向变形 Δh
/mm</td><td>轴向应变 ε_1
/%</td><td>校正后面积 A_a
/cm²</td><td>轴向压力 P
/N</td><td>轴向应力 σ
/kPa</td></tr>
<tr><td>(1)</td><td>(2)</td><td>(3)</td><td>(4)</td><td>(5)</td><td>(6)</td><td>(7)</td></tr>
<tr><td></td><td></td><td>$(1)\times\Delta L-(2)$</td><td>$\frac{(3)}{h_0}$</td><td>$\frac{A_0}{1-(4)}$</td><td>$C\times(2)$</td><td>$\frac{(6)}{(5)}\times 10$</td></tr>
<tr><td></td><td></td><td></td><td></td><td></td><td></td><td></td></tr>
<tr><td></td><td></td><td></td><td></td><td></td><td></td><td></td></tr>
<tr><td></td><td></td><td></td><td></td><td></td><td></td><td></td></tr>
<tr><td></td><td></td><td></td><td></td><td></td><td></td><td></td></tr>
<tr><td></td><td></td><td></td><td></td><td></td><td></td><td></td></tr>
<tr><td></td><td></td><td></td><td></td><td></td><td></td><td></td></tr>
<tr><td></td><td></td><td></td><td></td><td></td><td></td><td></td></tr>
<tr><td></td><td></td><td></td><td></td><td></td><td></td><td></td></tr>
<tr><td></td><td></td><td></td><td></td><td></td><td></td><td></td></tr>
<tr><td></td><td></td><td></td><td></td><td></td><td></td><td></td></tr>
<tr><td></td><td></td><td></td><td></td><td></td><td></td><td></td></tr>
<tr><td></td><td></td><td></td><td></td><td></td><td></td><td></td></tr>
<tr><td></td><td></td><td></td><td></td><td></td><td></td><td></td></tr>
<tr><td></td><td></td><td></td><td></td><td></td><td></td><td></td></tr>
<tr><td></td><td></td><td></td><td></td><td></td><td></td><td></td></tr>
</table>

（1）计算试样在试验前的平均直径 D_0 和初始面积 A_0：

$$D_0 = \frac{D_1 + 2D_2 + D_3}{4} \tag{7-29}$$

式中　D_0——试样平均直径，mm；
D_1，D_2，D_3——试样上、中、下部位的直径，mm。

$$A_0 = \frac{\pi D_0^2}{4} \tag{7-30}$$

（2）计算试样的轴向应变 ε_1：

$$\varepsilon_1 = \frac{\Delta h}{h_0} \tag{7-31a}$$

$$\Delta h = n\Delta L - R \tag{7-31b}$$

式中　ε_1——轴向应变，%；
h_0——试验前试样的高度，mm；
Δh——试样轴向变形，mm；
n——手轮转数；
ΔL——手轮转一周对应的下加压板抬升的高度，mm；
R——量力环的百分表读数，0.01mm（或 mV）。

（3）计算试样平均横截面积 A_a：

$$A_a = \frac{A_0}{1 - \varepsilon_1} \tag{7-32}$$

式中　A_a——校正后的试样平均横截面积，cm^2；
A_0——试验前试样面积，cm^2；
ε_1——轴向应变，%。

（4）计算试样即时轴向应力 σ：

$$\sigma = \frac{CR}{A_a} \times 10 \tag{7-33}$$

式中　σ——轴向应力，kPa；
C——测力计率定系数，N/0.01mm（或 N/mV）；
R——量力环的百分表读数，0.01mm（或 mV）。

（5）以轴向应力为纵坐标，轴向应变为横坐标，绘制类似图 7-25 所示的应力-应变关系曲线。若曲线出现峰值，取峰值轴向应力为无侧限抗压强度 q_u，若未出现峰值，则可取轴向应变 15% 处的轴向应力为无侧限抗压强度。

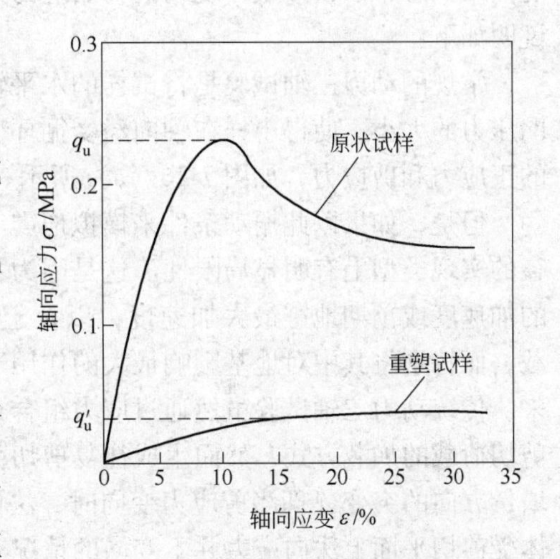

图 7-25　无侧限抗压强度试验轴向应力-应变关系曲线示意图

（6）计算灵敏度：

$$S_t = \frac{q_u}{q'_u} \tag{7-34}$$

式中　S_t——灵敏度；

q_u——原状土无侧限抗压强度值，kPa；

q'_u——重塑土无侧限抗压强度值，kPa。

第五节　动力三轴试验

一、试验目的

动力三轴试验（简称动三轴试验）是在静力三轴试验基础上发展起来，通过在一定频率下循环改变一个或者几个主应力方向上的幅值来测定土体动态反应的试验。其内容从适应土体的应变范围而言，分较大和较小两类应变范围下的强度和变形参数测定。其中，大应变范围内测定的，主要是土体的动强度、动应力-应变之间的关系、孔隙水压力随振动次数变化规律，以及研究土体因固结比、密实度、土粒组成等的差异而呈现的不同破坏形式等；小应变范围内所测定的，一般为土体的动弹性模量、动剪切模量、阻尼比等。因此，从测定内容上而言，动力三轴试验较之静力三轴试验要更复杂，包括了土体强度和变形等多方面测试内容，但为便于与静力三轴试验对比，才将其归属在本章土的强度试验中予以介绍。

二、试验原理

1. 基本应力路径加载特征

土的动力三轴试验在设备构成原理上，与静力三轴相似，轴力可施加偏压。而改良的动力三轴仪器，还可在试样顶部嵌固一个顶盖，从而对试样施加偏拉力。在静力或动力条件下轴力都可实现变载。因此，动力三轴试验中，试样在动力剪切前，可处于等压或偏压的固结状态，以模拟土体现场的初始应力条件。而动应力施加阶段所模拟的应力状态特征说明如下：

常规的动力三轴试验是将试样的水平轴向应力保持恒定，而通过周期性地改变竖向轴向压力的大小，使得土样在轴向经受循环变化的大主应力，进而在土样内部产生循环变化的正应力和剪应力，如图7-26（a）所示。

但是，如果以此振动条件来模拟地震等典型振动荷载对土体性状的影响，其在应力路径的实现类型上有明显局限性。这是因为，模拟地震的方法，是根据与地震基本烈度相当的加速度或预期地震最大加速度，以及土层自重和建筑物附加质量换算得到的相当动荷载，而特别将其中对地基影响最大的作用于某个剪切面上的往复剪切荷载在试验中模拟出来。传统动力三轴试验虽然通过应力组合，在与主应力成45°夹角面上实现了类似的往复剪切荷载的加载方式，然而生成往复剪切荷载的代价是在该循环剪切面上会发生法向应力增量方向的突变（即当剪应力变向时，法向应力增量也相应变向），这与实际情况中，土体受剪切平面上法向应力并不变向的情况有较大差别。

目前，在国内外一些科研院校已经开始应用的双向振动仪可以克服上述缺陷。如图7-26（b）所示，在动力变载过程中，同时改变轴向和围压的大小，从而保证在与主应力

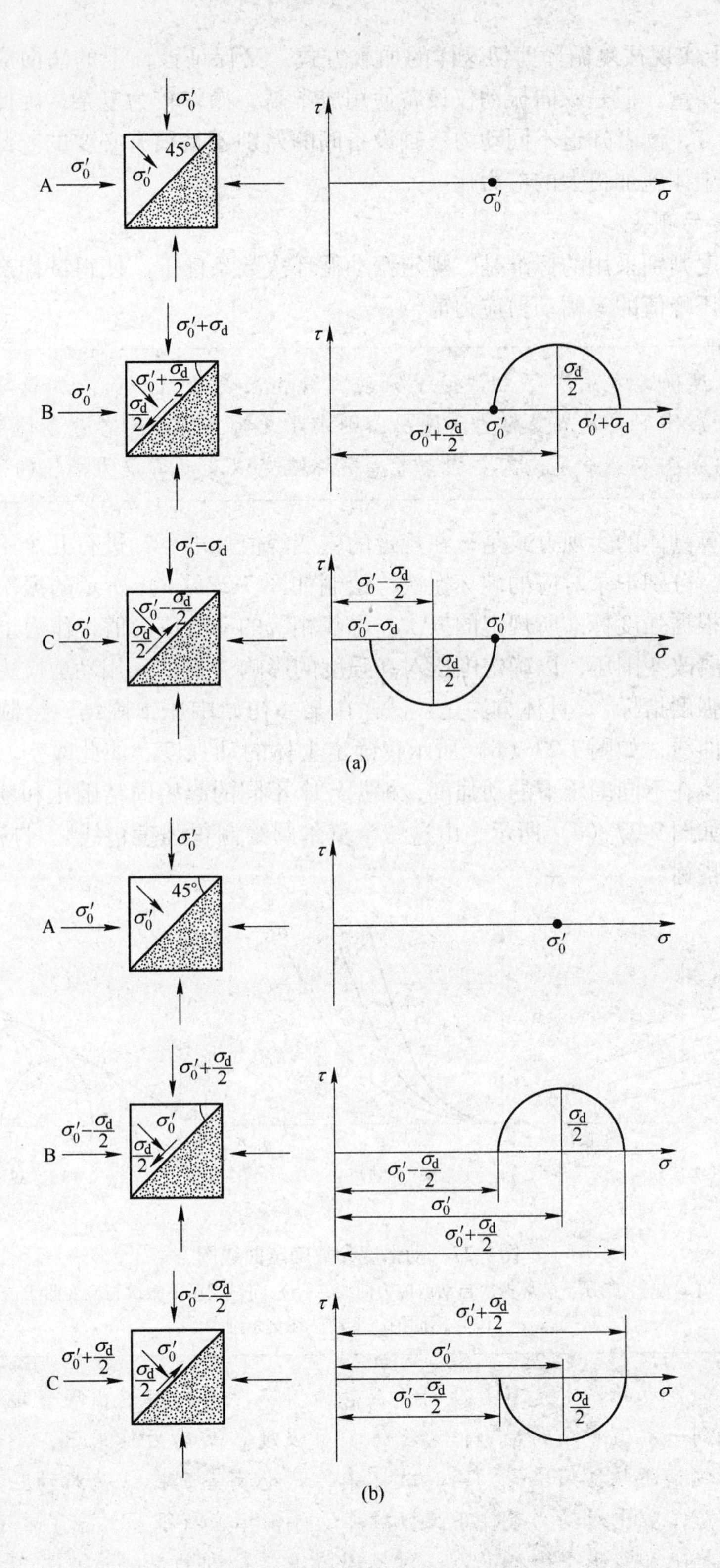

图 7-26　振动时土体内部的应力状态

（a）单向振动应力状态；（b）双向振动应力状态

成45°夹角面上实现往复循环剪切这样的加载方式，又保证该面上的法向应力不变，即不产生法向应力增量。但是双向振动仪设备使用成本高，操作较为复杂，因此推广不利，但就变载原理而言，读者知道不同动力三轴设备间的差别还是很有必要的。此外，通过双向振动仪还可对土体施加更大的应力比。

2. 动强度的测定

传统动强度判别采用的标准是，规定振动循环次数条件下，使得试样产生规定破坏应变或者破坏孔压峰值的等幅动剪应力值。

> ★　上述动强度确定方法实际上预定了振动次数和应变峰值。如果加载路径并非单调，例如动力条件下同时改变轴力和围压，则由于此时土体应变各分量均可能发生变化，剪应力构成也不单一，就需要综合考虑破坏应变以及动剪应力幅值的选取。

动强度计算具体的实现方式是，在规定的应变峰值标准下，进行几个不同动剪应力幅值的破坏试验，分别记录对应的破坏振次，绘制如图7-27（a）所示的振次与动剪应力的关系曲线。再根据强度标准所规定的振次，寻找相应的动剪应力值，作为土体的动强度。

此外，还要改变围压，以确定围压对动强度的影响（例如采用动剪应力比的归一化曲线得到动抗剪强度指标）。具体方法是：试样在某一初始围压下固结，绘制该围压下振次与应变的关系曲线，如图7-27（b）所示，确定土体的动强度。如此改变三次围压，用同样方法确定土体在不同围压下的动强度，根据三个不同的起始固结围压和动强度做三个破坏动莫尔圆，如图7-27（c）所示，由这三个莫尔圆绘制得强度包线，对应的参数即为动三轴强度参数指标。

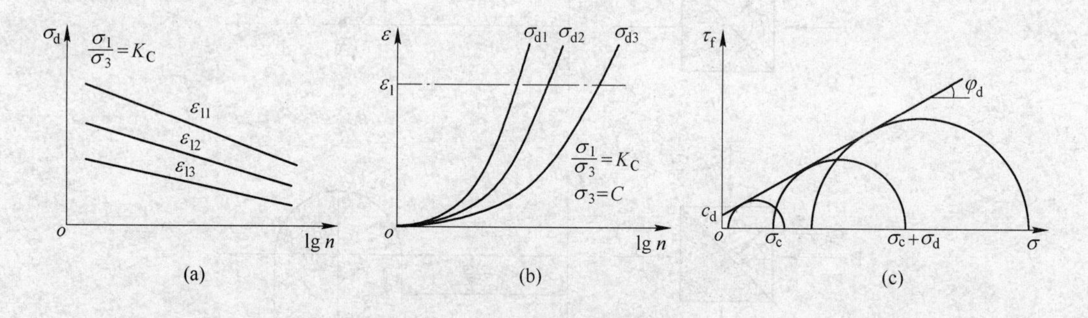

图7-27　动强度参数确定曲线图

（a）同一围压下破坏振次与动剪应力曲线；（b）同一围压下振次与应变曲线；

（c）不同围压下动破坏莫尔圆

> ★　动强度与静强度的界定是有差别的。在静力情况下，一般以出现峰值剪切应力，或是应变达到一定值对应的应力作为土体抗剪强度。而动力作用下，影响土体破坏因素很多，例如还包括频率等，同时破坏的性状也有差别，这就对动强度的判定提出不同要求。工程中对动力条件下土体破坏的评价标准有很多，除了常用的应变标准，还有孔压标准和极限平衡标准等，对不同标准，得到的动强度也是不同的，读者应引起注意。

3. 动弹性模量和动剪切模量的测定

土的动模量是土动力学特性的首要参数，是土层地震反应分析中必备的动力参数，也是场地地震安全性评价中必不可少的内容。

动弹性模量 E_d 定义为动应力 σ_d 与动应变 ε_d 的比值，如式（7-35）所示，反映了土体在周期荷载作用下弹性变形阶段动应力-动应变关系：

$$E_d = \frac{\sigma_d}{\varepsilon_d} \tag{7-35}$$

式中　E_d——动弹性模量，MPa；

σ_d——动应力，kPa；

ε_d——动应变，%。

对于具有一定黏滞性和塑性的土体，动弹性模量还受到很多外界因素的影响，如主应力幅值、主应力比以及初始的固结条件和固结度等。

为使所测量的动弹性模量具有与其定义相对应的物理条件，试验可采取以下措施：

（1）试验前，先将试样在模拟现场实际应力或设计荷载下固结稳定。根据经验，对于一般黏性土及无黏性土，固结时间不少于12h。

（2）试验应在不排水条件下进行，防止试样产生塑性的固结变形。

（3）试验应从较小的应力水平开始，然后逐渐加大动应力，以求得不同动应力作用下的动应力-动应变关系。

此外，动弹性模量在较高应力下的非弹性变化，实际上也可以通过测定动弹性模量随应力水平的变化关系反映出来，同时还可以研究这些特性随着固结比、应力水平等因素条件变化的特征。

而有关动弹性模量的具体确定，由于即使在较低应力下，实际的动应力-动应变关系也不是一条单调的曲线，而是一个滞回圈。因此在实际情况中，是直接根据试验曲线，采用拟合方法来确定土体的动应力-动应变关系模型，并由此反算得到动弹性模量。例如常采用式（7-36）所示的动应力-动应变的双曲线模型来进行动弹性模量的预测分析，并得到如式（7-37）表述的式子。

$$\sigma_d = \frac{\varepsilon_d}{a + b\varepsilon_d} \tag{7-36}$$

$$E_d = \frac{1}{a + b\varepsilon_d} \tag{7-37}$$

式中　σ_d——动应力，kPa；

ε_d——动应变，%；

E_d——动弹性模量，MPa；

a，b——试验常数，MPa^{-1}。

此外，还可将式（7-37）写成如式（7-38）所示形式，这样就能建构起动弹性模量和动应力之间的线性关系，如图7-28所示，从而从图中直接确定参数 a、b 值，并最终确定 E_d 与 σ_d 的关系。

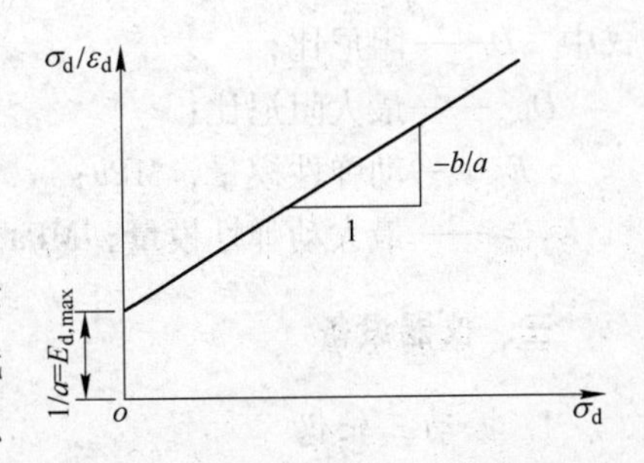

图7-28　动弹性模量与动应力关系曲线

$$E_d = \frac{1}{a} - \frac{b}{a}\sigma_d \tag{7-38}$$

动剪切模量的定义为动剪切应力与动剪切应变的比值，该参数的确定，可以通过与动弹性模量相应的关系求得：

$$G_d = \frac{E_d}{2(1+\mu)} \tag{7-39}$$

式中 G_d——动剪切模量，MPa；

E_d——动弹性模量，MPa；

μ——泊松比。

4. 阻尼比的测定

阻尼比是阻尼系数与临界阻尼系数之比，动力三轴试验中测定的阻尼比代表了每一振动周期中能量耗散的程度，又称为土的等效黏滞阻尼比。阻尼比可以用以测定土体的自振频率，在抗震分析等方面都能发挥积极作用。图7-29是阻尼比的理想化动应力-动应变滞回曲线，该曲线表明土的动应力-动应变关系受黏滞性的影响。其影响程度可用滞回圈的形状来衡量：土的黏滞性越大，环的形状就越宽厚，阻尼比也越大。

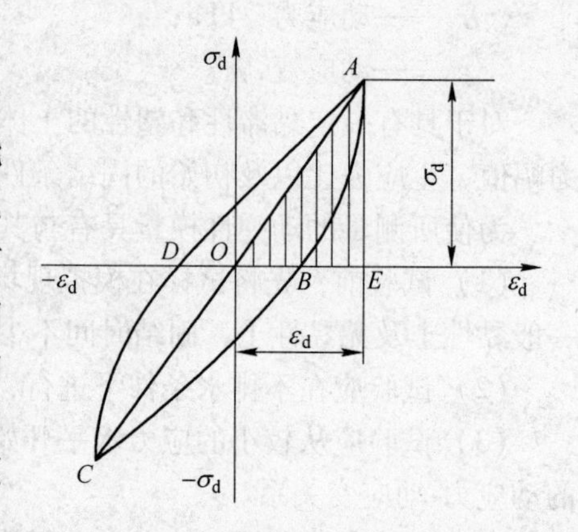

图7-29 动应力-动应变滞回圈

阻尼比可由式（7-40）计算：

$$D = \frac{1}{4\pi} \cdot \frac{A}{A_T} \tag{7-40}$$

式中 D——阻尼比；

A——滞回圈 $ABCDA$ 所包围的面积，cm^2，一般可通过分成小面积梯形叠加而得到；

A_T——三角形 AOE 的面积，cm^2。

根据滞回环随着振次增加而变化的情况，可以得到阻尼比随动弹性模量变化的关系，而阻尼比研究中所对应的振动次数，应该以试样不破坏为准，一般强震下是10~15次，机械振动，可适当增加，达50~100次。当采用动应力-动应变滞回曲线确定阻尼比时，通常采用双曲线模型，即用式（7-41）来表示阻尼比与动弹性模量的关系：

$$D = D_{max}\left(1 - \frac{E_d}{E_{d,max}}\right) \tag{7-41}$$

式中 D——阻尼比；

D_{max}——最大阻尼比；

E_d——动弹性模量，MPa；

$E_{d,max}$——最大动弹性模量，MPa。

三、仪器设备

1. 振动三轴仪

就目前国内外动力三轴设备的主流类型而言，一般为单向振动设备，而双向振动设备亦有一定规模的应用。随着试验设备发展和经济水平提高及解决复杂工程问题的需要，三向甚至四向的振动设备也在少数科研和高校单位有所使用。而由于多向振动设备成本太高，操作较为复杂，尚难广泛推广，限于篇幅，本文主要介绍在试样轴向方向施加振动的单向振动三轴仪和相关试验方法。

单向振动三轴仪，因激振类型的不同，可分为电磁式、电液伺服式、气动式和机械惯性力式四种。前三种的差异在于激振振动力的来源不同，分别是以电磁力、液压力和气压力为动力源产生等幅循环动应力的，出力较大；而机械惯性力式是通过振动台的上下运动，带动试样上的砝码产生惯性力，而对试样施加动应力，但幅值较小，且静动力互相影响，加载不精确。目前国内外使用较多的是电磁式、电液伺服式动力三轴仪。以下设备说明是以国产的电磁式振动三轴仪为例来展开的。

如图7-30所示，该设备主要分为主机、静力控制系统、动力控制系统和量测系统等。其中动力控制系统包括施加动荷载的交流稳压电源、超低频信号发生器、功率放大器等；量测系统除一般静力三轴仪需要用到的传感器外，还有动态电阻应变仪、光线记录示波器等。

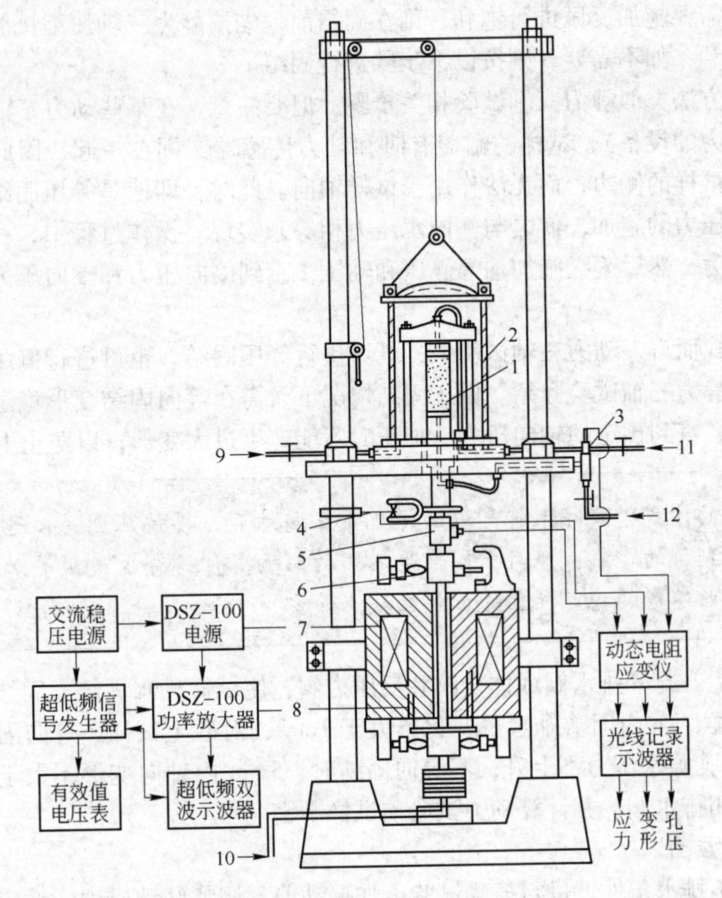

图7-30　单向电磁式振动三轴仪示意图

1—试样；2—压力室；3—孔隙压力传感器；4—变形传感器；5—拉、压力传感器；6—导轮；7—励磁线圈（定圈）；8—激振线圈（动圈）；9—接侧压力稳压罐系统；10—接垂直压力稳压罐系统；11—接反压力饱和及排水系统；12—接静孔隙压力量测系统

2. 附属设备

烘箱、天平、百分表、切土盘、切土器、切土架、饱和器、承模筒、橡皮膜、透水石、滤纸等。

四、试验步骤

1. 试样制备与饱和

动力三轴试验的基本方法与静力三轴试验相同，但其试样尺寸并不完全与静力三轴的相同，对细砂以下土样，一般是直径 39.1mm、高 80mm 和直径 50mm、高 125mm 两种，对于粗粒土还有更大尺寸。而饱和方法均可参考本章第三节静力三轴试验的相关步骤进行。

2. 试样安装

土的装样过程可参考本章第三节静力三轴试验的试样安装过程进行。

3. 试样固结

如果试样需要施加反压进行饱和，则在固结前，先按静力三轴压缩试验中施加反压力的方法进行饱和；如不需要，则按以下步骤进行固结。

固结基本方法类似静力三轴试验相关步骤。但要注意，在某些动力三轴仪中（特别是可以施加拉应力的设备），试样的帽盖有时和轴力传感器嵌固在一起，因此压力室中的水压只能施加在试样的侧边，而无法作用于试样轴向。此时，即使是等压固结，也需要通过单独控制轴向压力的施加，使之与侧向水压力相等来实现。操作过程中，一般先对试样施加 20kPa 侧压力，然后逐级施加均等侧压和轴压，直到侧向压力和轴向压力相等并达到预定压力。

就固结方式而言，动力三轴试验中，既可进行等压固结，也可进行偏压固结。等压固结过程可参考静力三轴试验介绍。偏压固结情况下，需在等向固结变形稳定以后，再逐级施加轴向压力，直到预定的轴向压力。加压时不能产生过大变形，以防止土体破坏。

★ 分级加载的方式，实际上就是对试样先等压固结后，再偏压固结，这种加载方式相对于一步到位的加载，会对土性产生不同的影响。但是分次逐级叠加，较之一次施加轴力，所造成的稳定性上的负效应会少得多。

施加压力后，打开排水阀或体变阀和反压力阀，使试样排水固结。固结稳定标准：对黏土和粉土试样，1h 内固结排水量变化不大于 $1cm^3$；对砂土试样，等向固结时，关闭排水阀后 5min 内孔隙水压力不上升；不等向固结时，5min 内轴向变形不大于 0.005mm。固结完成后，关闭排水阀，并计算动力试验前试样干密度。

4. 施加动应力

一般是在不排水条件下进行振动试验。加振动前，调整好动应力、动应变和动孔压传感器的零点读数。

（1）动强度和液化试验。该类试验属于土体需要破坏的试验，要求应力水平较高，加载比较稳定。

加载前，先调节好应力零点，设定某一动应力值 σ_d，启动激振力，并同时打开记录仪器，记录试验过程中，应力、应变和孔压的变化过程曲线，当应变达到一定水平（一般是轴向应变达到5%）或者孔压达到加载标准（对于等压固结试样可能设定为达到初始围压，但对于等压固结黏土试样或者偏压固结试样往往孔压不能达到围压，因而需要慎重选择孔压液化标准）时，停止试验，对应振次即为破坏振次 N_f。

同一类型的试样，经过相同固结条件后，至少要在4个以上的不同动应力水平下进行试验，绘制不同的曲线，得到不同的破坏振次 N_f。并根据不同动剪应力与相应破坏振次的关系在半对数纸上绘制 $\sigma_d/2$-lgN_f 曲线（见图7-31），此曲线即为动强度曲线或者抗液化强度线（每条线上都需要标明试样的密度、试验侧压力、固结应力比和破坏应变标准等）。

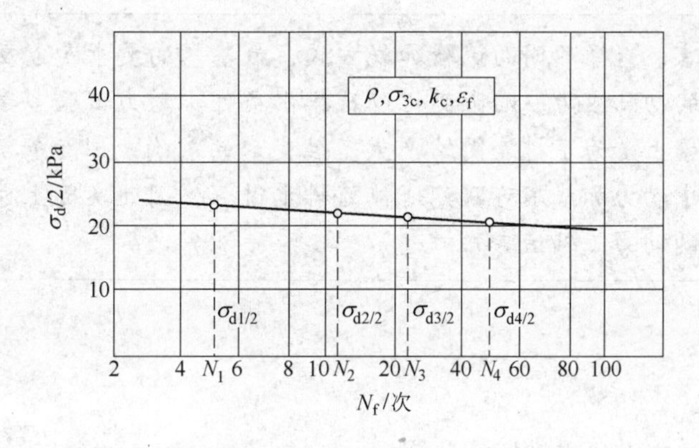

图7-31　抗液化强度线

为能较好绘制 $\sigma_d/2$-lgN_f 曲线，试验点应分布均匀，按照传统的设置方法是动应力对应的4个破坏振次能在4~6次、10~15次、20~30次以及50~70次范围内。但是，随着经济的飞速发展，海洋平台、海底管线以及高速铁路、公路的兴建，波浪、交通等长期荷载作用下地基土体的动力性状也逐渐引起了人们的重视。低应力长期振动下土体性状的研究，不仅对试验设备提出了新的要求，同时也在试验操作和数据分析方面，产生了新的标准和注意事项，例如前文所述的破坏试验选定振次的标准也将大大增加，特此提请读者注意。

★　传统的动力三轴试验加载中还存在几个明显缺陷：1）动力加载设定的动应力值，一般是根据试样初始横截面积和轴力换算得到。加载过程中，试样面积可能发生变化，而设备加载并非应力控制，不具有面积补偿功能，因此实际作用于试样顶部的轴应力会随试样横截面积的变化而波动。2）在较高频率、较高动剪应力的振动破坏试验中，当试样临近破坏时，动应力幅值会无法控制地出现降低。一般认为是孔压增加，有效应力下降，土体结构刚度骤减，而作为加载的激振力反应能力不足所造成。因此对常规的动力三轴试验，其动应力水平不能过大，否则无法实现稳定控制。

（2）动弹性模量和阻尼比试验

此类试验为土体不破坏的小应力水平试验，进行这样的试验，对加载精度控制要求较高。具体步骤为：

1）调整好零点后，对同一个试样进行动应力由小到大的逐级增加，振动时记录动应力-动应变关系和孔压开展特征。要求每级振动次数都不超过10次，只要能够测定试验结果，振次尽量少，以减少对试样的孔压和刚度测定的影响。

2）一般第一级应为在设备能够正确测读条件下的较小动应力水平，后一级动应力可设定比前一级大1倍。如果试样的应变波形出现明显不对称或者孔压值较大时，应停止试验。随时记录动应力和动应变滞回环，直到预定振次的时候停机，拆样。

3）同一干密度的试样，在同一固结应力比条件下，应在1~3个不同侧压力水平下试验，每一侧压力，宜用5~6个试样，设定5~6级动应力，重复步骤1）和2）进行试验。

★　对动力试验而言，选择不同的试验加载方式，最基本的要求是能反映实际工程问题中土体所经受的初始应力、动力变化以及排水条件。动力试验多数在不排水条件下进行，一定因素上是为了排除固结产生塑性变形的影响，但随着研究的深入，以及实际工程问题中动力加载不可避免地伴随排水过程，因此实际上也可以进行排水或者半排水试验的动力三轴试验。

五、数据分析

1. 动强度计算

（1）加载前后，应力状态指标的计算。

1）振前试样45°斜面上静应力，即：

$$\sigma_0' = \frac{1}{2}(\sigma_{1c} + \sigma_{3c}) - u_0 \tag{7-42a}$$

$$\tau_0 = \frac{1}{2}(\sigma_{1c} - \sigma_{3c}) \tag{7-42b}$$

式中　σ_0'——振前试样45°斜面上法向有效应力，kPa；

σ_{1c}，σ_{3c}——轴向和侧向固结应力，kPa；

u_0——初始孔隙水压力，kPa；

τ_0——振前试样45°斜面上剪应力，kPa。

2）初始剪应力比，即：

$$\alpha = \frac{\tau_0}{\sigma_0'} \tag{7-43}$$

式中　α——初始剪应力比；

τ_0——振前试样45°斜面上剪应力，kPa；

σ_0'——振前试样45°斜面上法向有效应力，kPa。

3）固结应力比，即：

$$K_c = \frac{\sigma_{1c}'}{\sigma_{3c}'} = \frac{\sigma_{1c} - u_0}{\sigma_{3c} - u_0} \tag{7-44}$$

式中　K_c——固结应力比；

σ_{1c}'，σ_{3c}'——有效轴向固结应力和有效侧向固结应力，kPa；

u_0——初始孔隙水应力，kPa。

4）轴向动应力，即：

$$\sigma_d = \frac{K_\sigma L_\sigma}{A_c} \times 10 \tag{7-45}$$

式中　σ_d——轴向动应力，kPa；
K_σ——动应力传感器标定系数，N/mm；
L_σ——动应力光线示波器光点位移，mm；
A_c——试样固结后横截面积，cm^2。

5）轴向动应变，即：

$$\varepsilon_d = \frac{\Delta h_d}{h_c} \tag{7-46}$$

$$\Delta h_d = K_\varepsilon L_\varepsilon \tag{7-47}$$

式中　ε_d——轴向动应变，%；
Δh_d——动变形，mm；
h_c——试样固结后振前高度，mm；
K_ε——轴向动变形传感器标定系数，mm/mm；
L_ε——动变形光线示波器光点位移，mm。

6）动孔隙水压力，即：

$$u_d = K_u L_u \tag{7-48}$$

式中　u_d——动孔隙水压力，kPa；
K_u——动孔隙水压力传感器标定系数，kPa/mm；
L_u——孔隙水压力光线示波器光点位移，mm。

7）试样45°斜面上的动剪应力，即：

$$\tau_d = \frac{1}{2}\sigma_d（等压固结） \tag{7-49}$$

式中　τ_d——试样45°斜面上的动剪应力，kPa；
σ_d——轴向动应力，kPa。

8）总剪应力，即：

$$\tau_{sd} = \frac{\sigma_{1c} - \sigma_{3c} + \sigma_d}{2} = \tau_0 + \tau_d（等压固结） \tag{7-50}$$

式中　τ_{sd}——总剪应力，kPa；
σ_{1c}，σ_{3c}——轴向和侧向固结应力，kPa；
σ_d——轴向动应力，kPa；
τ_d——试样45°斜面上的动剪应力，kPa；
τ_0——振前试样45°斜面上剪应力，kPa。

9）液化应力比，即：

$$\frac{\tau_d}{\sigma_0'} = \frac{\sigma_d}{2\sigma_0'} \tag{7-51}$$

式中　τ_d——试样45°斜面上的动剪应力，kPa；

σ_d——轴向动应力，kPa；

σ_0'——振前试样45°斜面上法向有效应力，kPa。

（2）绘制如图7-32所示的不同侧压力下的动剪应力 σ_d 和破坏振次 N_f 关系曲线，以此确定标准破坏振次下对应动剪应力，确定动强度值以为后文比较做准备。

（3）绘制如图7-33所示的不同固结应力比下的液化应力比与振次关系半对数曲线。

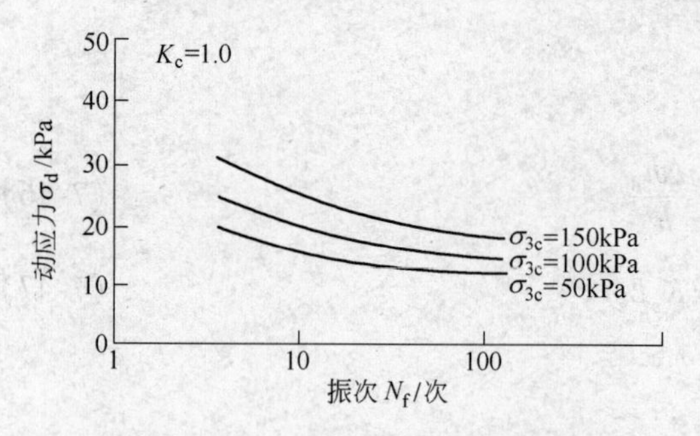

图7-32　动剪应力与破坏振次关系曲线

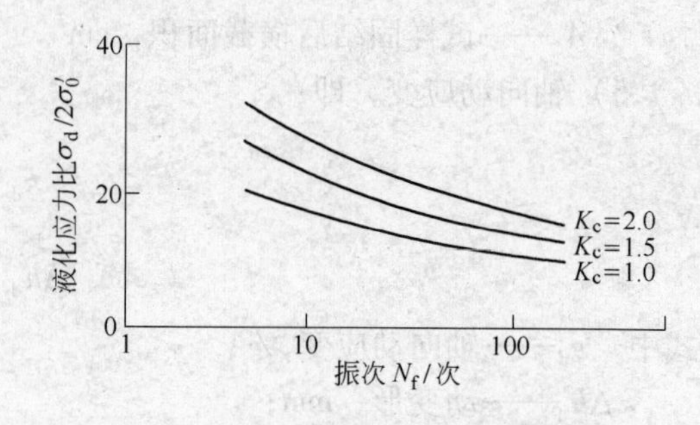

图7-33　液化应力比与振次关系曲线

（4）绘制如图7-34所示的孔压与振次关系半对数曲线，用以评价有效应力状态，判别液化势等。图中，纵坐标为动孔隙水压力 u_d 与两倍初始固结压力 σ_0' 之比，是归一化表示方法，当有多条不同围压下得到的孔压-振次关系曲线时，可以此归一化方法，分析围压对孔压开展的影响。

（5）绘制给定破坏振次下，不同初始剪应力比时与主应力方向成45°面上的总剪应力与振前有效法向应力关系曲线，如图7-35所示。该曲线可用于研究规定振次下破坏时的有效法向应力对动抗剪强度的影响，体现了动荷载作用下的库仑强度定律。

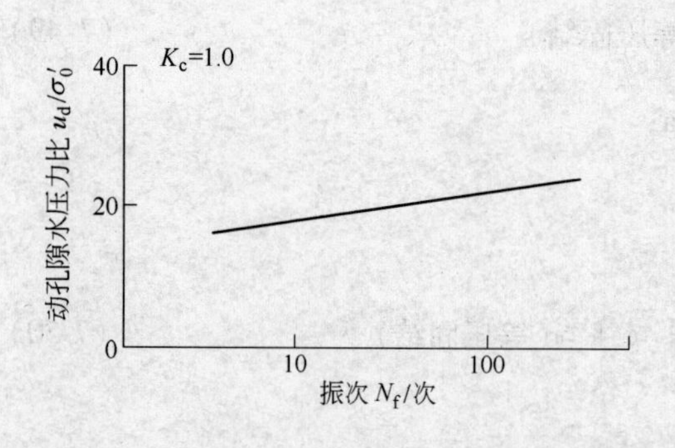

图7-34　孔压与振次关系曲线

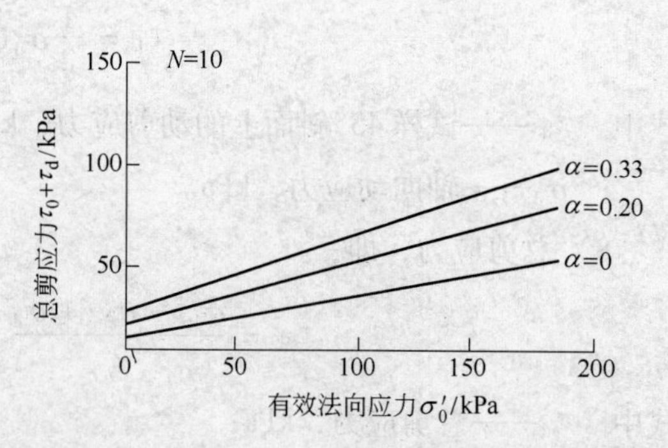

图7-35　总剪应力与有效法向应力关系曲线

★　总体而言，孔压对于黏土而言，其耗散传递需要时间，一般并不真正反映试样内部的孔压变化，有关孔压参数整理，可能对无黏性土的整理更有借鉴意义。

（6）动强度指标 c_d、φ_d 的确定

根据某一振次下的不同围压和动强度可得到一系列的破坏莫尔圆，并依据所得破坏莫尔圆绘得强度包线，从而确定该振次下动强度抗剪强度指标 c_d、φ_d。用同样的方法可获得其他振次下的动强度抗剪指标。具体过程如下：

对等压固结的试样，如图7-36（a）所示，应先根据初始的围压水平确定 σ_3。然后以动剪应力强度线中动剪应力值 σ_d 为直径，分别在 σ_3 左、右作出两个应力圆（σ_3 左侧为拉应力圆2，σ_3 右侧为压应力圆1），称为振动应力圆。依次类推，把同一振次下不同围压下的振动应力圆均绘制出来，并作出强度包线。而从图中可见，拉应力圆的公切包线位于压应力圆的公切包线上方，所以实际的抗剪强度指标是根据拉应力圆所作出的破坏应力圆包线而得。

对不等压固结的试样，如图7-36（b）所示，应先根据初始的固结应力水平绘制直径为 $\sigma_1-\sigma_3$ 的莫尔圆，用圆1表示。再根据 $\sigma_d/2\text{-lg}N_f$ 曲线查得某一振次下的轴向动应力 σ_d，在横坐标轴上取坐标为 σ_3 和 $\sigma_1+\sigma_d$ 两点作圆（直径为 $\sigma_1+\sigma_d-\sigma_3$），该圆即为振动压应力圆，用圆2表示；取坐标为 σ_3 和 $\sigma_1-\sigma_d$ 两点作圆（直径为 $\sigma_1-\sigma_d-\sigma_3$），该圆即为振动拉应力圆，用圆3表示。依次类推，把同一振次下不同围压时的振动应力圆均绘制出来，并作出强度包线。而从图中可见，压应力圆的公切包线位于拉应力圆的公切包线上方，所以实际的抗剪强度指标是根据压应力圆所作出的破坏应力圆包线而得。

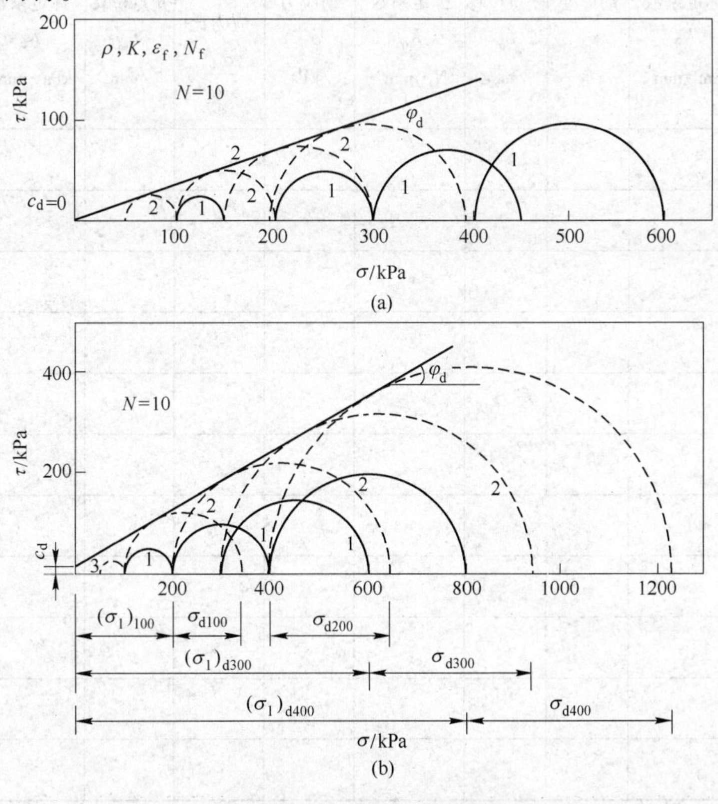

图7-36　动三轴试验强度包线

（a）：1—压半周动应力圆；2—拉半周动应力圆；

（b）：1—固结应力圆；2—压半周动应力圆；3—拉半周动应力圆

（7）相关数据记录于表 7-7 中。

表 7-7　动力三轴试验数据记录表（动强度与液化）

工程名称：________　　　　　　　　试验者：________

送检单位：________　　　　　　　　计算者：________

土样编号：________　　　　　　　　校核者：________

固　结　前	固　结　后	固结条件	试验及破坏条件
试样直径 d：　（mm）	试样直径 d：　（mm）	固结应力比 K_c：	振动频率：　（Hz）
试样高度 h：　（mm）	试样高度 h：　（mm）	轴向固结应力 σ_{1c}：　（kPa）	给定破坏振次：　（次）
试样面积 A：　（cm^2）	试样面积 A：　（cm^2）	侧向固结应力 σ_{3c}：　（kPa）	等压时孔压破坏标准：（kPa）
试样体积 V：　（cm^3）	试样体积 V：　（cm^3）	固结排水量 ΔV：　（mL）	等压时应变破坏标准：（%）
试样干密度 ρ_d：　（g/cm^3）	试样干密度 ρ_{dc}：　（g/cm^3）	固结变形量 ΔL：　（mm）	偏压时应变破坏标准：（%）

振次/次	动剪应变			动剪应力				动孔隙水压力			
	光点位移 L_ε/mm	标定系数 K_ε /mm·mm^{-1}	动应变 ε_d /%	光点位移 L_σ /mm	标定系数 K_σ /N·mm^{-1}	动应力 σ_d /kPa	液化应力比 $\frac{\sigma_d}{2\sigma'_0}$	光点位移 L_u /mm	标定系数 K_u /kPa·mm^{-1}	动孔压 u_d /kPa	动孔压比 $\frac{u_d}{\sigma'_{3c}}$

2. 动弹性模量和阻尼比计算

（1）相关数据记录于表 7-8 中。

表 7-8　动力三轴试验记录表（动弹性模量与阻尼比）

工程名称：＿＿＿＿＿＿　　试验者：＿＿＿＿＿＿

送检单位：＿＿＿＿＿＿　　计算者：＿＿＿＿＿＿

土样编号：＿＿＿＿＿＿　　校核者：＿＿＿＿＿＿

固结前	固结后	固结条件
试样直径 d：（mm）	试样直径 d：（mm）	固结应力比 K_c：
试样高度 h：（mm）	试样高度 h：（mm）	轴向固结应力 σ_{1c}：（kPa）
试样面积 A：（cm^2）	试样面积 A：（cm^2）	侧向固结应力 σ_{3c}：（kPa）
试样体积 V：（cm^3）	试样体积 V：（cm^3）	固结排水量 ΔV：（mm）
试样干密度 ρ_d：（g/cm^3）	试样干密度 ρ_{dc}：（g/cm^3）	固结变形量 ΔL：（mm）

输出电压 /mV	动应力				动应变				动孔隙水压力				动弹性模量		阻尼比		
	衰减挡	光点位移 L_σ /mm	标定系数 K_σ /$N\cdot mm^{-1}$	动剪应力 σ_d /kPa	衰减挡	光点位移 L_ε /mm	标定系数 K_ε /$mm\cdot mm^{-1}$	动剪应变 ε_d /%	衰减挡	光点位移 L_u /mm	标定系数 K_u /$kPa\cdot mm^{-1}$	动孔压 u_d /kPa	动弹性模量 E_d /MPa	$1/E_d$ /MPa^{-1}	滞回圈面积 A /cm^2	三角形面积 A_T /cm^2	阻尼比 D

（2）绘制动应力和动应变的关系曲线，以确定动弹性模量。主要绘制的是三条曲线，即：

1）σ_d-ε_d 曲线，如图 7-37（a）所示；

2）σ_d/ε_d-ε_d 即 E_d-ε_d 曲线，如图 7-37（b）所示；

3）σ_d/ε_d-σ_d 曲线，如图 7-37（c）所示。

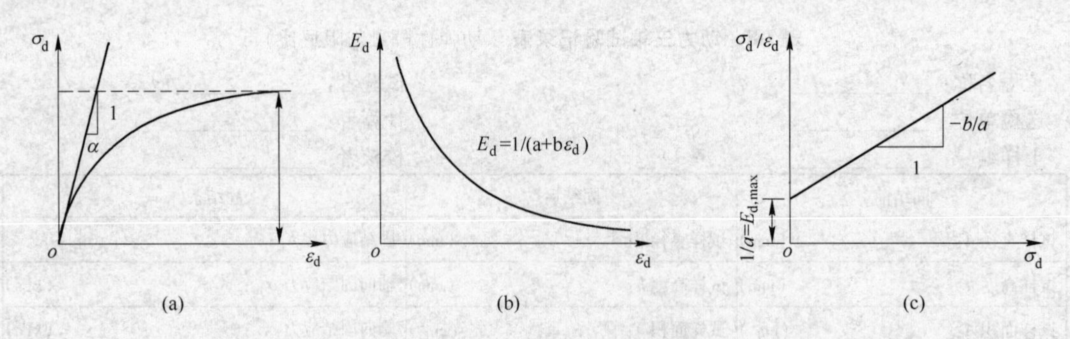

图 7-37　动应力-动应变关系曲线

（a）动应力-动应变双曲线模型；（b）动弹模-动应变关系曲线；（c）动弹模-动应力关系曲线

（3）根据某一循环中动应力与同一循环的动应力之比来求得动模量。

1）动弹性模量，即：

$$E_d = \frac{\sigma_d}{\varepsilon_d} \tag{7-52}$$

式中　E_d——动弹性模量，MPa；

σ_d——动应力，kPa；

ε_d——动应变,%。

2）动剪切模量，即：

$$G_d = \frac{E_d}{2(1+\mu)} \tag{7-53}$$

式中　G_d——动剪切模量，MPa；

μ——泊松比，饱和土可取 0.5。

（4）阻尼比 D 的计算。先作出动应力 σ_d 和动应变 ε_d 关系曲线，如图 7-29 所示，也就是作出每级动应力下的滞回圈，再按照式（7-54）计算阻尼比 D：

$$D = \frac{1}{4\pi} \cdot \frac{A}{A_T} \tag{7-54}$$

式中　A——滞回圈 $ABCDA$ 面积，cm^2；

A_T——三角形 OAE 面积，cm^2。

（5）阻尼比与动应变的关系曲线。绘制阻尼比与动应变的关系曲线，如图 7-38 所示。

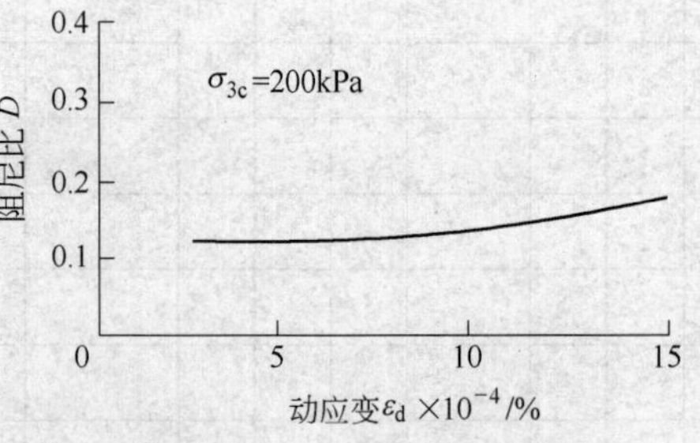

图 7-38　阻尼比与动应变关系曲线

3. 饱和砂土液化势判定

液化是任何物质由固态转化为液态的力学过程。饱和沙土液化是指在动荷载作用下，饱和砂土产生急剧的状态改变并丧失强度，变成流动状态的现象。室内液化试验的主要目的就是依据类似图 7-39 所示的动力三轴液化试验记录曲线，研究液化机理以及各种因素对砂土液化性能的影响，测定抗液化强度，估计砂土层液化的可能性。

无黏性土液化流动受到很多因素的影响，一般情况下判定液化，需同时满足以下三个指标：

（1）孔隙水压力等于初始固结应力。

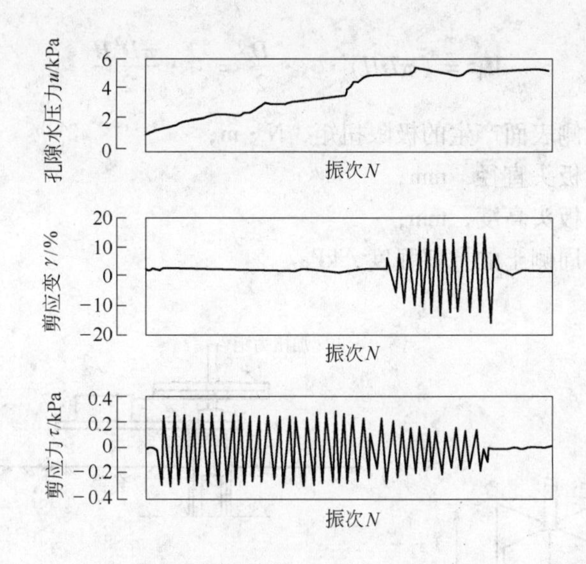

图 7-39　动力三轴液化试验中液化前后剪应力、剪应变和孔隙水压力的变化特征

（2）轴向动应变的全峰值接近甚至超过经验限度的5%。

（3）振动循环次数 n 达到预估地震的相应限值。表 7-9 列出了不同地震震级 M 对应的极限 n 值。

表 7-9　振动次数参考表

震级 M	6	6.5	7.0	7.5	8.0
等效循环次数 n	5	8	10	20	30

第六节　现场十字板剪切试验

一、试验目的

十字板剪切试验（vane shear test，简称 VST），是为了能够在现场不扰动的环境下，测定钻孔内黏土的抗剪强度。其测定的抗剪强度，类似于室内三轴试验中的不排水抗剪强度。十字板剪切试验是一种常用的原位测定土体抗剪强度的试验。

二、试验原理

十字板剪切仪的试验示意图如图 7-40 所示。其原理是利用十字板旋转，在上、下两面和周围侧面上形成剪切带，使得土体剪切破坏，测出其相应的极限扭力矩。然后，根据力矩的平衡条件，推算出圆柱形剪切破坏面上土的抗剪强度。

具体而言，测试时，先将十字板插到要进行试验的深度，再在十字板剪切仪上端的加力架上以一定的转速施加扭力矩，使板头内的土体与其周围土体产生相对扭剪。十字板剪切试验中土体受力示意图如图 7-41 所示，包括侧面所受扭矩和两个端面所受扭矩。其中十字板侧表面对土体的侧面产生的极限扭矩为：

$$M_1 = (\pi DH) \cdot \tau_f \cdot \frac{D}{2} = \tau_f \cdot \frac{\pi D^2 H}{2} \tag{7-55}$$

式中　M_1——十字板侧表面产生的极限扭矩，N · m；

D——十字板板头直径，mm；

H——十字板板头高度，mm；

τ_f——十字板周侧土的抗剪强度，kPa。

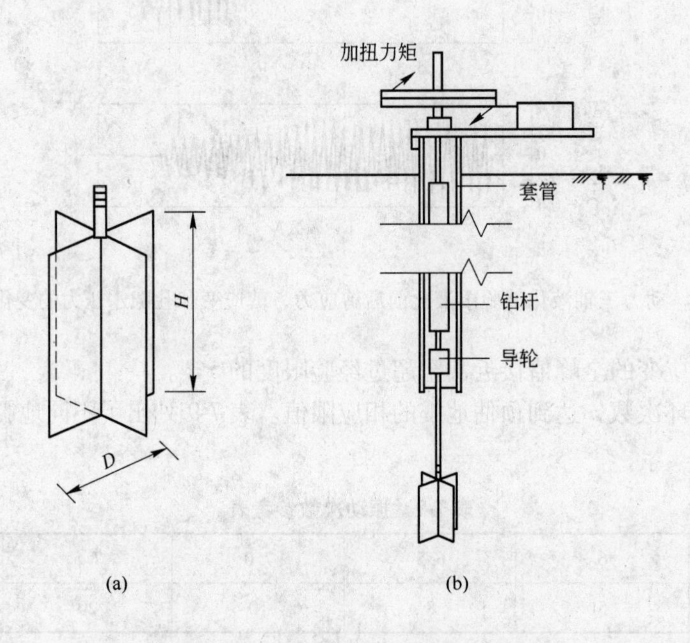

图 7-40　十字板剪切仪试验示意图
（a）板头；（b）试验情况

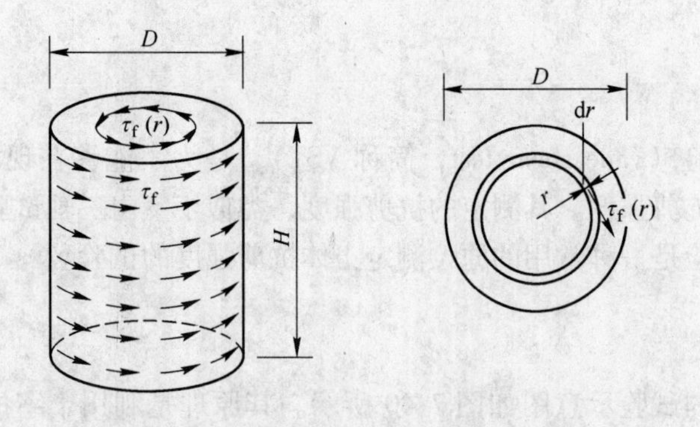

图 7-41　十字板剪切试验中土体受力示意图

假设土体上、下两端面产生的极限扭矩相同，且端面上的剪应力在等半径处均匀分布，在轴心处为零，边界上最大。则上、下两端面极限扭矩之和为

$$M_2 = 2 \times \int_0^{\frac{D}{2}} r \cdot \tau(r) 2\pi r \mathrm{d}r \tag{7-56}$$

假设剪应力在横截面上沿半径呈指数关系分布，则

$$M_2 = 2 \times \int_0^{\frac{D}{2}} r \cdot \tau_f \left(\frac{r}{D/2}\right)^a 2\pi r \mathrm{d}r = \frac{\pi \tau_f D^3}{2(a+3)} \tag{7-57}$$

式中　M_2——上、下两端面极限扭矩之和，N·m；

D——十字板板头直径，mm；

r——上、下端面任意小于 $D/2$ 的土层半径，mm；

τ_f——上、下端面的抗剪强度，kPa；

a——与圆柱上、下端面剪应力的分布有关的系数。当两端剪应力在横截面上为均匀分布时，取 $a=0$；若是沿半径呈线性三角形分布，则取 $a=1$；若是沿半径呈二次曲线分布，则取 $a=2$。

因此设备读出的总极限扭矩值为

$$M_{max} = M_1 + M_2 \tag{7-58}$$

故可得破坏时刻的极限剪应力值为

$$\tau_f = \frac{2M_{max}}{\pi D^3 \left(\frac{H}{D} + \frac{1}{a+3}\right)} \tag{7-59}$$

此外，对于黏土，类似三轴试验或直剪试验中的应力-应变曲线，在十字板剪切过程中也可能会出现强度峰值和残余强度，因此读数时 M_{max} 的值也会有两个。

最后，上述推导是基于圆柱两端面上的极限强度与侧面强度相等，如果考虑各向异性，则要取平均值。

三、试验设备

十字板剪切仪的基本构造包括十字板头、试验用探杆、贯入主机和测力与记录装置等试验仪器。从驱动形式上分为机械式和电测式两种。前者是通过钻机或其他成孔装置预先成孔，再放入十字板头并压入孔底以下一定深度进行剪切；后者则利用静力触探的贯入主机携带十字板头压入指定深度试验，无须钻孔。相对而言，电测式十字板剪切仪轻便灵活、操作简单、试验结果也较为稳定，目前应用较为广泛。图 7-42 所示为电测式十字板剪切仪的大致结构构成。

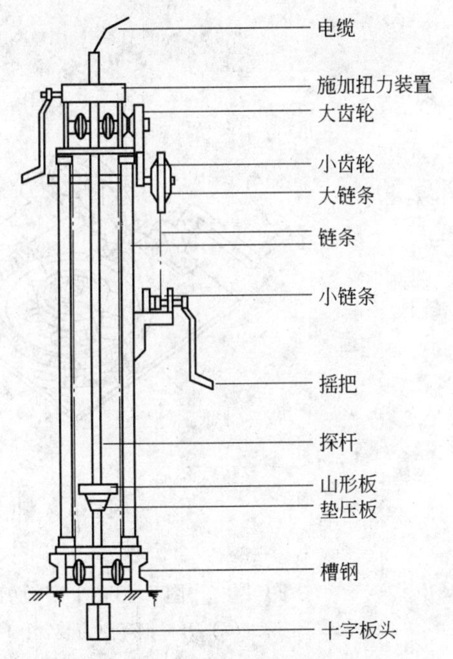

图 7-42　电测式十字板剪切仪示意图

十字板剪切仪的十字板头尺寸规格也有区分。国内常见的十字板剪切仪的尺寸规格如表 7-10 所示。

表 7-10　国内常见十字板剪切仪规格

板宽 D /mm	板高 H /mm	板厚 /mm	刃角 /(°)	钢环率定时的力臂 /mm	轴杆直径 d /mm
50	100	2	60	200	13
50	100	2	60	250	13
50	100	2	60	210	13
75	150	3	60	200	16
75	150	3	60	250	16
75	150	3	60	210	16

测力装置通常分两种：用于一般机械式十字板剪切仪的开口刚环测力装置和用于电测式十字板剪切仪的电阻应变式测力装置。

普通的十字板剪切仪采用开口钢环测力装置，利用蜗轮旋转插入土层中的十字板头，并通过钢环的拉伸变形换算刚度，求得施加扭矩的大小，使用方便，但转动时易产生晃动，影响精度。同时，该装置需要配备钻孔设备，成孔后再放下十字板头进行试验，深度一般不超过 30m。

而电测式十字板剪切仪采用电阻应变式测力装置以及相应的读数设备。其以贴在十字板头上连接处的电阻片为传感器，不需要进行钻杆和轴杆的校正，也不需要配备钻孔设备，节省工序，提高效率，且精度较高。两种测力装置构成如图 7-43 所示。

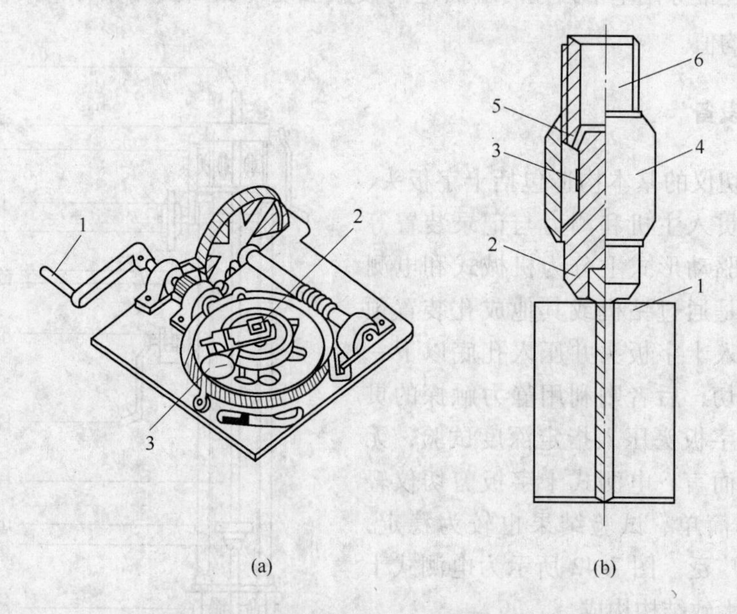

图 7-43　十字板剪切仪两种测力装置构成图

(a) 开口钢环测力装置：1—摇把；2—开口刚环；3—百分表；

(b) 电阻应变式测力装置：1—十字板头；2—扭力柱；3—应变片；4—护套；5—出线孔；6—轴杆

四、试验步骤

（1）根据土层性质选择合适的十字板尺寸，对浅层软黏土选用 75×150mm 十字板，对稍硬土层，采用 50×100mm。

（2）将十字板安装在电阻应变式板头上，接通电缆，连接电阻应变仪与应变片。

（3）按照类似静力触探的方法（参见第十二章），把十字板贯入到预定深度。

（4）顺时针方向匀速转动探杆，当量测仪表读数开始增大时，即开动秒表，以每秒 0.1°的速率旋转钻杆。每转 1°测记读数 1 次，应在 2min 内测得峰值。当读数出现峰值或稳定值后，再继续旋转 1min，测记峰值或稳定值作为原状土剪切破坏时的读数。

（5）将探杆连续转动 6 周，以使得土体产生扰动，再重复步骤（4），测记重塑土剪切破坏时的读数。

（6）完成一次试验后，如需继续进行试验，可松开钻杆夹具，将十字板头压至下一个试验深度，重复上述步骤 3～5 次。

（7）试验完毕后，逐节提取钻杆和十字板头，清洗干净，检查各部件完好程度。

五、数据分析

（1）计算土体的十字板不排水抗剪强度τ_f 和灵敏度 S_t。灵敏度为土体原状土的十字板不排水抗剪强度与重塑土的十字板不排水抗剪强度之比：

$$S_t = \frac{\tau_f}{\tau_f'} \tag{7-60}$$

式中 S_t——灵敏度；

τ_f——原状土十字板不排水抗剪强度值，kPa；

τ_f'——重塑土十字板不排水抗剪强度值，kPa。

（2）绘制十字板不排水抗剪强度τ_f 与灵敏度 S_t 随深度变化的曲线。

（3）根据十字板不排水强度τ_f 和灵敏度 S_t 随深度变化曲线对土质进行分层。

（4）上述数据整理，都是在直接测定数据的基础上进行的。

此外，十字板剪切试验所得参数对工程应用问题也有实用价值，举例如下：

（1）用于评价现场土层的不排水强度。但此时需注意剪切速率的影响，一般剪切速率较快时，强度较高，而且十字板试验值比真实值偏高，通常在设计中只能取试验值的 60%～70%。

（2）对软土地基承载力进行评价。一般是先根据经验公式，求得地基承载力特征值（测定的实际是没有埋深影响的值），然后通过该值对土体的埋深再进行修正。中国建筑科学研究院和华东电力设计院曾通过研究，针对黏聚力为零的软土地基，建立了如下的地基承载力修正公式：

$$f_{ak} = 2\tau_f + \gamma h \tag{7-61}$$

式中 f_{ak}——地基承载力标准值，kPa（目前国家规范中已取消地基承载力标准值概念，而改用地基承载力特征值和设计值，因此读者在借鉴早期经验公式时，还要注意引用这些不同概念可能引起的数量评估上的差异）；

τ_f——十字板抗剪强度，kPa；

γ——基础底面以上土的加权平均重度（地下水位以下取浮重度），kN/m^3；

h——基础埋置深度，m。

（3）在桩基工程中，单桩极限承载力可按式（7-62a）和式（7-62b）进行估计：

$$R_a = Q_u / K \tag{7-62a}$$

$$Q_u = u_p \Sigma c_{ai} l_i + \tau_f N_c A_b \tag{7-62b}$$

式中 R_a——单桩极限承载力，kPa；

Q_u——单桩净极限承载力，kPa；

K——安全系数；

u_p——桩身周边长度，m；

c_{ai}——第 i 层土与桩之间的附着力，kPa；

l_i——第 i 层土厚度，m；

τ_f——十字板抗剪强度，kPa；

N_c——地基承载力系数，当长径比 $l/d > 5$ 时，$N_c = 9$；

A_b——桩的横截面面积，cm^2。

现场测定土体强度的方法还有很多，除了十字板剪切试验外，还有现场直剪试验、现场单剪试验等。本书不再一一列举，读者可以参阅有关文献。

思 考 题

7-1 请简述直剪试验和三轴压缩试验在试验原理上的差异与联系。

7-2 请简述直剪试验和三轴压缩试验的各种类型以及适用的工程条件。

7-3 请简述测定土的灵敏度的试验方法与操作步骤。

7-4 请简述采用土的动力三轴试验测定土体动强度的基本原理和方法。

7-5 请简述十字板剪切试验的原理及其适用条件。

第八章　室内试验土样制备

第一节　导　　言

在开展所有的室内试验之前，都应对试样进行制备，严格说，这也是岩土工程测试的一个环节，制样的质量很大程度上决定了试验结果的成败。尤其对于特殊原状土应特别注意，在采集和运输过程中尽量保持原土样温度和土样结构以及含水率不变等。如果土样不符合要求，没有代表性，那么试验就变得毫无意义。因此，除了在前述各章中已对各类试验特有的制样和装样过程有所介绍外，本章还单独就试样在成形前的一些基本共同制备过程予以讲述。

在介绍试样的制备前有几个专用名词需要了解：

（1）土样。现场土层特性的样品叫做土样。用于试验的土样，是经过各种处理后得到的适合于进行试验用的样品，称为试样。

（2）原状土。在天然状态下的土,具有天然的应力状态,同时土的结构、密度及含水率也都保持天然状态,其物理力学性质是该土天然状态下的具体真实反映,这样的土称为原状土。

（3）扰动土。这是相对于原状土来说的，一般指重塑土，为受到扰动的土，实验室若要改变原状土的一些物理性质指标，如含水率、干密度、颗粒级配等，就需要把从现场取回来的整块的土打碎后烘干，再加水配成所要的含水率后，再进行试验，这时与原状土比，扰动土自身的固有结构和状态已经被人为地破坏。

（4）饱和。土的孔隙逐渐被水填充的过程称为饱和；而孔隙被水充满时的土，称为饱和土。

第二节　土 样 制 备

室内试验用土样，在进行正式试验前的制备程序主要如下：

对原状土样，小心搬运到实验室，在不扰动、不改变土体含水率的条件下，保存试样，相对湿度需在85%以上。

对扰动土样，则包括土样风干、碾散、过筛、匀土、分样和储存等程序，具体还会根据后续试验类型的不同，有所区别。

本节涉及的土样制备，为粒径在5mm以下的扰动或原状土样。

一、扰动土试样制备

1. 制备土样的装置

（1）分土细筛：孔径分别为0.075mm、0.25mm、0.5mm、1mm、2mm和5mm。

（2）台秤：称量10～40kg，最小分度值5g。

（3）天平：称量5kg，最小分度值1g；称量200g，最小分度值0.01g。

（4）不锈钢环刀（将与试验装置配套，例如固结仪、渗透仪等装置）：常用的尺寸有内直径61.8mm、高度20mm，内径79.8mm、高度20mm或内径61.8mm、高度40mm。

（5）击样器械。

（6）压样器械。

（7）抽气设备：真空表和真空缸。

（8）其他配件：切土刀、刮刀、钢丝锯、木槌、木碾、橡皮板、玻璃瓶、土样标签、凡士林、烘箱、保湿缸设备等。

2. 制备步骤

（1）土样描述。对土体颜色、类别、气味及夹杂物等特征描述。如有需要，还可在土样拌匀后测定其含水率。拌匀方法可以采用将土放于橡皮板上用木槌碾散（但是不能压碎，改变级配）。如果土中确定不含砂粒径以上土，可以用碾碎机进行碾散。对于需要配置含水率的试样，将其风干或者烘干后再碾散比较方便。

★ 对均质和含有机质的土样，宜采用天然含水率状态下的代表性土样，以供颗粒分析、界限含水率试验。对非均质土，应根据试验项目取足够数量的土样，置于通风处风干至可碾散为止。对砂土和进行比重试验的土样，宜在105～110℃温度下烘干，对有机质含量超过5%的土、含石膏和硫酸盐的土，应在65～70℃温度下烘干。

（2）土样过筛。根据试验需要试样的数量，将土碾散后过筛。用于物理性试验（液塑限试验）的土样过0.5mm筛，用于力学性质试验（固结、渗透、剪切试验）过2mm筛；对于击实试验土样，过5mm筛。

★ 如果是包含细粒的砾质土，要先将其浸泡在水中，搅拌充分，使得粗细颗粒分离后，再按照不同试验项目的要求过筛。

过筛后的土样，取筛下土采用四分对角取样法或者分砂器取出根据试验需要的、足够数量的代表性试验用土，分别装入玻璃缸并贴标签。

★ 四分法就是将原始样品做成平均样品，即将原始样品充分混合均匀后堆集在清洁的玻璃板上，压平成一定厚度的形状，并划成对角线或“十”字线，将样品分成四份，取对角线的两份混合，再分为四份，取对角线的两份。反复操作直至取得所需数量为止，此即为试验所需的样品。

（3）配制一定含水率的土样。取过筛后的风干土1～5kg，测定土的风干含水率w'，设需配制成含水率为w_0的土样备用，则需要加水的质量为：

$$m_w = \frac{m_0}{1 + w_0}(w' - w_0) \tag{8-1}$$

式中　m_w——需要加水的质量，g；

m_0——湿土（或天然风干土）的质量，g；

w'——湿土（或天然风干土）的含水率,%；

w_0——制样要求的含水率,%。

★　加水前要将土样平铺在不吸水的盘内，由式（8-1）计算出需加水量，加水后静置一段时间，然后密封装入玻璃缸内盖紧，浸润一昼夜后备用。

（4）对制备的土样进行含水率测定，测点不少于两个，要求实测含水率与制备期望含水率差值不超过 ±1%。

（5）当用不同土层的土制备混合土样时，需要先按照预定比例计算规定配合比时各种土的质量，然后按上述制备扰动土样的方法制备混合土样。

（6）扰动土的制备方法，通常分为如下三种方式：

1）击实法。对黏性土，根据试样所需干密度、含水率，按照击实试验的方法，换算得需要填入击实器的土体质量。将按此质量称量的土样击实成目标干密度的试样，再将试样用推土器从击实筒中推出（详见第四章黏性土的最优含水率试验）。然后采用第六章压缩实验中所给的切样方法用环刀切取试样，并根据环刀中土的质量以及由余土测定的含水率，计算土体密度是否符合试验要求。

2）击样法。根据环刀或者击样器的容积和要求的干密度，以式（8-1）计算加水量，并按式（8-2）计算所需要的土量 m_0。

$$m_0 = (1 + w_0)\rho_d V \tag{8-2}$$

式中各符号意义同前。

将根据式（8-2）称量出来的土，倒入装有环刀的击样器中，用击锤击实到预定体积，取出环刀，称量总质量，确定试样的实际密度，成样备用。

★　击样法和击实法最大的区别是，击样法直接将土体灌注在试验容器中击实，再把容器装到施加荷载的仪器上；而击实法是把土样击实后，再用环刀切取，最后装到仪器上进行试验。

3）压样法。采用和击样法相同的方法计算土的质量，将其倒入装有环刀的压样容器中，采用静力将土压实到预定的体积，取出环刀，计算试样的实际密度是否符合要求，成样备用。

（7）关于制样数量和样本差异程度的基本要求。根据各种类型试验制备试样，试样的数量在实际需要的基础上，应有备用试样 1~2 个。制备试样的密度、含水率与制备标准之差值应分别在 ±0.02g/cm³ 和 ±1% 的范围内，平行试验或者一组内各试样间的差值分别要求在 0.02g/cm³ 和 1% 范围以内。

二、原状土试样制备

（1）原状土一般从装样筒中取出，剔除蜡封和胶带，整平土样两端。按照前面各章的不同要求切取试样，切样时环刀与土样需要闭合。因原状土的离散性要比重塑土大很多，故而同一组试样必须是同一筒土，试样间的密度差异不能超过 $0.03g/cm^3$，含水率相差不超过 2%。

（2）在切样时，应细心观察土样情况，并描述土体的层次、颜色、气味、杂物，特别是均匀性，是否有显著的裂缝和杂质等。如果存在明显的差异，需要剔除；而如果试样发生扰动，则不能进行试验。

（3）用环刀切割制备原状样，参考第六章压缩固结试验的制样内容，同组试验的试样密度差不超过 $0.03g/cm^3$。

（4）用钢丝锯和刮刀将试样两端整平，如果是三轴试验，则采用第七章中所述三轴试验的制样方法进行。

（5）将剩余土用蜡纸（保鲜膜）包裹，安置于保湿器中，以备试验之用。

（6）切余土进行物理性质试验，如比重、颗粒分析、界限含水率等。平行试验或同一组试样密度差值不大于 $\pm 0.1g/cm^3$，余土含水率测定与原状土的含水率差异不得超过 2%。

（7）试样是否进行饱和，视试样本身及工程要求决定。

三、化学试验的土样制备

前面所述的土样制备都是为了对土体物理性状进行研究，而有时还必须开展化学试验以对土体成分及含量进行鉴别，这是因为土中某些物质，如有机质、酸碱、易溶盐在某些条件下会明显影响土体的工程性状。而作为化学试验的土样制备，根据《公路土工试验规程》（JTG E40—2007）的规定，需按以下步骤进行：

（1）把土样铺在木板或厚纸上，摊成薄层，放于室内阴凉通风处，不时翻拌，并将大块捏碎，促使均匀风干。风干处力求干燥清洁，防止酸碱蒸汽的侵蚀和尘埃落入。

（2）风干土样用木棍压碎，仔细检查砂砾，过 2mm 孔径的筛，筛出土块重新压碎，直至其全部通过为止。过筛后的土样经四分法缩减至 200g 左右，放在瓷研钵中研细，使其全部通过 1mm 的筛子，取其中 3/4 供一般化学试验之用。其余 1/4 继续研细，使其通过 0.5mm 筛子，由四分法分出 1/2，置于 105～110℃烘箱中烘至恒温，贮于干燥器中，供碳酸盐等分析之用。

（3）剩余 1/2 压成扁平薄层，划成小格子，用角匙按规律均匀挑 10g 左右样品，放入玛瑙研钵中仔细研碎，使其通过 0.1mm 筛子，最后在 105～110℃烘箱中烘 8h，放在干燥器内，供矿质成分全量分析之用。

第三节　土 样 饱 和

一、概述

由于饱和土和非饱和土在工程性状上的差异很大，故土样需要根据试验要求或者工程需要进行饱和。而具体实施方法，则根据土体性质，尤其针对土体的不同渗透系数，可采用如下几类方式：

（1）对于渗透系数小于 $10^{-4}cm/s$ 的低渗透性的粉土和黏土，宜采用抽气真空饱和法。

（2）渗透系数大于10^{-4}cm/s的粉土，可以采用毛细饱和法。

（3）砂土可采用水头饱和法，即将试样底部接通进水管，试样顶部接通排水管，水流自下而上，可以排气，而水则借助水头作用，向上渗流。

（4）砂土还可以采用CO_2饱和法，即从试样底部向试样中充CO_2，设置气压在50～100kPa，使得CO_2替代土孔隙中的空气，然后用水头饱和法，使得CO_2溶解在水中（因为CO_2的溶解度很高），实现土样的饱和。

（5）另外，若试样是在三轴试验装置中进行的，还可以进行水压的反压饱和法，反压饱和的基本思想是对气体通过施加一定水平的水压力，将其溶解在其中而实现饱和。

★　实际饱和度稍低于目标饱和度时，可使用反压饱和法。但当实际饱和度与目标饱和度差异较大时，并不适用此法。因为一旦饱和度差异较大，则需要溶解在水中的空气量明显增多，而水即使在高压下对空气的溶解能力亦十分有限，故仅依靠反压饱和是无法完全达到预期饱和目的的。

二、饱和设备

（1）框式饱和器，如图8-1所示。
（2）重叠式饱和器，如图8-2所示。

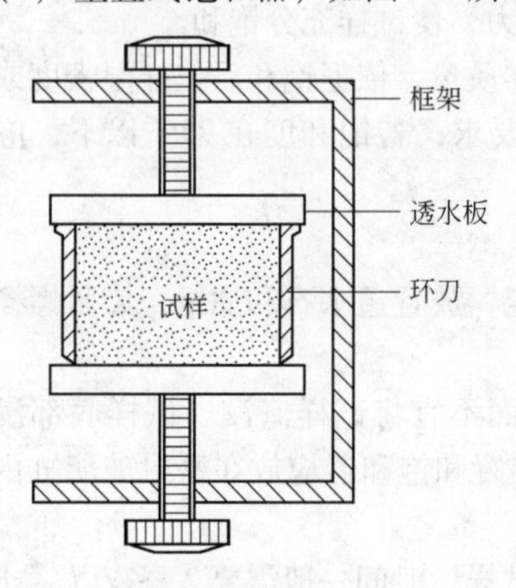

图8-1　框式饱和器

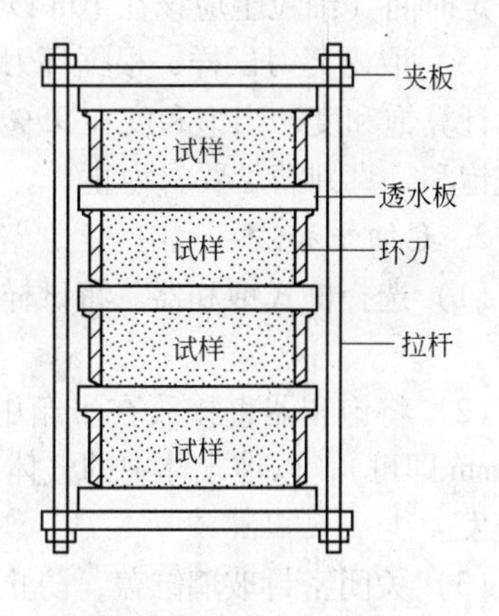

图8-2　重叠式饱和器

（3）三轴试样专用饱和器。
（4）带有真空表的抽气机。
（5）带有金属或者玻璃真空缸的饱和装置。

三、饱和步骤

1. 抽气真空饱和法

（1）选择框式饱和器和重叠式饱和器均可。如果是重叠式饱和器，放置稍大于环刀直径的透水板和滤纸，将装有试样的环刀放在滤纸上，试样上再放一张滤纸和一块透水板，以这样的顺序重复放置，由下向上重叠至拉杆的上端，将饱和器上的夹板放在最上部透水板上，旋紧拉杆上的螺母，将各个环刀在上下夹板间夹紧。

（2）饱和器放入真空缸中（见图8-3），盖上缸盖，盖口涂一层凡士林，以防漏气。

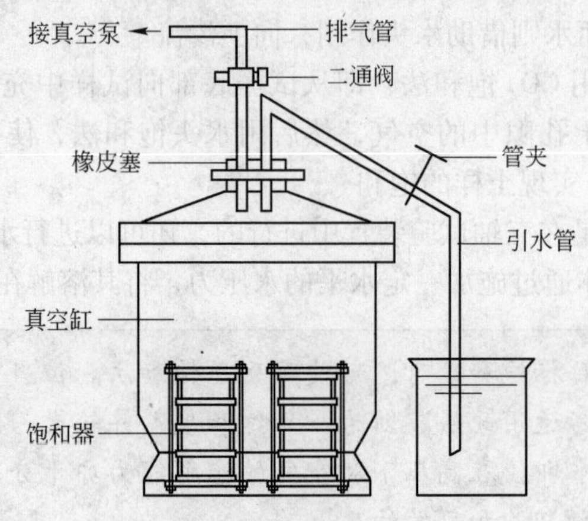

图8-3　抽气真空饱和法示意图

（3）关管夹，开阀门，开动抽气机，使压力表达到一个负大气压，时间不少于1h；稍微开启管夹，注入清水。在注水过程中，应调节管夹，使真空表上的数值基本不变。

（4）水淹没饱和器后，停止抽气；将引水管自水缸中提出，打开管夹让空气进入，静置一定时间（细粒土应该在10h以上），借助大气压力，使试样充分饱和。

（5）取出环刀试样，根据环刀体积、称量的土样质量，依据饱和后土样湿密度或含水率，计算饱和度，当饱和度在95%以上时满足试验要求；若饱和度在95%以下，应继续抽气饱和，直到满足要求为止。

2. 毛细饱和法

（1）选择框式饱和器。将试样装入饱和器并固定，放置透水石和滤纸，旋紧螺栓夹紧试样。

（2）将饱和器直接放在水箱中，注入清水，水面不宜将试样淹没（试样底部浸入水中5mm即可），以使土体中的气体可以排出。水箱装置和饱和器应放在密封玻璃缸内，防止蒸发。

（3）关闭密封玻璃缸盖，防止水分蒸发，浸泡试样，时间一般需要2昼夜（《土工试验标准》（GB/T 50123—1999），而根据《公路土工试验规程》（JTG E40—2007），浸泡时间一般需要3昼夜），使之充分饱和。

（4）取出饱和器，松螺栓，取样，称重准确至0.1g，计算饱和度。如果饱和度小于0.95，继续饱和，直至满足饱和度大于0.95的要求，再进行下一步相关的试验。

饱和度的计算方法有两种：

$$S_r = \frac{(\rho_{sr} - \rho_d)G_s}{\rho_d e} \times 100 \tag{8-3}$$

或

$$S_r = \frac{w_{sr}G_s}{e} \times 100 \tag{8-4}$$

式中 S_r——试样饱和度,%;

ρ_{sr}——试样饱和后的湿密度，g/cm^3;

G_s——土体比重;

e——试样的孔隙比;

w_{sr}——试样饱和后的含水率,%。

思 考 题

8-1 扰动土制样有哪三种常见的方法？说明其中的差别。

8-2 扰动土制样中，关于制样数量和样本差异程度的基本要求是怎样的？

8-3 抽真空饱和和反压饱和的原理是什么，对于不同的土样采取不同的饱和方式，其基本依据是什么？

第九章　室内岩石强度和变形试验

第一节　导　　言

在外荷载作用下，当荷载达到或超过某一极限时，岩石就会产生破坏。我们把岩石抵抗外力破坏的能力称为岩石的强度。从广义而言，岩石包括岩块和岩体，所以在研究岩石的强度时，应当分清岩块的强度和岩体的强度，或者说分清完整岩石的强度和节理岩体的强度。本章介绍的室内强度试验主要针对完整岩块的强度。

根据破坏时的应力类型，岩块破坏有拉破坏，剪切破坏和流动三种类型。由于受力状态不同，岩块强度也不同，如单轴抗压强度、单轴抗拉强度、剪切强度、三轴抗压强度等。

表 9-1 列举了各种岩石的单轴抗压强度。

表 9-1　岩石的单轴抗压强度（恒温恒湿条件下）

岩石名称	抗压强度 σ_c/MPa	岩石名称	抗压强度 σ_c/MPa	岩石名称	抗压强度 σ_c/MPa
花岗岩	100 ~ 250	石灰岩	30 ~ 250	泥　岩	12 ~ 20
闪长岩	180 ~ 300	白云岩	80 ~ 250	砾　石	2 ~ 60
粗玄岩	200 ~ 350	煤	0. 2 ~ 50	粉砂岩	25 ~ 40
玄武岩	150 ~ 300	片麻岩	50 ~ 200	细砂岩	8. 6 ~ 29
砂　岩	20 ~ 170	大理岩	100 ~ 250	中砂岩	60 ~ 115
页　岩	10 ~ 100	板　岩	100 ~ 200	粗砂岩	20 ~ 80

通过简单的强度试验可以确定岩石在简单加载应力条件下的强度，从而为建立描述岩石复杂应力状态下的强度破坏准则（强度理论）奠定基础。本章的第二节至第五节分别介绍了岩石在单轴抗压、三轴抗压、抗拉、抗剪等条件下的测定强度和强度参数的试验方法。

岩石的变形是指岩石在外力或其他物理因素（如温度、湿度）作用下发生的形状或体积的变化。反映岩石变形性质的常用参数有变形模量 E 和泊松比 μ。当这两个参数已知时，就可计算出岩石在给定应力状态下的变形。

岩石变形模量是试样在单向压缩条件下，压应力与纵向应变之比，可分为以下几种：

（1）初始模量：应力-应变曲线原点处的切线斜率。

（2）切线模量：应力-应变曲线上某一点处的切线斜率。

（3）割线模量：应力-应变曲线某一点与原点 o 连线的斜率。一般取50%单轴抗压强度对应的点与原点连线的斜率代表该岩石的变形模量。

泊松比是指单向压缩条件下横向应变与纵向应变之比，一般可用应力-应变曲线线性段的横向与纵向应变之比或应力-应变曲线上对应50%单轴抗压强度的横向与纵向应变之比作为岩石的泊松比。

在线弹性材料中，变形模量等于弹性模量。假定岩石的应力应变关系适用于三维条件下的各向同性广义胡克定律，则此时的变形模量可简化为杨氏弹性模量。其他常用的弹性参数如体积弹性模量、剪切弹性模量可表示为弹性模量和泊松比的函数。相关理论请参考弹性力学文献，这里不再赘述。

岩石变形试验是将岩石试样置于压力机上加压，同时用应变计或位移计测量不同压力下的岩石变形值，从而得到应力-应变曲线。然后通过该曲线求岩石的变形模量和泊松比。目前，测量变形（或应变）的仪表很多，如电阻应变片、千分表、线性可变差动变换器（LVDT）、环向应变计等，其中以电阻应变片使用最广。常规的变形试验如单轴压缩变形试验同单轴压缩试验一样是在较短的时间内完成的，可认为是与时间无关的瞬时试验，见本章第六节。另一类变形试验是非常规变形试验，通常在自伺服的全自动压力机上进行，通过分析岩石在一定荷载下变形随时间的变化曲线得到岩石的蠕变规律和长期变形特征，这种试验是与时间有关的变形试验。典型的单轴蠕变试验介绍见本章第七节。

第二节　岩石单轴抗压强度试验

一、试验目的

岩石单轴抗压强度试验用于测定岩石的单轴抗压强度 σ_c。当无侧限试样在纵向压力作用下出现压缩破坏时，单位面积上所承受的荷载称为岩石的单轴抗压强度，即试样破坏时的最大荷载与垂直于加载方向的截面积之比。该试验在原理和方式上类似于土的无侧限抗压强度试验。

二、试验原理

无侧限岩石试样在单向压缩条件下，岩块能承受的最大压应力，称为单轴抗压强度（uniaxial compressive strength），简称抗压强度。抗压强度是反映岩块基本力学性质的重要参数，它在岩体工程分类、建立岩体破坏判据中都必不可少。抗压强度测试方法简单，且与抗拉强度和剪切强度间有一定的比例关系，如抗拉强度为它的3%～30%，抗弯强度为它的7%～15%，因而可借助抗压强度大致估算其他强度。

岩石的抗压强度一般在室内压力机上通过进行加压试验测定。试件通常用圆柱形（钻探岩芯）或立方柱状（用岩块加工磨成）。圆柱形试件采用直径 $D=50\text{mm}$，也有采用 $D=70\text{mm}$ 的；立方柱状件，采用50mm×50mm×100mm或70mm×70mm×140mm。试件的高度 h 应当满足下列条件：

圆柱形试件　　$h=(2\sim2.5)D$　　(9-1)

立方柱形试件　　$h=(2\sim2.5)\sqrt{A}$　　(9-2)

式中　D——试件的横截面直径，mm；

A——试件的横断面面积，mm^2。

当试件高度不足时，其两端与加载之间的摩擦力将影响到强度测定的结果。

试件在破坏时的应力值称为样品的抗压强度，其关系式为：

$$\sigma_c=\frac{P}{A} \tag{9-3}$$

式中　σ_c——岩块的单轴抗压强度，MPa；

P——试件破坏时的荷载（即最大破坏荷载），N；

A——垂直于加载方向的横断面面积，mm^2。

三、试验设备

岩石的单轴抗压强度试验设备包括：

（1）制样设备：钻石机、切石机和磨石机；

（2）测量平台、游标卡尺、电子秤等；

（3）烘箱、干燥箱；

（4）水槽、煮沸设备或真空抽气设备；

（5）压力机（普通压力机或其他岩石力学系统，如刚性试验机 RMT、MTS 系统、法国 TOP 公司 TRIAXIAL 系统、TYS-500 岩石三轴试验机等）。

压力机应满足下列要求：

1）有足够的吨位，即能在总吨位的 10% ~90% 之间进行试验，并能连续加载且无冲击。

2）承压板面平整光滑且有足够的刚度，必须采用球形座。承压板直径不小于试样直径，且不宜大于试样直径的两倍。如大于两倍以上时需在试样上下端加辅助承压板，辅助承压板的刚度和平整光滑度应满足压力机承压板的要求。

3）压力机的校正与检验应符合国家计量标准的规定。

四、试验步骤

岩石的单轴抗压强度试验操作步骤包括以下六个方面：试样制备；试样描述；试样尺寸测量；试样安装、加载；描述试样破坏后的形态，并记录有关情况；计算岩石的单轴抗压强度。

（1）试样制备。

1）试样尺寸规格。一般采用直径 50mm、高 100mm 的圆柱体，以及断面边长 50mm，高 100mm 的方柱体。

2）试样制备精度控制。

①试样可用钻孔岩芯或坑、槽探中采取的岩块，试件制备中不允许有人为裂隙出现，

按规程要求，标准试件为圆柱体，直径为50mm，允许变化范围为48～54mm。高度为100mm，允许变化范围为95～105mm，对于非均质的粗粒结构岩石，或取样尺寸小于标准尺寸者，允许采用非标准试样，但高径比必须保持$H:D=2:1\sim2.5:1$。含大颗粒岩石的试件直径或边长应大于最大颗粒尺寸的10倍。

②试样数量，视所要求的受力方向或含水状态而定，一般情况下制备3个。

③试样制备的精度，在试样整个高度上，直径误差不得超过0.3mm。两端面的不平行度不超过0.05mm。断面应垂直于试样轴线，最大偏差不超过0.25°。

3）试样烘干或饱和处理。

根据试验要求需对试样进行烘干或饱和处理，步骤如下：

①烘干试样：在105～110℃温度下烘干24h。

②自由浸水法饱和试样：将试样放入水槽，先注水至试样高度的1/4处，以后每隔2h分别注水至试样高度的1/2和3/4处，6h后全部浸没试样，试样在水中自由吸水48h。

③煮沸法饱和试样：煮沸容器内的水面始终高于试样，煮沸时间不少于6h。

④真空抽气法饱和试样：饱和容器内的水面始终高于试样，真空压力表读数宜为100kPa，直至无气泡逸出为止，但总抽气时间不应少于4h。

（2）试样描述。试验前应对试样进行描述，描述应包括如下内容：

1）岩石名称、颜色、结构、矿物成分、颗粒大小、胶结物性质等特征。

2）节理裂隙的发育程度及其分布，记录受载方向与层理、片理及节理裂隙之间的关系。

3）测量试样尺寸，求其断面面积A；记录试样加工过程中的缺陷。

（3）试样安装、加载。将试样置于试验机承压板中心，调整其位置，使之均匀受载，然后以每秒0.5～1.0MPa的加载速度加荷，直至试样破坏，记下破坏（最大）荷载P。

（4）描述试样破坏后的形态，并记录有关情况。

（5）计算岩石的单轴抗压强度。根据公式计算岩石的单轴抗压强度，计算值取3位有效数字。

★ ①当试样侧向变形迅速增大，岩石扩容明显，试样临近破坏时，如果试样不在封闭压力室内，应事先设防护罩（玻璃钢），以防止脆性坚硬岩石突然破坏时岩屑飞射。对于脆性较强的岩石或强度较低的软岩，不宜设置过大的加载速度，可在规程规定的基础上（0.5～1.0MPa/s）适当降低，如可设置0.05～0.5MPa/s的加载速度。

②在对试样加载前，应检查试样是否放正，防止不均匀受压。

③一般采用应力加载的方式，如果要得到峰后岩石的特性，则必须采用位移加载方式。

五、数据整理

按式（9-3）计算岩石单轴抗压强度，计算结果保留3位有效数字。试验结果记录到表9-2中。

$$\sigma_c=\frac{P}{A}$$

表 9-2　岩石单轴抗压强度试验记录表

工程名称：________　　　　试验者：________
岩样编号：________　　　　计算者：________
试验日期：________　　　　校核者：________

<table>
<tr><th rowspan="2">岩石名称</th><th rowspan="2">含水状态</th><th rowspan="2">受力方向</th><th rowspan="2">试样编号</th><th colspan="2">试样直径/mm</th><th rowspan="2">破坏荷载
/N</th><th rowspan="2">抗压强度
/MPa</th><th rowspan="2">备 注</th></tr>
<tr><th>测定值</th><th>平均值</th></tr>
<tr><td rowspan="9"></td><td rowspan="9"></td><td rowspan="9"></td><td rowspan="3"></td><td></td><td rowspan="3"></td><td rowspan="3"></td><td rowspan="3"></td><td rowspan="3"></td></tr>
<tr><td></td></tr>
<tr><td></td></tr>
<tr><td rowspan="3"></td><td></td><td rowspan="3"></td><td rowspan="3"></td><td rowspan="3"></td><td rowspan="3"></td></tr>
<tr><td></td></tr>
<tr><td></td></tr>
<tr><td rowspan="3"></td><td></td><td rowspan="3"></td><td rowspan="3"></td><td rowspan="3"></td><td rowspan="3"></td></tr>
<tr><td></td></tr>
<tr><td></td></tr>
<tr><td colspan="9">试 样 描 述</td></tr>
<tr><td colspan="9"></td></tr>
</table>

第三节　岩石常规（假）三轴抗压强度试验

一、试验目的

岩石常规（假）三轴抗压强度试验用于测定岩石在三轴受压应力状态下的强度。当岩石试样在三轴压力作用下出现压缩破坏时，单位面积上所承受的轴向荷载称为岩石的三轴抗压强度，即试样破坏时的最大轴向荷载与垂直于加载方向的截面积之比。此外试验中所测定的强度与变形参数还有：三轴压缩强度、岩石的黏聚力、内摩擦角，以及弹性模量和泊松比等。

二、试验原理

岩石三轴试验是针对岩石材料采用的较为成熟的力学试验方法，其与土体三轴试验在实践方式原理上基本相同，有关岩石三轴试验的基本实现思想和数据处理思路可参见第七章第三节，本节不再赘述。岩石三轴试验的一个主要目的，是为了揭示岩石力学中使用最广泛的强度理论——莫尔-库仑理论的规律特征。该理论假设材料内某一点的破坏主要取决于它的大、小主应力，即 σ_1 和 σ_3，而与中间主应力无关。根据采用不同的大、小主应力比例求得的材料强度试验资料，例如单轴压缩、单轴拉伸、纯剪、各种不同大、小主应力比的三轴压缩试验等，在σ-τ平面上，绘制一系列对应材料极限破坏时应力状态的莫尔应力圆（见图9-1），然后作出这一系列极限应力圆的包络线（莫尔强度包络线）。该包络线代表材料的破坏条件或强度条件，在包络线上的所有各点都反映材料破坏时的剪应力（即抗剪强度）τ与正应力σ的关系，通常可采用线性形式（式（9-5））表示。该直线的倾角和截距则分别对应着强度理论的两个参数内摩擦角φ和黏聚力c。

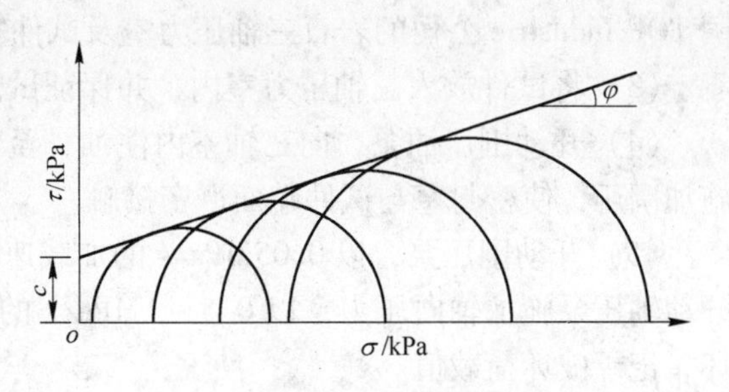

图9-1　莫尔应力圆强度包络线

三、试验设备

岩石常规三轴试验设备与岩石单轴压缩试验设备类似，除了附属的制样设备外，主要还包括三轴压力室、加压系统、应变测试系统（应变片或位移传感器LVDT）以及橡胶套、垫片等一些附属元件。单轴压缩试验也可在三轴试验系统上进行。岩石三轴压力系统示意图如图9-2所示。

四、试验步骤

（1）试样制备和试样描述。试样采用圆柱形样，制备试样的方法和要求及试样描述同前文岩石单轴抗压试验。

（2）在试样表面涂上薄层胶液（如聚乙烯醇缩醛胶等），待胶液凝固后，将圆柱体试样两端放好上、下封油塞（或金属垫片），再给试样套上耐油耐高压的橡皮保护套，两端用钢箍扎紧，确保试样不与油接触及试样破坏后碎石屑不会落入压力室。图9-3所示为法

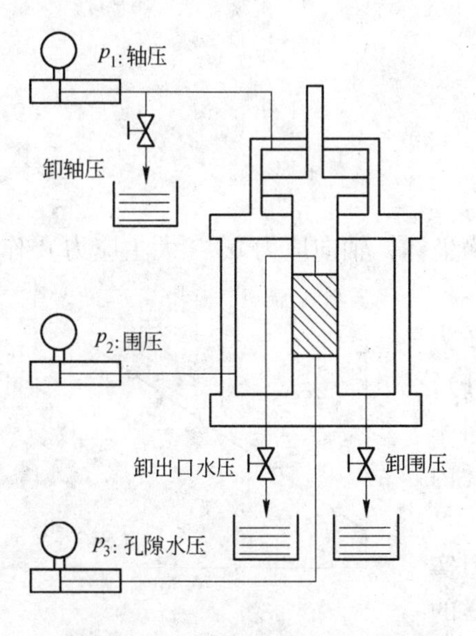

图9-2　岩石三轴压力系统示意图

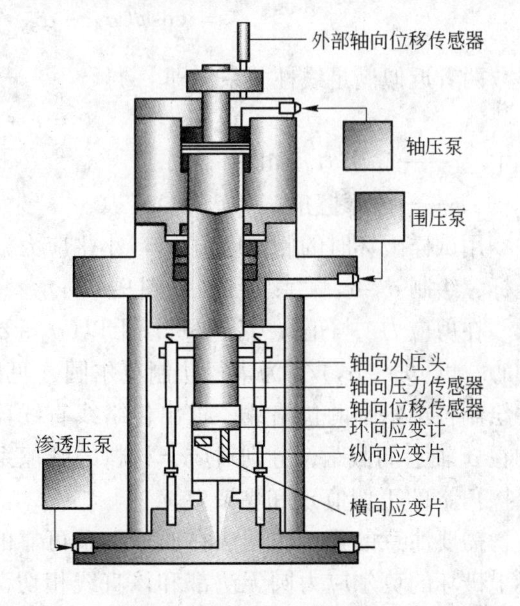

图9-3　岩石三轴压力室及试件安装示意图

国 TOP Industrie 公司的岩石三轴压力室及试件安装示意图。

（3）将试件放入三轴压力室内，并保证试件轴心线与三轴压力室轴心线对准。

（4）开动围压油泵，向三轴室内注油，至液面充满压力室后关闭油泵，放好密封塞，施加围压，使密封塞与试件端面严密接触。

（5）开动围压泵，以 0.05MPa/s 的加载速率施加围压，当侧向压力达到预定围压时，开动轴压泵施加轴向压力，以 0.5～1MPa/s 的应力速率施加轴向荷载，直至试件完全破坏，记录破坏荷载值。

★ ①试验过程中，应认真观察各部件变化情况，严格按照操作规程操作，当操作平台压力表呈突然停顿现象时，说明试样即将破坏。

②在安装试件时应打开排气阀，以排除压力室内的空气，向压力室注油应适量，不宜过多，以防止溢油过多。

③注意压力表的变化，特别是围压的变化，如果围压加不上去或者突然降低，则很可能是试样进油，试验需重做。

五、数据整理

（1）分析方法。根据水利行业标准《水利水电工程岩石试验规程》(SL264—2001）和电力行业标准《水电水利工程岩石试验规程》(DLT5368—2007），岩石三轴试验数据分析方法有如下四类：

1）作图法。作图法的依据是莫尔-库仑强度准则，该准则认为所有三轴试验破坏的应力圆都近似地和某一直线相切，切点的应力值就是破裂面的正应力 σ 和剪应力 τ，即

$$\left.\begin{aligned}\sigma &= (\sigma_1 + \sigma_3)/2 - \sin\varphi(\sigma_1 - \sigma_3)/2 \\ \tau &= \cos\varphi(\sigma_1 - \sigma_3)/2\end{aligned}\right\} \tag{9-4}$$

两者近似满足线性关系，即

$$\tau = c + \sigma\tan\varphi \tag{9-5}$$

式中 c——黏聚力，MPa；

φ——内摩擦角，(°)。

用试样破坏时的侧向应力 σ_3（小主应力）作横坐标，轴向应力 σ_1（大主应力）作纵坐标，绘制 σ_1-σ_3 关系曲线，如图 9-4 所示。

在剪应力 τ 与正应力 σ 坐标图上以 $(\sigma_1+\sigma_3)/2$ 为圆心，以 $(\sigma_1-\sigma_3)/2$ 为半径绘制莫尔圆（见图 9-1），并绘制各莫尔圆的包络线。求出包络线直线段的斜率和在 σ 轴上的截距，分别对应于材料的摩擦系数（内摩擦角 φ 的正切值）和黏聚力。

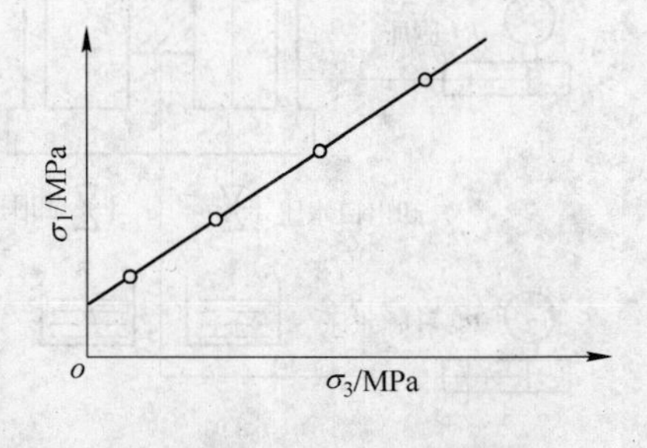

图 9-4 σ_1 和 σ_3 关系曲线

需要注意的是，作图法在原理上是可靠的，但实际上破坏的莫尔应力圆无法都和该直线相切，同样的三轴试验数据，不同的人用作图法得到的直线都不相

同。因此作图法只适用于定性分析，即给出 c、φ 的大概值，而准确定量是困难的。

2）τ_{max}-σ_m 法。用最小二乘法得回归方程：

$$\tau_{max} = (\sigma_1 - \sigma_3)/2 = A + B\sigma_m = A + B(\sigma_1 + \sigma_3)/2 \tag{9-6}$$

式中　τ_{max}——最大剪应力，MPa；

σ_m——平面平均应力，MPa。

常数 A、B 和 c、φ 的关系为

$$\left.\begin{aligned} \sin\varphi &= B \\ c &= A/\cos\varphi \end{aligned}\right\} \tag{9-7}$$

3）σ_1-σ_3法。以 σ_3为自变量 x，σ_3为因变量 y，用最小二乘法确定回归方程 $\sigma_1 = a + b\sigma_3$，常数 a、b 和 c、φ 的关系为

$$\left.\begin{aligned} \varphi &= \arcsin\left(\frac{b-1}{b+1}\right) \\ c &= a(1-\sin\varphi)/(2\cos\varphi) \end{aligned}\right\} \tag{9-8}$$

低围压下可将强度曲线简化为直线，即直线型强度曲线，符合莫尔-库仑强度准则。将对应于强度试验破坏状态应力的散点（σ_3，σ_1）进行线性回归，按下式得到回归系数为：

$$b = \frac{\sum_{i=1}^{n}(\sigma_{3i} - \overline{\sigma}_3)(\sigma_{1i} - \overline{\sigma}_1)}{\sum_{i=1}^{n}(\sigma_{3i} - \overline{\sigma}_3)^2} \qquad a = \overline{\sigma}_1 - b\overline{\sigma}_3 \tag{9-9}$$

相关系数为：

$$r = \frac{\sum_{i=1}^{n}(\sigma_{3i} - \overline{\sigma}_3)(\sigma_{1i} - \overline{\sigma}_1)}{\sqrt{\sum_{i=1}^{n}(\sigma_{3i} - \overline{\sigma}_3)^2 \sum_{i=1}^{n}(\sigma_{1i} - \overline{\sigma}_1)^2}} \tag{9-10}$$

式中　σ_{3i}——第 i 块试件的破坏侧向应力，MPa；

σ_{1i}——第 i 块试件的破坏轴向应力，MPa；

$\overline{\sigma}_3$——平均的破坏侧向应力，MPa；

$\overline{\sigma}_1$——平均的破坏轴向应力，MPa。

内摩擦角 φ 和黏聚力 c 分别按下式计算，计算结果精确到小数点后一位。

$$\varphi = \arcsin\left(\frac{b-1}{b+1}\right) \qquad c = a\frac{1-\sin\varphi}{2\cos\varphi} \tag{9-11}$$

式中　φ——岩石内摩擦角，（°）；

c——岩石黏聚力，MPa。

4）应力-应变曲线分析。以上是岩石三轴压缩试验中有关强度分析部分的内容。为研究岩石在实际加载过程中的应力应变关系，亦需要对三轴试验的应力-应变曲线进行深入分析。

①试件的应变计算。用测微表测定变形时，按下式计算轴向应变：

$$\varepsilon_a = \frac{\Delta L_1 - \Delta L_2}{L} \tag{9-12}$$

式中　ε_a——轴向应变值；

L——试件高度，mm；

ΔL_1——测微表测定的总变形值，mm；

ΔL_2——压力机系统的变形值，mm。

用电阻应变仪测应变时，按下式计算试件的体积应变值：

$$\varepsilon_v = \varepsilon_a + 2\varepsilon_1 \tag{9-13}$$

式中　ε_v——某一应力下的体积应变值；

ε_a——同一应力下的纵向应变值；

ε_1——同一应力下的横向应变值。

②绘制应力 σ_1-σ_3 与应变关系曲线，并根据应力-应变关系曲线确定岩石的弹性模量和泊松比，如图 9-5 所示。

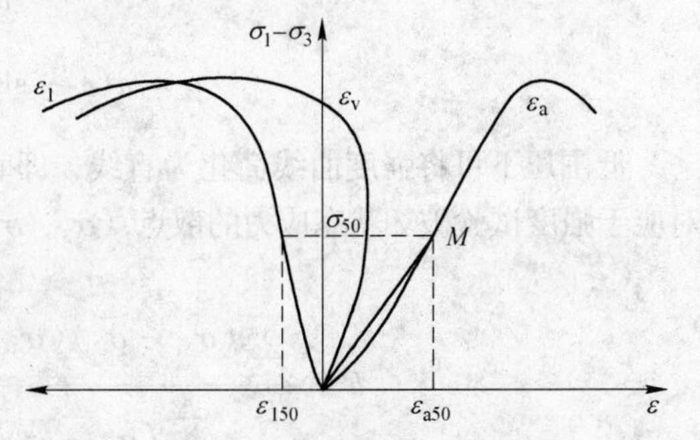

图 9-5　三轴压缩试验典型应力-应变关系曲线图

根据应力-应变关系曲线，计算弹性模量：

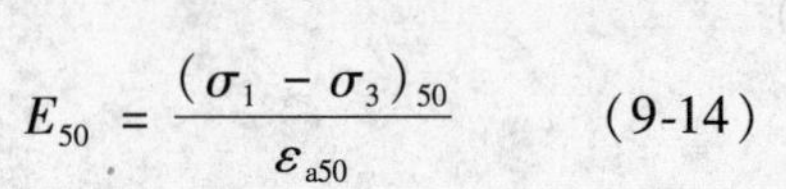

$$E_{50} = \frac{(\sigma_1 - \sigma_3)_{50}}{\varepsilon_{a50}} \tag{9-14}$$

式中　E_{50}——弹性模量，MPa；

$(\sigma_1 - \sigma_3)_{50}$——相对于主应力差（偏应力）峰值 50% 的应力值，MPa；

ε_{a50}——应力为主应力差峰值 50% 时对应的纵向应变值（精确到小数点后三位）。

取应力为抗压强度 50% 的横向应变值和纵向应变值，计算泊松比 μ：

$$\mu = \frac{\varepsilon_{150}}{\varepsilon_{a50}} \tag{9-15}$$

式中　μ——泊松比；

ε_{150}——应力为主应力差峰值 50% 时对应的横向应变值；

ε_{a50}——应力为主应力差峰值 50% 时对应的纵向应变值（精确到小数点后三位）。

对于有明显线弹性阶段的应力-应变曲线，设偏应力$(\sigma_1 - \sigma_3)$-纵向应变曲线直线段的斜率为 E_a，偏应力$(\sigma_1 - \sigma_3)$-横向应变曲线直线段的斜率为 E_1，则 E_a 为弹性模量 E，把 E_a 和 E_1 的比值定为泊松比 μ。

（2）整理记录表格，如表 9-3 所示；

（3）绘制侧向应力 σ_3 与轴向应力 σ_1 关系曲线，并根据曲线求岩石的内摩擦角 φ 和黏聚力 c；

（4）绘制轴向偏应力（$\sigma_1 - \sigma_3$）与应变关系曲线，并根据曲线求岩石的弹性模量 E 和泊松比 μ。

表 9-3　岩石常规三轴抗压强度试验记录表

工程名称：＿＿＿＿＿＿＿＿　　　　试验者：＿＿＿＿＿＿＿＿

岩样编号：＿＿＿＿＿＿＿＿　　　　计算者：＿＿＿＿＿＿＿＿

试验日期：＿＿＿＿＿＿＿＿　　　　校核者：＿＿＿＿＿＿＿＿

岩石名称	含水状态	围压/MPa	试样编号	试样直径/mm		破坏荷载/N	轴向抗压强度/MPa	备　注
				测定值	平均值			
试 样 描 述								

第四节　岩石抗拉强度（劈裂法）试验

一、试验目的

岩石抗拉强度试验用于测定岩石的单轴抗拉强度。试样在纵向拉应力作用下出现拉伸破坏时，单位面积上所承受的荷载称为岩石的单轴抗拉强度，即试样破坏时的最大荷载与垂直于加载方向的截面积之比。劈裂法试验是间接测定岩石单轴抗拉强度的方法之一。该法是在圆柱体试样的直径方向上施加相对的线形荷载，使之沿直径方向破坏，进而测定相应强度。

二、试验原理

在测定岩石抗拉强度的直接试验中，最大的困难是试件的夹持问题，为使拉应力均匀分布并便于夹持，需要专门制备符合一定标准尺寸的试件，而由于岩石的易脆断性，制备岩石抗拉试件是很不容易的。因此，为了测定岩石的抗拉强度，需采用其他的间接方法，其中最常用的是劈裂法（巴西试验）。劈裂法是在圆柱体试样的直径方向上，施加相对的线性载荷使之沿直径方向破坏的试验（见图9-6）。

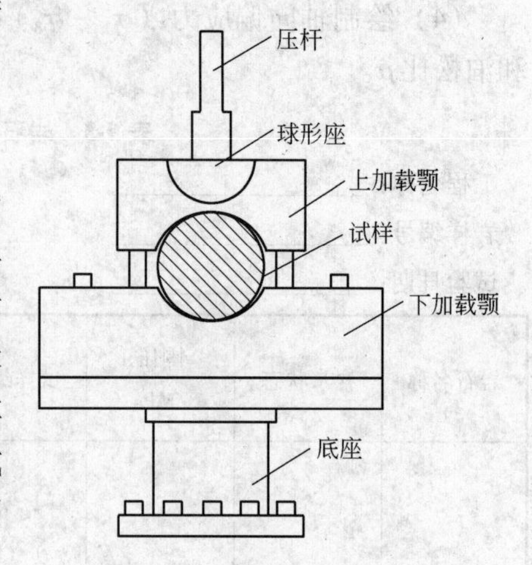

图 9-6　岩石间接抗拉强度试验装置示意图（劈裂法）

各类岩石常见的单轴抗拉强度范围见表 9-4。

表 9-4　岩石常见单轴抗拉强度范围

岩石名称	抗拉强度 σ_t/MPa	岩石名称	抗拉强度 σ_t/MPa
花岗岩	7 ~ 25	石灰岩	5 ~ 25
闪长岩	15 ~ 30	白云岩	15 ~ 25
粗玄岩	15 ~ 35	煤	2 ~ 5
辉长岩	15 ~ 30	石英岩	10 ~ 30
玄武岩	10 ~ 30	片麻岩	5 ~ 20
砂　岩	4 ~ 25	大理岩	7 ~ 20
页　岩	2 ~ 10	板　岩	7 ~ 20

三、试验设备

（1）加载设备。压力试验机应符合本章第二节的规定，因岩石的抗拉强度远低于抗压强度，为了提高试验精度，所以压力试验机的吨位（量程）不宜过大。

（2）垫条。在岩石劈裂试验中，目前国内外规程中，有加垫条、劈裂压模、不加垫条三种，《水利水电工程岩石试验规程》(SL264—2001）建议采用电工用的胶木板或硬纸板，其宽度与试样直径之比为0.08 ~0.1，或者是采用直径为1mm的钢丝；国际岩石力学学会实验室和现场试验标准化委员会建议采用压模，压模圆弧直径为试样直径的1.5倍；日本、美国等矿业规程建议不加垫条，使试样与承压板直接接触。

（3）劈裂法试验夹具。另外，量测工具、试样加工等有关设备见本章第二节。

四、试验步骤

（1）试样制备。

1）试样可用钻孔岩芯或岩块，在现场取样、试样运输和试件制备过程中应避免扰动，更不允许人为裂隙出现。制备试件时应采用纯净水作冷却液。

2）标准试件采用圆柱体或圆盘形，直径50mm，高度为直径的0.5～1.0倍；也可采用50mm×50mm×50mm的方形试件。试样尺寸的允许变化范围不宜超过5%。

3）对于非均质的粗粒结构岩石，或取样尺寸小于标准尺寸者，允许使用非标准试样，但高径比必须满足标准试样的要求。

4）试样个数视所要求的受力方向或含水状态而定，一般情况下至少制备3个。

5）试样制备的精度，整个厚度上，直径最大误差不应超过0.1mm，两端不平行度不宜超过0.1mm。端面应垂直于试样轴线，最大偏差不应超过0.25°。

6）对于遇水崩解、溶解和干缩湿胀的岩石，除应采用干法制备试件外，还应符合下列规定：试件劈裂面的受拉方向应与岩石单轴抗压试验时的受力方向一致；试件应采用圆柱体，直径宜为48～54mm，高度与直径之比宜为0.5～1.0，试件高度应大于岩石最大颗粒粒径的10倍。

（2）通过试件直径的两端，在试件的侧面沿轴线方向画两条加载基线，将两根垫条沿加载基线固定。对于坚硬和较坚硬岩石应选用直径为1mm钢丝为垫条，对于软弱和较软弱的岩石应选用宽度与试件直径之比为0.08～0.1的硬纸板或胶木板为垫条。

（3）将试件置于试验机承压板中心，调整球形座，使试件均匀受力，作用力通过两垫条所确定的平面。

（4）以0.1～0.3MPa/s的速率加载直至试件破坏，软岩和较软岩应适当降低加载速率，记录破坏时的最大荷载。

（5）试件最终破坏应通过两垫条决定的平面，否则应视为无效试验。

（6）观察试样在受载过程中的破坏发展过程，并记录试样的破坏形态。

五、数据整理

（1）岩石的抗拉强度计算。具体根据下式进行计算，计算值取三位有效数字。

$$\sigma_t = \frac{2P}{\pi DH} \tag{9-16}$$

式中　σ_t——岩石的抗拉强度，MPa；

P——试样破坏时的最大荷载，N；

D——试样直径，mm；

H——试样厚度，mm。

（2）计算后，将试验数据及计算结果填写在岩石单轴抗拉强度试验（劈裂法）记录表（见表9-5）中。

表 9-5　岩石单轴抗拉强度试验（劈裂法）记录表

工程名称：＿＿＿＿＿＿＿＿　　　　试验者：＿＿＿＿＿＿＿＿

岩样编号：＿＿＿＿＿＿＿＿　　　　计算者：＿＿＿＿＿＿＿＿

试验日期：＿＿＿＿＿＿＿＿　　　　校核者：＿＿＿＿＿＿＿＿

岩石名称	含水状态	受力方向	试样编号	试样直径/mm		试样厚度/mm		破坏荷载/N	抗压强度/MPa	备注
				测定值	平均值	测定值	平均值			
试样描述										

第五节　岩石抗剪强度试验

一、试验目的

岩石抗剪强度试验用于测定岩石的抗剪强度。标准岩石试样在有正应力的条件下，剪切面受剪力作用而使试样剪断破坏时的剪力与剪断面积之比，称为岩石试样的抗剪强度。

二、试验原理

岩石的抗剪强度是岩石对剪切破坏的极限抵抗能力。本节介绍的是直剪试验，此试验一般可测定：

（1）混凝土与岩石胶结面的抗剪强度。

（2）岩石软弱结构面（包括夹泥和不夹泥的层面、节理裂缝面和断层带等）的抗剪强度。

（3）岩石本身抗剪强度。试验时岩石含水状态可根据需要采用天然含水状态、饱和状态或其他含水状态，本节试验测定天然含水状态下岩石的抗剪强度。该法是利用压力机施加垂直荷载，并在预定的剪切面水平方向施加剪切荷载，从而绘制法向压应力 σ 与剪应力 τ 之关系曲线，再按照莫尔-库仑强度准则求得岩石黏聚力 c 和内摩擦角 φ。

其他常用的抗剪强度试验方法还有变角板法，其利用压力机施加垂直荷载，再通过一套特制的夹具使试样沿某一剪切面破坏，然后通过静力平衡条件求解剪切面上的法向压应力和剪应力，最后再利用莫尔-库仑强度准则求抗剪强度参数。

三、试验设备

（1）制样设备：钻石机、切石机、磨石机。

（2）试件测量设备：游标卡尺及位移测表等。

（3）直剪试验仪：如长春试验机厂生产的CSS-3940YJ型岩石剪切流变伺服仪。

四、试验步骤

1. 试样制备

（1）岩石直剪试验试件的直径或边长应大于或等于50mm，试件高度应与直径或边长相等。一般可采用50mm×50mm×50mm、70mm×70mm×70mm、100mm×100mm×100mm或150mm×150mm×150mm的立方体，试样各端面严格平行，不平行度小于边长的0.1%。

（2）岩石结构面直剪试验试件的直径或边长不得小于50mm，试件高度与直径或边长相等。结构面应位于试件中部。

（3）混凝土与岩石胶结面直剪试验试件应为方块体，其边长不宜小于150mm。胶结面应位于试件中部，岩石起伏差应为边长的1%～2%。混凝土骨粒的最大粒径不得大于边长的1/6。

（4）每组试验试件的数量不应少于5个。

2. 试件安装

（1）将试件置于金属剪切盒内，试件与剪切盒内壁之间的间隙以填料填实，使试件与剪切盒成为一个整体，预定剪切面应位于剪切缝中部。

（2）安装试件时，法向荷载和剪切荷载（或两者的合力）应通过预定剪切面的几何中心。若测剪切位移，法向位移测表和水平位移测表应对称布置，各测表数量不宜少于2只。

3. 施加法向荷载

（1）对每个试件，首先应分别施加不同的法向应力，所施加的最大法向应力，不宜小于预定的法向应力。预定的应力或预定的压力，一般是指工程设计应力或工程设计压力。在确定试验应力或试验压力时，还应考虑岩石或岩体的强度、岩体的应力状态以及设备精度和出力。

（2）对于岩石结构面中具有充填物的试件，最大法向应力应以不挤出充填物为宜。

（3）不需要固结的试件，法向荷载一次施加完毕，即测读法向位移，5min后再测读一次，即可施加剪切荷载。

（4）需固结的试件，在法向荷载施加完毕后的第一小时内，每隔15min读数1次，然后每半小时读数1次，当每小时法向位移不超过0.05mm时，即认为固结稳定，可施加剪切荷载。

（5）在剪切过程中，应使法向荷载始终保持为常数。

4. 剪切荷载的施加

每个试验首先应分别施加不同的法向应力，待其稳定后再施加剪切荷载。施加剪切荷载应根据直剪仪的结构选择采用平推式或斜推式。两者均要求法向荷载和剪切荷载（或两者的合力）通过预定剪切面的几何中心。加载速度应控制在0.5~0.8MPa/s，如果剪切面强度较低，可适当降低剪切速度。

5. 对剪坏的试件剪切面进行描述

（1）准确量测剪切面面积。

（2）详细描述剪切面的破坏情况，擦痕的分布、方向和长度。

（3）测定剪切面的起伏差，绘制沿剪切方向断面高度的变化曲线。

（4）当结构面内有充填物时，应准确判断剪切面的位置，并记述其组成成分、性质、厚度、构造。根据需要测定充填物的物理性质。

★ ①使用金属剪切盒测试软岩剪切强度，计算法向应力时不能忽略剪切盒的质量。
②先以较大速度使压头和试样接触，再以一定的加载速度施加法向荷载和剪切荷载。
③在法向荷载加载稳定后，才能施加剪切荷载，注意在剪切过程中应避免由于剪切力过大或剪切方向误差而产生弯矩。

五、数据整理

（1）将试验记录填于表9-6中。

（2）试验成果整理应符合下列要求：

1）按下列公式计算各法向荷载下的法向应力和剪应力。

①平推法：

$$\sigma = P/A \tag{9-17}$$

$$\tau = Q/A \tag{9-18}$$

②斜推法：

$$\sigma = P/A + Q\sin\alpha/A \tag{9-19}$$

$$\tau = Q\cos\alpha/A \tag{9-20}$$

式中　σ——作用于剪切面上的法向应力，MPa；

τ——作用于剪切面上的剪应力，MPa；

P——作用于剪切面上的法向荷载，N；

Q——作用于剪切面上的剪切荷载，N；

A——剪切面积，mm^2；

α——斜推剪切荷载与剪切面的夹角，（°）。

2）计算后，把试验数据及计算结果填写在岩石剪切强度试验记录表（见表9-6）中。

3）根据各剪切阶段特征点的剪应力和法向应力绘制关系曲线（见图9-7），按库仑表达式确定相应的岩石抗剪强度参数，图中纵坐标轴上的截距为岩石黏聚力，拟合直线的倾角为岩石的内摩擦角。

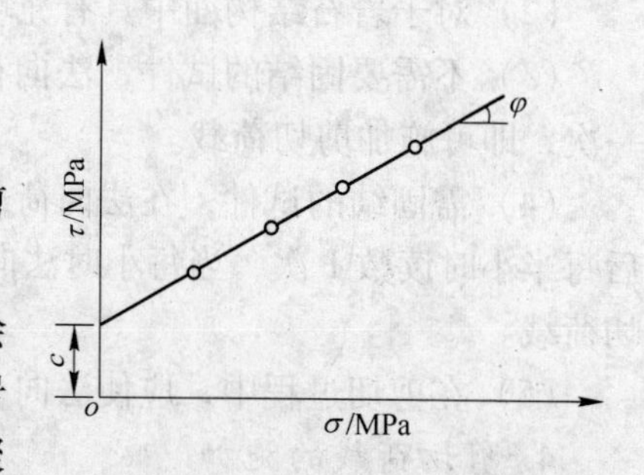

图9-7　岩石直剪试验抗剪强度曲线图

表 9-6　岩石剪切强度试验记录表

工程名称：________　　　　试验者：________

岩样编号：________　　　　计算者：________

试验日期：________　　　　校核者：________

岩石名称	含水状态	试样编号	试样直径/cm		垂向荷载 /kN	垂向应力 /MPa	剪切荷载 /kN	剪切应力 /MPa	备注
			测定值	平均值					
试件描述									

第六节　岩石单轴（静态）压缩条件下的变形试验

一、试验目的

岩石单轴（静态）压缩条件下的变形试验主要为了测定岩石的基本变形参数：变形模量和泊松比。

二、试验原理

岩石的静态压缩变形参数是反映岩石在静态荷载作用下的变形性质的参数。无侧限岩石试样在单向压缩条件下，静态压缩变形是反映岩块基本力学性质的重要参数，它在岩体工程分类、建立岩体破坏判据中都是必不可少的。静态压缩变形测试方法简单，可与单轴抗压强度试验、三轴抗压强度试验同时进行。

三、试验设备

（1）制样设备：钻石机、切石机、磨石机等。

（2）测量平台。

（3）压力试验机。

（4）静态电阻应变仪、千（百）分表。

（5）其他设备：惠斯顿电桥、万用表、兆欧表；电阻应变片以及贴片设备；电线及焊接设备等。

四、试验步骤

（1）试样制备。岩石单轴（静态）压缩条件下的变形试验的试样制备，要求同单轴抗压强度试验或三轴抗压强度试验，一般也采用圆柱体试样，请参考本章第二节。

（2）试样描述。描述内容包括：岩石名称、颜色、矿物成分、结构、风化程度、胶结物性质等；岩石试样内层理、节理、裂隙及其与加荷方向的关系；试样加工中出现的问题；贴应变片位置或测表触点部位；含水状态。

（3）电阻应变片的粘贴及防潮处理。电阻应变仪测量岩石应变的基本原理是将电阻应变片粘贴在试样的表面，当岩石受压变形时，电阻应变片与岩石一起变形，并使其电阻值产生变化，通过电阻应变仪的电桥装置，测出该变化的电阻值并自动转换为应变值，此值即为岩石的应变值。

1）选择合适的电阻片。要求电阻丝平直，间距均匀，电阻片阻栅长度大于试样中最大颗粒尺寸的10倍，并小于试样的半径；作为同一试样的工作片和补偿片的规格，其灵敏系数等应相同，电阻值相差应不超过0.2Ω。

2）用细砂布打磨试件需要粘贴应变片部位的表面。打磨方向与贴片方向成交叉45°，面积约为5mm×10mm。

3）贴片防潮处理。贴片位置用清洗液清洗干净，用棉球蘸少量丙酮（酒精）擦洗贴片位置，棉球脏了再换一个，只到棉球不变色为止。用铅笔画出贴片位置的方位线，然后再用棉球擦一次。此后，被清洗的表面不能与其他不清洁的物体接触。

4）左手捏住应变片的引出线，右手拿501（或502）黏结剂瓶，在应变片上涂一薄层黏结剂。迅速将应变片平放于粘贴位置，稍稍移动应变片，让黏结剂均匀分布在整个粘贴面上，并使应变片的轴线对准试件的定位线，将一小片塑料布盖在应变片上，用大拇指挤压应变片1min，挤压时不能使应变片错动。轻轻揭开薄膜，检查应变片的颜色，如发现小块白色，说明有气泡存在，应用划针蘸少量胶水沿应变片边缘涂抹，胶水会很快就渗进气泡中。再次垫上薄膜用拇指挤压，直到应变片颜色全部均匀。

5）用万用表检查应变片的电阻值是否与粘贴前一致。如有电阻变大或变小者，应检查应变片有无断路或短路，若应变片已损坏，应将应变片铲去重贴，步骤同前。

6）把接线端子用胶水粘贴在应变片引出线附近，用塑料套或绝缘带对应变片引出线进行绝缘处理，用胶带把上好锡的塑料导线固定于试件上。先将引线上锡，再将导线与应变片引出线的两对焊点分别熔接在接线端子上。焊接时间要尽量短，焊点要求光滑小巧，成球状。

7）在应变片的表面涂上一层防潮剂，防潮剂应将整个应变片罩住，最好在试件尚未冷却时涂防潮剂，厚约2mm。系统绝缘电阻值应大于200MΩ。在整个操作过程中不要损坏应变片及应变片的引出线。

操作中注意以下两点：

①粘贴应变片的胶水，对于烘干、风干试样，可采用胶合剂，对于天然含水状态及饱和试样，需采用防潮胶液，厚度不应大于0.1mm，范围需大于应变片；

②电阻应变片应牢固贴在试样中部表面，并尽量避开裂隙和个别较大的晶体、斑晶及砾石等；纵向和横向应变片的数量应均不少于两片，其绝缘电阻值要大于200MΩ。

（4）施加荷载。

1）开动试验机，使承压板和试样接触；

2）以0.5～1MPa/s的速度施加荷载，直至试样破坏，在加压过程中，逐级测读荷载与纵向及横向应变值；

3）加载时若应变仪指示不为零，需调整读数盘各挡，使读数指零，加载过程中各读数即为微应变值，正值代表压缩，负值代表拉伸，为求得完整的应力-应变曲线，测值不宜少于10组。

★ ①采用LVDT和应变环测轴向和径向应变时，应注意初始值的设置，一般取在测量精度线性段的区域，不能过大也不能过小，防止试验过程中应变值超过量程。

②贴应变片时黏结剂要涂得薄而均匀，贴后需细心检查，不能有气泡存在，且要注意检查应变片接线的正确性。在拿取和摆放应变片时，注意不要用手接触应变片的底座，也不要与其他未经清洗的物体接触，以免造成污染。禁止用镊子或其他坚硬的器具夹持敏感栅部分，防止人为损伤应变片。

③在试样正式加压之前，应检查试样是否均匀受压。其方法是给试样加少许压力，观察两纵向应变值是否接近。如相差较大，应重新调整试样。

五、数据整理

（1）按下式计算各级应力值：

$$\sigma = \frac{P}{A} \tag{9-21}$$

式中 σ——压应力值，MPa；

P——垂直荷载，N；

A——试样横断面面积，mm^2。

（2）绘制应力-纵向应变、应力-横向应变及应力-体积应变曲线，如图9-8所示。

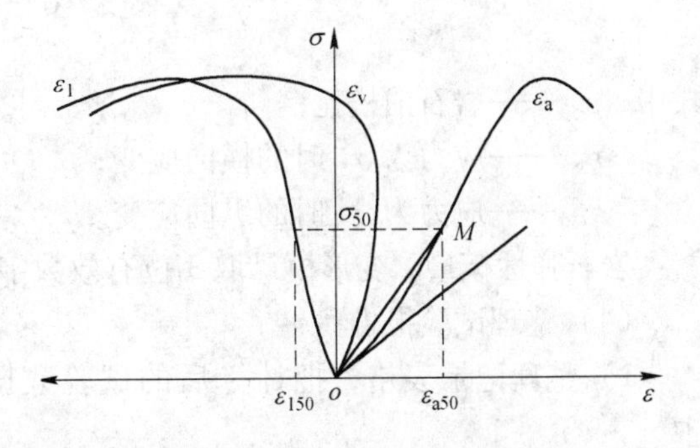

图9-8　应力-纵向应变、横向应变及体积应变关系曲线

体积应变按下式计算：

$$\varepsilon_v = \varepsilon_a + 2\varepsilon_l \tag{9-22}$$

式中 ε_v——某一级应力下的体积应变；

ε_a——同一级应力下的纵向应变；

ε_l——同一级应力下的横向应变。

（3）求弹性模量（变形模量）及泊松比。

1）初始弹性模量（E_i）。由应力-应变曲线的坐标原点引该曲线的切线，其斜率即为初始弹性模量：

$$E_{i}=\frac{\sigma_{i}}{\varepsilon_{ai}} \tag{9-23}$$

式中　E_i——初始弹性模量，MPa；

σ_i——切线上任意一点的压应力，MPa；

ε_{ai}——同一级应力下的纵向应变。

2）割线弹性模量（E_{50}），即变形模量。在应力-应变曲线上，作原点 o 与抗压强度50%点 M 的割线，则变形模量可按式（9-24）计算：

$$E_{50}=\frac{\sigma_{50}}{\varepsilon_{a50}} \tag{9-24}$$

式中　E_{50}——岩石割线弹性模量，MPa；

σ_{50}——相当于抗压强度50%的应力，MPa；

ε_{a50}——应力为 σ_{50} 时的纵向应变。

3）切线弹性模量（E_t）。可按式（9-25）计算：

$$E_{t}=\frac{\sigma_{z2}-\sigma_{z1}}{\varepsilon_{z2}-\varepsilon_{z1}} \tag{9-25}$$

式中　E_t——切线弹性模量，MPa；

σ_{z1}——应力-纵向应变曲线上直线段始点的应力，MPa；

σ_{z2}——应力-纵向应变曲线上直线段终点的应力，MPa；

ε_{z1}——应力为 σ_{z1} 时的纵向应变；

ε_{z2}——应力为 σ_{z2} 时的纵向应变。

4）泊松比。一般可取应力为抗压强度50%时的纵向应变和横向应变值计算泊松比：

$$\mu_{50}=\frac{\varepsilon_{l50}}{\varepsilon_{a50}} \tag{9-26}$$

式中　μ_{50}——岩石泊松比；

ε_{l50}——应力为 σ_{50} 时的横向应变；

ε_{a50}——应力为 σ_{50} 时的纵向应变。

岩石弹性模量、变形模量取3位有效数字，泊松比计算值精确至0.01。

（4）整理试验报告。

1）整理记录表格，把计算后的试验数据记录在岩石单轴压缩变形试验记录表9-7中。

2）根据记录资料，作应力-纵向应变曲线，应力-横向应变曲线及应力-体积应变曲线，并计算变形模量及泊松比。

表 9-7　岩石单轴压缩变形试验记录表

工程名称：＿＿＿＿＿＿＿＿　　　　试验者：＿＿＿＿＿＿＿＿

岩样编号：＿＿＿＿＿＿＿＿　　　　计算者：＿＿＿＿＿＿＿＿

试验日期：＿＿＿＿＿＿＿＿　　　　校核者：＿＿＿＿＿＿＿＿

<table>
<tr><td colspan="2">项目编号：</td><td colspan="3">岩石名称：</td><td colspan="3">试件直径（mm）：</td><td colspan="2">试件高度（mm）：</td></tr>
<tr><td colspan="2" rowspan="2">仪器编号：</td><td colspan="3" rowspan="2">含水状态：</td><td colspan="3">E_{av} =</td><td colspan="2">μ_{av} =</td></tr>
<tr><td colspan="3">E_{50} =</td><td colspan="2">μ_{50} =</td></tr>
<tr><td rowspan="3">序　号</td><td colspan="2">加　载</td><td colspan="3">纵向应变（$\times 10^{-6}$）</td><td colspan="3">横向应变（$\times 10^{-6}$）</td><td rowspan="3">备注</td></tr>
<tr><td rowspan="2">荷载/N</td><td rowspan="2">应力/MPa</td><td colspan="2">测量值</td><td rowspan="2">平均</td><td colspan="2">测量值</td><td rowspan="2">平　均</td></tr>
<tr><td>1</td><td>2</td><td>1</td><td>2</td></tr>
<tr><td>1</td><td></td><td></td><td></td><td></td><td></td><td></td><td></td><td></td><td></td></tr>
<tr><td>2</td><td></td><td></td><td></td><td></td><td></td><td></td><td></td><td></td><td></td></tr>
<tr><td>3</td><td></td><td></td><td></td><td></td><td></td><td></td><td></td><td></td><td></td></tr>
<tr><td>4</td><td></td><td></td><td></td><td></td><td></td><td></td><td></td><td></td><td></td></tr>
<tr><td>5</td><td></td><td></td><td></td><td></td><td></td><td></td><td></td><td></td><td></td></tr>
<tr><td>6</td><td></td><td></td><td></td><td></td><td></td><td></td><td></td><td></td><td></td></tr>
<tr><td>7</td><td></td><td></td><td></td><td></td><td></td><td></td><td></td><td></td><td></td></tr>
<tr><td>8</td><td></td><td></td><td></td><td></td><td></td><td></td><td></td><td></td><td></td></tr>
<tr><td>9</td><td></td><td></td><td></td><td></td><td></td><td></td><td></td><td></td><td></td></tr>
<tr><td>10</td><td></td><td></td><td></td><td></td><td></td><td></td><td></td><td></td><td></td></tr>
<tr><td>11</td><td></td><td></td><td></td><td></td><td></td><td></td><td></td><td></td><td></td></tr>
<tr><td>12</td><td></td><td></td><td></td><td></td><td></td><td></td><td></td><td></td><td></td></tr>
<tr><td>13</td><td></td><td></td><td></td><td></td><td></td><td></td><td></td><td></td><td></td></tr>
<tr><td>14</td><td></td><td></td><td></td><td></td><td></td><td></td><td></td><td></td><td></td></tr>
<tr><td colspan="10">试 样 描 述</td></tr>
<tr><td colspan="10"></td></tr>
</table>

第七节　岩石蠕变试验

一、试验目的

岩石蠕变试验用以测量岩石的黏性参数，获得岩石的蠕变变形规律，计算得到岩石的长期强度和长期强度参数。

二、试验原理

流变是岩石的基本力学性质，包括蠕变、应力松弛、与时间有关的扩容，以及强度的时间效应等特性。通过岩石的流变性能，可以建立岩石的应力/应变-时间关系，即本构关系，计算岩石的应力、应变随时间的变化，而岩石的扩容是岩石破坏的前兆，这一现象在工程上可用来预测岩石的破坏，因而对岩石工程的长期稳定性有重要意义。

岩土工程实践表明，许多岩土工程结构物在经历不同时间后发生破坏。实践经验可知，岩土具有流变性质，岩土在荷载长期作用下与荷载短时作用下的抵抗破坏能力不同，岩土的强度与作用时间有关系。试验资料也表明，岩土的强度是时间的函数。岩土的非衰减蠕变的发展引起具有加速特征的急剧性流动，以脆性或黏滞性破坏结束。因此岩土的长期抵抗破坏能力往往小于短时荷载作用下的强度值。所施加的应力越小，发生破坏所需要的时间就越长。

长期强度极限 σ_∞，即岩土在长期荷载作用下的阻抗能力的临界强度值，也就是岩土强度随着作用时间延长而降低的最低值。在小于临界的荷载作用下，在任意实际观测时间内，应变速率逐渐减小，最后趋于稳定，岩土只呈衰减蠕变，但不会破坏。当作用于岩土的应力大于岩土的临界强度时，则岩土将呈现非衰减蠕变，最后随着时间发展而导致破坏。临界强度值 σ_∞ 可用长期强度曲线的渐近线来确定。

岩石流变试验是研究岩石流变力学特性的主要手段，也是构建岩石流变本构模型的基础。岩石流变试验包括现场原位试验和室内试验两种方式。室内试验由于具有能够长期观察、可严格控制试验条件、可排除次要因素、重复次数多和耗资少等优点，一直受到广泛重视。室内流变试验方法主要有常应力下的蠕变试验和常应变下的松弛试验等，松弛试验技术上难度较大，国内外在这方面的研究较少；常应力条件下的蠕变试验有单轴压缩、扭转、弯曲、三轴压缩和剪切等形式，其中以单轴压缩蠕变试验和常规三轴压缩蠕变试验最为常见。

通过岩石的室内蠕变试验得到的典型蠕变曲线可分为三个阶段（见图9-9）：衰减蠕变阶段（或初期蠕变）、稳态蠕变阶段、加速蠕变阶段。在衰减蠕变阶段，曲线向下弯曲，蠕变速率随时间的增长而降低，最后趋于一个稳定的数值；在稳态蠕变阶段，蠕变速率基本保持不变；在加速蠕变阶段，蠕变速率随时间增长而迅速增加，直至试样蠕变破坏。蠕变与所加应力的大小有很大关系，一般来说，应力越大，蠕变速率越大。在低应力时，岩

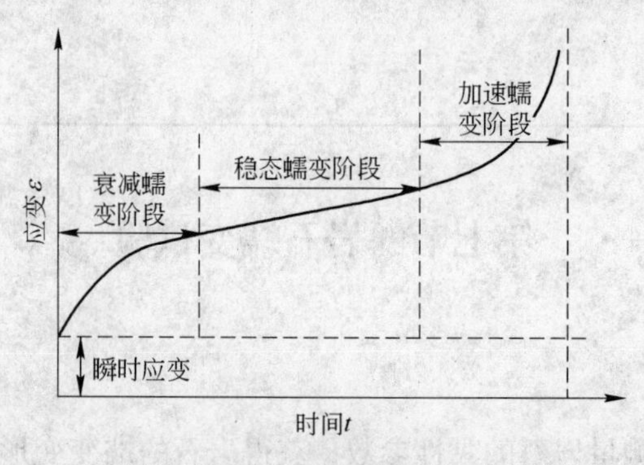

图9-9　典型蠕变曲线的三个阶段

石蠕变渐渐趋于稳定，蠕变曲线只分为衰减蠕变和稳态蠕变阶段，且第二阶段蠕变速率为零；在高应力时，岩石一般经历衰减蠕变、稳态蠕变最后蠕变加速乃至破坏，此时蠕变曲线便分为三阶段。

本节以单轴压缩蠕变试验为例，介绍岩石流变力学试验的基本方法。

三、试验设备

流变试验要求应力或应变在长时间内保持恒定，因此对试验设备的稳定系统、压力和变形测量及系统的长期稳定性与精度等都有很高的要求。加载系统可采取重力加载和液-气压容器，以避免停电所带来的影响；同时，采取储能器或跟进液压装置进行稳定。当变形增加引起压力下降时，储能器或跟进液压装置可起到自动补压作用。测量软岩流变时，可采用砝码加载系统，以观测在很小荷载增量时的软岩变形。实验室应该保持恒温恒湿，以保证试验精确。

目前常见的岩石流变试验设备有：RYJ-15 型软岩剪切流变仪、美国 MTS 系统、长春试验机厂生产的 CSS-3940YJ 型岩石剪切流变伺服仪、法国 TOP 公司研制的全自动岩石三轴流变伺服仪等。

四、试验步骤

（1）试样制备和试样描述。岩石单轴蠕变试验试样制备的要求及试样描述同单轴抗压强度试验或三轴抗压强度试验，一般也采用标准圆柱体试样，请参考本章第二节或第三节。

（2）加载方式。蠕变试验的加载方式通常有单级加载、分级增量加载两种，为了减少试验时间，多数研究采取了后一种加载方式。为了便于模型识别和确定蠕变参数，部分试件还需要进行若干卸载试验。

（3）具体步骤。蠕变试验取每组 3 ~ 5 块试件，共 5 ~ 10 组。在蠕变试验之前，先对取自同一岩块的岩样进行单轴抗压强度试验，获取岩石的瞬时抗压强度；并以此作为估算施加分级荷载大小的依据。试验的装样过程同单轴抗压强度试验。多数试件在试验过程中采取了低压力预压的方式，即首先对试件施加较小的压力，一般为瞬时抗压强度的 30% ~ 40%，然后逐步增加轴向荷载，并观测其轴向位移，一般每级荷载的加载时间控制在 24h 以上，当应变保持稳定不变或以一个较小的恒定的速率增长时，即可进入下一级加载。当仪器不能自动记录轴向位移时，每增加一级压力应立即测读瞬时位移，以后按 5min、10min、15min、30min、1h、4h、8h、12h、16h、24h 测读一次位移值，之后每隔 24h 测读 2 次，观测该级压力下变形随时间的变化。根据要求，一般蠕变试验时间通常为 7 ~ 14d，直至试件发生压缩蠕变破坏。

五、数据整理

（1）在试验过程中记录每级荷载水平对应的轴向应力下，轴向应变、侧向应变及体积应变（为轴向应变和 2 倍侧向应变之和）随时间的变化过程。试验数据记录在表 9-8中。

表 9-8　岩石单轴蠕变试验记录表

工程名称：＿＿＿＿＿＿＿＿　　试验者：＿＿＿＿＿＿＿＿

岩样编号：＿＿＿＿＿＿＿＿　　计算者：＿＿＿＿＿＿＿＿

试验日期：＿＿＿＿＿＿＿＿　　校核者：＿＿＿＿＿＿＿＿

项目编号：			仪器编号：			长期强度 σ_∞：			
岩石名称：			含水状态：						
试件直径（mm）：			试件高度（mm）：						
时间/h	加　载		纵向应变（$\times 10^{-6}$）			横向应变（$\times 10^{-6}$）			备注
	荷载/N	应力/MPa	测量值		平均	测量值		平　均	
			1	2		1	2		
试 样 描 述									

（2）岩石长期力学参数的确定。通过岩石单轴蠕变试验曲线，可确定岩石的长期强度。一般确定长期强度的方法有定义法、等时应力-应变曲线拐点法、稳态蠕变速率-应力关系曲线拐点法。定义法是根据岩石各应力水平下蠕变破坏的曲线绘制应力（纵轴）和破坏历时（横轴）的关系曲线，即长期强度曲线，它的渐近线在纵轴的交点即为长期强度。

下面具体介绍应力应变等时曲线拐点法。该方法通过不同应力水平下的轴向应变-时间、侧向应变-时间及体积应变-时间蠕变曲线，绘制相应的等时应力-应变曲线，从而求出岩石的长期强度，如图 9-10 所示。

具体步骤如下：

1）根据不同应力水平下的岩石蠕变试验，以加载时间为横坐标、应变为纵坐标（可采用轴向应变、侧向应变或体积应变数据），绘制不同应力水平（σ_1，σ_2，σ_3，…）下的蠕变曲线于同一坐标系中（如果是分级加载，在绘制蠕变曲线时，应把各级加载开始时刻设置为零）。

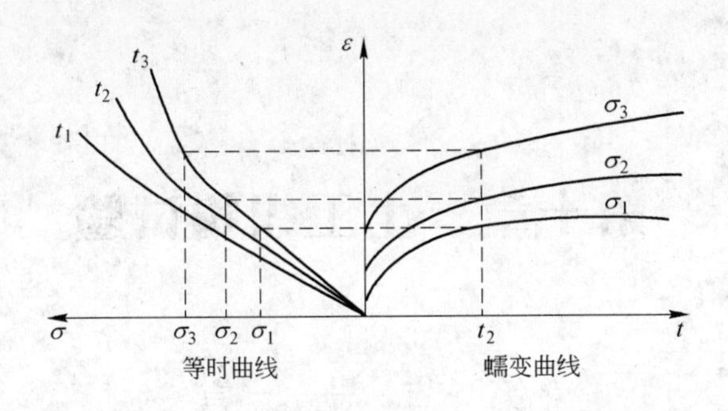

图 9-10　确定长期强度的等时应力-应变曲线法

2）把加载时间分成 n 等份，分别绘制 t_1，t_2，t_3，…，t_n 时刻与纵轴相平行的直线，与蠕变曲线相交。

3）把相同时刻对应的各交点的应力、应变绘制在横坐标为应力、纵坐标为应变的坐标系中，得到对应该时刻的等时应力-应变曲线。不同时刻下的等时应力-应变曲线构成了等时应力-应变曲线簇。

4）把等时应力-应变曲线簇偏离直线的拐点确定为长期强度 σ_∞。

5）进行不同围压下的三轴蠕变试验，根据上述方法确定不同围压下岩石的长期强度。同样，采用与第三节相同的方法确定长期强度参数——黏聚力 c_∞ 和内摩擦角 φ_∞。

(3) 岩石黏性参数的确定。基于岩石各级荷载水平下的单轴蠕变试验结果，提出适合的岩石蠕变模型，并根据对试验曲线的拟合辨识相应的蠕变参数，包括反映时间效应的黏性参数。由于该部分内容较复杂，这里不具体阐述，读者可参阅相关岩石流变力学的文献。

思 考 题

9-1　岩石室内强度试验有哪些，哪些试验可计算得到岩石的强度参数 c、φ 值？

9-2　影响岩石单轴抗压强度的试验条件有哪些？

9-3　为什么不用直接拉伸试验测量岩石的抗拉强度？

9-4　通过岩石的常规变形试验可得到什么参数，如何计算？

9-5　研究岩石时效力学特性的室内试验有哪些，如何确定岩石的长期强度和长期强度参数？

第十章　土工织物试验

第一节　导　　言

一、土工织物及其分类

土工织物（geotextiles）属于土工合成材料的一种，是指用合成纤维纺织或经胶结、热压针刺等无纺工艺制成的土木工程用卷材。土工织物按制造方法可分为织造型土工织物和非织造型土工织物两类。

织造型土工织物又称有纺土工织物，是由两组平行的细丝或纱按一定方式交织而成的平面织物。它的制造分两道工序：先将聚合物原料加工成丝、纱或带，再借织机制成平面结构的布状产品。织造时常包括相互垂直的两组平行丝，沿织机（长）方向的称经丝，横过织机（宽）方向的称纬丝。

非织造型土工织物又称无纺土工织物，是由细丝或短纤维按定向排列或任意排列并结合在一起的平面织物。根据粘合方式的不同，非织造型土工织物分为热粘合、化学粘合和机械粘合三种。热粘合非织造型土工织物是将纤维在传送带上成网，让其通过两个反向转动的热辊之间热压，在热作用下部分纤维软化熔融，互相粘连，冷却后固化而成。化学粘合法土工织物，是将粘合剂均匀地施加到纤维网中，待粘合剂固化，纤维之间便互相粘连，使网得以加固。机械粘合法是以不同的机械工具将纤维网加固，应用最广的是针刺法，此外还有水刺法。

二、土工织物的功能和工程应用

土工织物的工程应用与其功能相关。土工织物主要有反滤、排水、防护、加筋、隔离、防渗六大功能，分述如下：

（1）反滤功能。所谓反滤是指允许液体（水流）顺畅通过而固体颗粒不随水流流失。反滤材料应满足渗透水通畅排除、防止土粒流失以及反滤材料本身不因细粒土淤堵导致反滤失效等要求。

土工织物具有良好的透水性能（渗透系数约为 $10^{-1} \sim 10^{-3}$ cm/s），且其孔隙比较小，故既可满足水流通过的要求，又可防止土颗粒过量流失而造成渗透变形。利用土工织物的反滤功能，在实际工程中可以用它来代替传统的砂砾反滤层。

（2）排水功能。排水功能是指材料能让水流沿其表面排走的能力。土工织物中的孔隙是相互连通的，从而使其具有良好的排水能力，因此，工程中可用土工织物作为排水设施把土中的水分汇集起来排出。例如，挡土墙后的排水、坝体内垂直和水平排水以及加速土体固结的排水等。

(3) 防护功能。利用土工织物良好的力学性质与透水性，可将其用于防止水流冲蚀和保护基土不受外界作用破坏。例如堤坝护坡垫层、江河湖海岸坡护坡等。

(4) 加筋功能。土工织物具有较高的抗拉强度，将土工织物埋入土中可借织物与土界面的摩擦阻力限制土体侧向变形，从而使土体强度提高。例如各种结构物下的软土地基加固，修筑加筋土挡墙等。

(5) 隔离功能。土工织物的隔离作用是把两种不同材料分隔开，以防止相互混杂，或为某种目的将同一材料分隔开。例如土石坝、堤防、路堤等不同材料的各界面之间的分隔层、铁路轨道下道碴碎石和地基细粒土的分隔等。

(6) 防渗功能。土工织物可用防水材料如乙烯树脂、合成橡胶、聚氨酯或塑料等浸渍或涂刷后成为不透水的织物，这样，它就和土工膜一样可用于各种防渗结构中。不透水织物已广泛应用于堤坝、水库、水池、渠道、屋面和地下洞室等防渗工程。

上述功能的划分是以土工织物在实际应用中所起的主要作用而言，实际工程应用中土工织物往往同时起两种或两种以上的作用，如排水反滤及隔离作用、防冲与反滤作用等经常是联系在一起的。

三、土工织物的性能指标

土工织物已广泛应用于岩土工程的各个领域，如边坡防护与加固、地基处理等。不同的应用领域对土工织物有不同的功能要求，而土工织物的各个功能可以通过一定的性能指标来实现。土工织物的性能指标一般可分为物理性能指标、力学性能指标、水力性能指标、土工织物与土相互作用指标及耐久性指标等。

1. 物理性能指标

土工织物的物理性能指标主要有单位面积质量、厚度等。

(1) 单位面积质量。单位面积质量是指 $1m^2$ 土工织物的质量，也称为土工织物的基本质量，单位为 g/m^2。

(2) 厚度。土工织物的厚度是指土工织物在承受一定压力时，其顶面与底面之间的距离，单位为mm。土工织物厚度随所受法向压力而变，一般所谓的厚度都是指2kPa压力下的厚度。

2. 力学性能指标

土工织物的力学性能指标有强度和伸长率。强度指标根据土工织物所受荷载性质不同可分为抗拉强度、握持强度、撕裂强度、胀破强度、顶破强度等。前3个强度指标在试验时试样为单向受力，故其纵向和横向强度需分别测定；而后2个强度指标在试验时采用圆形试样，试样承受的是轴对称荷载，故没有纵、横向强度之分。

(1) 抗拉强度。抗拉强度也称为条带法抗拉强度，是土工织物单向受拉时的强度。纵向和横向抗拉强度表示土工织物在纵向和横向单位宽度范围能承受的外部拉力，单位为kN/m。

> ★ 在受拉过程中，土工织物的厚度是变化的，故其抗拉强度不是以习惯上所用的单位面积上的力（即应力）来表示，而是以单位宽度所承受的力来表示。

（2）握持强度。工程实际中，土工织物经常会因承受集中荷载而破坏，如在现场铺设土工织物时，施工人员抓住土工织物局部进行铺设及拖拉。握持强度表示土工织物抵抗外来集中荷载的能力，或者说握持强度是反映土工织物对集中力的分散能力，单位为N。

（3）撕裂强度。在铺设和使用过程中，土工织物常会有不同程度的破损，在荷载作用下破损会进一步扩大。撕裂强度反映土工织物抵抗破损裂口扩大的能力，是土工织物沿某一裂口逐步扩大过程中的最大拉力，单位为N。

（4）胀破强度。胀破强度反映的是土工织物抵抗土体挤压的能力，模拟凹凸不平地基上的土工织物受土粒的顶挤作用，单位为kPa。

（5）顶破强度。工程应用中，土工织物常被埋设在土体中，受到土颗粒的挤压和顶破作用。土粒粒径大小和颗粒形状不同，土工织物的受力特征和破坏形式也不同，据此可分为顶破和刺破两种。顶破强度反映土工织物抵抗垂直织物平面的法向压力（如粗粒料挤顶土工织物）的能力，单位为N，顶破强度随试验时顶杆端部形状不同，分为圆球顶破试验和CBR顶破试验。刺破强度反映土工织物抵抗小面积集中荷载（如有棱角的石子或树枝等）的能力，单位为N。

（6）伸长率。对应抗拉强度（或握持强度）的应变为土工织物的伸长率，用百分数（%）表示。

3. 水力性能指标

土工织物的水力性能指标主要有等效孔径（或称表观孔径）和渗透系数。

（1）等效孔径。以土工织物为筛布，用某一平均粒径的玻璃珠或石英砂进行振筛，取过筛率（通过织物的颗粒质量与颗粒总投放量之比）为5%所对应的粒径为土工织物的等效孔径O_{95}，表示该土工织物的最大有效孔径，单位为mm。

（2）渗透系数。渗透系数为水力梯度等于1时，水流通过土工织物的渗透速率，单位为cm/s。根据渗透水流的流向又可分为垂直渗透系数和水平渗透系数。

4. 土工织物与土相互作用指标

外荷通过土-土工织物界面摩擦力传递至土工织物，使土工织物承受拉力，形成加筋土。工程实例有加筋土挡墙、堤基加筋垫层等。而土工织物与土相互作用的指标按目前的试验方法可分为直剪摩擦系数和拉拔摩擦系数两类。

5. 耐久性能指标

耐久性能指标主要有抗老化、抗生物侵蚀和抗化学侵蚀等多种指标。目前在最新规范《土工合成材料测试规程》（SL/T 235—2012）中增添了关于土工织物抗老化能力的相关试验，而其他耐久性指标大多仍没有可遵循的规范、规程，一般是按工程要求进行专门研究或参考已有工程经验来选取。

本章主要介绍土工织物的物理性能指标、力学性能指标、水力性能指标，而关于土工织物与土相互作用指标以及耐久性指标的相关试验，读者可参阅相关文献。

第二节　试样制备与数据处理

一、制样原则

（1）试样剪取距样品边缘应不小于100mm。

（2）试验使用试样不能有灰尘、折痕、孔洞、损伤部分和可见疵点，特殊情况应与委托方沟通确认。

（3）试样应有代表性，不同试样应避免位于同一纵向和横向位置上，即可采用梯形取样法（见图10-1）。

（4）剪取试样时应满足精度要求。

（5）剪取试样前，应先有剪裁计划，然后再剪。

（6）同一试验所用全部试样应统一编号。

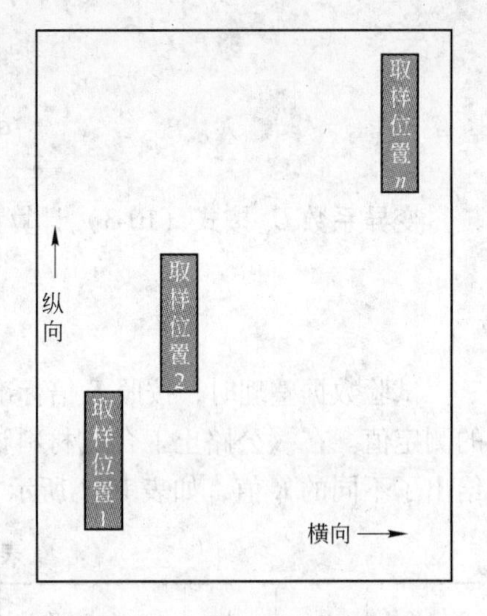

图10-1　梯形取样示意图

二、试样状态调节与仪器仪表

1. 试样调湿

环境要求：温度(20 ± 2)℃，相对湿度为(60 ± 10)%，标准大气压。

时间要求：试样置于符合要求的环境中24h。

★　有些材料对环境温度和湿度的变化比较敏感，导致试验结果受环境温度和湿度的影响较大，试样调湿的目的即在于测试结果标准化。如果确认试样不受环境影响，则可省去调湿处理，但应在记录中注明试验时的温度和湿度。

2. 试样饱和

土工织物试样在需要饱和时，宜采用真空抽气法饱和，也可将试样浸泡在水中并用手捏挤赶出试样中的气泡。

3. 仪器仪表

在使用仪器仪表时应检查其是否工作正常，并进行零点调整、量程范围选择。量程选择宜使试样最大测试值处在满量程的10% ~90%范围内。

三、试验数据整理

考虑到土工织物的不均匀性，各指标试验数据整理时都应计算算术平均值、标准差和变异系数。

其中，指标的算术平均值$\bar{x}$按式（10-1）计算：

$$\bar{x} = \frac{\sum_{i=1}^{n} x_i}{n} \tag{10-1}$$

式中　$\bar{x}$——算术平均值；

x_i——第i个试样的试验值；

n——试样个数。

标准差σ按式（10-2）计算：

$$\sigma = \sqrt{\frac{\sum_{i=1}^{n}(x_i - \bar{x})^2}{n-1}} \tag{10-2}$$

变异系数 C_v 按式（10-3）计算：

$$C_v = \pm \frac{\sigma}{\bar{x}} \times 100\% \tag{10-3}$$

试验数据整理时，按照 K 倍标准差作为可疑数据的舍弃标准，即舍弃那些在范围以外的测定值。在《公路土工合成材料试验规程》(JTGE50—2006）中，针对不同的试件数量给出了不同的 K 值，如表 10-1 所示。

表 10-1　统计量的临界值

试件数量	3	4	5	6	7	8	9	10	11	12	13	14
K	1.15	1.46	1.67	1.82	1.94	2.03	2.11	2.18	2.23	2.28	2.33	2.37

第三节　物理性能指标试验

一、单位面积质量

1. 试验目的

测定土工织物的单位面积质量。

单位面积质量是土工合成材料物理性能指标之一，直观反映了产品单位面积内原材料的用量，以及生产的均匀性和质量的稳定性，是选择产品时必须考虑的基本技术与经济指标。

2. 试验设备

（1）钢尺：最小分度值 1mm，精度 0.5mm。

（2）天平：感量 0.01g，并应满足称量值 1% 准确度要求。

（3）裁刀或剪刀。

3. 试验步骤

（1）试样准备。试样面积不小于 100cm^2，长度和宽度的裁剪和测量精确到 1mm。试样数量不少于 10 块。

★　对于局部非均匀材料，过小的尺寸并不能代表材料的实际结构，应按实际情况采取能代表材料完整结构的试样。

（2）称量。将裁剪好的试样按编号顺序逐一在天平上称量，读数精确到 0.01g。试验记录见表 10-2。

表 10-2　单位面积质量试验记录表

工 程 名 称：______________　　试 验 者：______________
产品名称规格：______________　　计 算 者：______________
试 验 温 度：______________　　校 核 者：______________
试 验 湿 度：______________　　试验日期：______________

序　号	试样面积/m^2	质量/g	单位面积质量/$g \cdot m^{-2}$
1			
2			
⋮			
平均值			
标准差			
变异系数			

4. 数据处理

（1）按下式计算每块试样的单位面积质量 G：

$$G = \frac{M}{A} \times 10^4 \tag{10-4}$$

式中　G——试样单位面积质量，g/m^2；

M——试样质量，g；

A——试样面积，cm^2。

（2）计算单位面积质量的平均值、标准差及变异系数，可参考本章第二节相关内容进行计算。

二、厚度

1. 试验目的

测定土工织物在不同压力下的厚度，常用土工织物的厚度在 0.5～5mm 之间。

2. 试验设备

厚度测定仪（如图 10-2 所示），可对试样施加 2kPa、20kPa 和 200kPa 的压力。

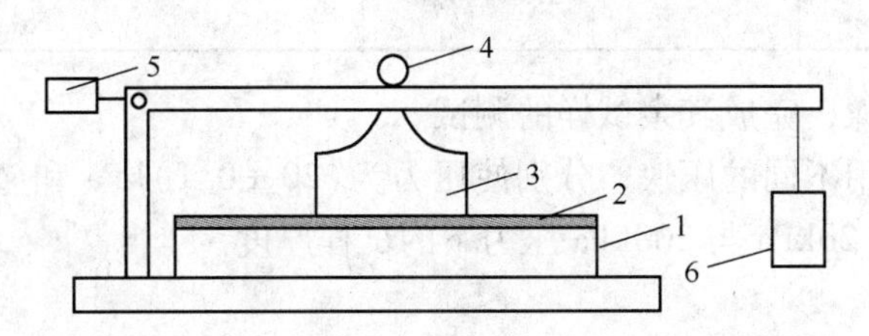

图 10-2　厚度测定仪示意图

1—基准板；2—试样；3—压块；4—百分表；5—平衡锤；6—砝码

仪器各关键部分要求为：

（1）基准板：面积应大于 2 倍的压块面积。

（2）圆形压块：表面光滑平整，底面积为 $25cm^2$，重量为 5N、50N、500N 不等；其中常规厚度的压块为5N，对试样施加(2 ±0.01)kPa的压力。

(3) 百分表（或千分表）：试样厚度大于0.5mm时，用最小分度值为0.01mm的百分表；厚度等于或小于0.5mm时，用最小分度值为0.001mm的千分表。

(4) 秒表：最小分度值0.1s。

3. 试验步骤

(1) 试样准备。每组试样数量不少于10块，且试样尺寸应不小于基准板面积。

(2) 测定厚度。

1）擦净基准板和5N压块，将压块放在基准板上，调整百分表零点（或将百分表调至一个较小的整读数）。

★　百分表读数位于零点时，其与仪器间的接触要靠肉眼观察判断，易导致接触不可靠，故建议将百分表调至一个较小的整读数，以保证百分表和仪器间完全接触。

2）提起5N压块，将试样自然平放在基准板上，然后将压块轻放到试样上，此时试样受力为(2 ±0.01)kPa。压力加上后开始计时，30s后记录百分表读数，并将试验数据记录在表10-3中。测试完毕，提起压块，取出试样。

表10-3　厚度试验记录表

工 程 名 称：＿＿＿＿＿＿＿　　试 验 者：＿＿＿＿＿＿＿
产品名称规格：＿＿＿＿＿＿＿　　计 算 者：＿＿＿＿＿＿＿
试 验 温 度：＿＿＿＿＿＿＿　　校 核 者：＿＿＿＿＿＿＿
试 验 湿 度：＿＿＿＿＿＿＿　　试验日期：＿＿＿＿＿＿＿

序　号	厚度/mm		
	2kPa	20kPa	200kPa
1			
2			
⋮			
平均值			
标准差			
变异系数			

3）重复上述步骤，完成其余试样的测试。

4）根据需要选用不同的压块，分别使压力为(20 ±0.1)kPa和(200 ±1)kPa，重复前面的步骤，依次测定20kPa与200kPa压力下的试样厚度。

4. 数据处理

(1) 按下式计算土工织物的厚度δ：

$$\delta = R_1 - R_0 \qquad (10\text{-}5)$$

式中　R_1——加压30s后百分表的读数，mm；

R_0——百分表的初读数，mm。

(2) 计算10块试样厚度的平均值、标准差及变异系数。

(3) 以压力为横坐标（对数坐标）、厚度平均值为纵坐标，绘制厚度与压力关系曲线，如图 10-3 所示。

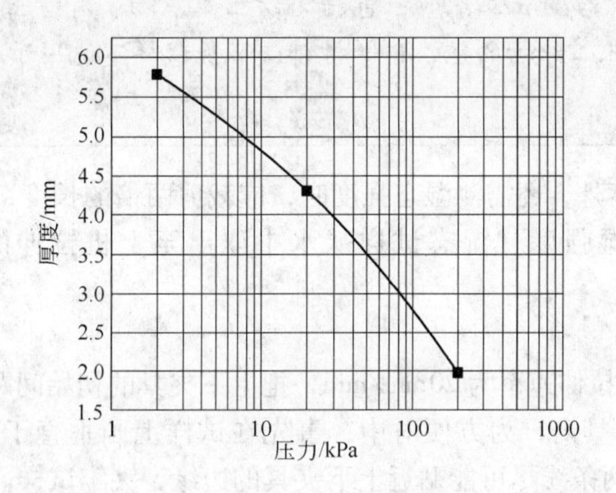

图 10-3　土工织物厚度与压力关系曲线

第四节　力学性能指标试验

一、条带拉伸试验

1. 试验目的

测定土工织物的试样拉伸强度及相应的伸长率。

2. 试验设备

（1）拉力机：要求拉力机有等速拉伸功能，拉伸速率可调，并能测读试样拉伸过程中的拉力和伸长量。

（2）夹具：夹具的钳口面应能防止试样在钳口内打滑和损伤。两个夹具中的一个支点应能自由转动（一般采用万向接头）以保证试样拉伸时两夹具在一个平面内。宽条试样夹具的实际宽度不小于 210mm；窄条试样夹具的实际宽度不小于 60mm。

（3）量测设备：荷载指示值或记录值的误差应不大于相应实际荷载的 1%。对伸长率超过 10% 的试样，测量伸长量可用有刻度的钢尺，精度为 1mm。对伸长率小于 10% 的试样，应采用精度不小于 0. 1mm 的位移测量装置。应能自动记录拉力-伸长量曲线。

3. 试验步骤

（1）试样准备。条带拉伸试验测土工织物纵向和横向的抗拉强度和伸长率，纵向和横向试样均不少于 5 块。

宽条试样：裁剪试样宽度 200mm，长度至少 200mm，保证试样有足够的长度伸出夹具，试样计量长度为 100mm。对于编织型土工织物，裁剪试样宽度 210mm，在两边抽去大约相同数量的边纱，使试样宽度达到 200mm。

窄条试样：裁剪试样宽度 50mm，长度至少 200mm，保证试样有足够的长度伸出夹具，试样计量长度为 100mm。对编织型土工织物，裁剪试样宽度 60mm，在两边抽去大约相同数量的边纱，使试样宽度达到 50mm。

★　宽条试样适用于大多数土工织物，包括无纺土工织物、有纺土工织物、复合型土工织物及用来制造土工织物的毡、毯等材料；窄条试样不适用于有明显“颈缩”现象的无纺土工织物。

除测干态抗拉强度外，还需测湿态强度时，应裁剪两倍的长度，然后一剪为二，一块测干强度，另一块测湿强度（湿态试样从水中取出至上机拉伸的时间间隔应不大于10min）。

（2）测试步骤。

1）设定拉力机的拉伸速率为20mm/min，把上下夹具的初始间距调至100mm。

2）将试样放入夹具内，为方便对中，事先在试样上画垂直于拉伸方向的两条相距100mm的平行线，使两条线尽可能贴近上下夹具的边缘，夹牢试样。

3）启动拉力机，记录拉力和伸长量，直至试样破坏，停机。试验记录见表10-4。

★　若试样在夹具钳口边缘拉断，或在钳口内被夹坏，该试验结果应剔除，并增补试样。为防止试样在钳口边缘拉断或在钳口内夹坏，可采取的改进措施有：①在钳口内增加衬垫；②钳口内的试样用涂料加强；③改进钳口面。

表10-4　条带拉伸试验记录表

工程名称：＿＿＿＿　　试验温度：＿＿＿＿
产品名称规格：＿＿＿＿　　试验湿度：＿＿＿＿
试样状态：＿＿＿＿　　试验者：＿＿＿＿
试样尺寸：＿＿＿＿　　计算者：＿＿＿＿
试样日期：＿＿＿＿　　校核者：＿＿＿＿

序号	纵向				横向			
	拉力 /N	抗拉强度 /kN·m⁻¹	伸长量 /mm	伸长率 /%	拉力 /N	抗拉强度 /kN·m⁻¹	伸长量 /mm	伸长率 /%
1								
2								
⋮								
平均值								
标准差								
变异系数								

4）重复步骤2）和3），对其余试样进行试验。图10-4给出了窄条和宽条试样尺寸以及拉伸试验的示意图。

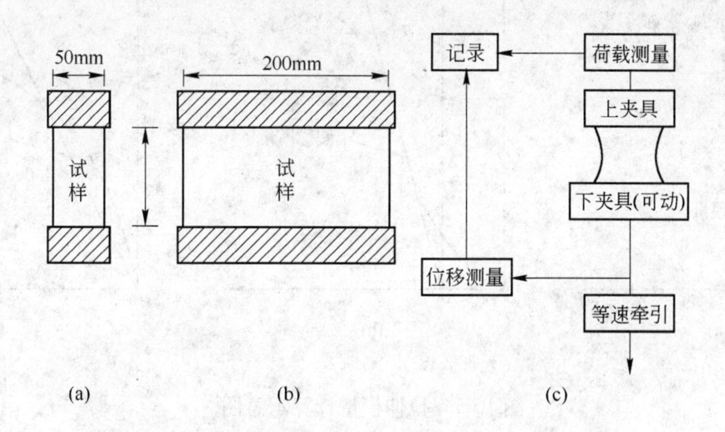

图 10-4　条带拉伸试验试样尺寸及拉伸试验示意图

（a）窄条；（b）宽条；（c）拉伸试验示意图

4. 数据整理

（1）按式（10-6）计算抗拉强度 T_s：

$$T_s = \frac{P_f}{B} \tag{10-6}$$

式中　P_f——实测最大拉力，kN；

B——试样宽度，m。

（2）按式（10-7）计算伸长率 ε_p：

$$\varepsilon_p = \frac{L_f - L_0}{L_0} \times 100\% \tag{10-7}$$

式中　L_f——最大拉力时的试样长度，mm；

L_0——试样计量长度，mm。

（3）计算拉伸强度及伸长率的平均值、标准差及变异系数。

（4）由试样的拉力-伸长量曲线计算拉伸模量。

拉伸过程中的拉力-伸长量曲线可转化成应力-应变曲线，并可计算拉伸模量。由于土工织物的应力-应变曲线是非线性的，因此拉伸模量通常指在某一应力（或应变）范围内的模量，单位为 N/m 或 kN/m。

初始拉伸模量 E_1：如果应力-应变曲线在初始阶段是线性的，取初始切线斜率为初始拉伸模量，如图 10-5(a)所示。

偏移拉伸模量 E_0：如果应力-应变曲线开始段坡度小，中间部分接近线性，取中间直线段的斜率为偏移模量，如图 10-5(b)所示。

割线拉伸模量 E_s：当应力-应变曲线始终呈非线性时，计算割线拉伸模量。计算方法为从原点到曲线上某一点连一直线，该线斜率即为割线模量，如图 10-5(c)所示。

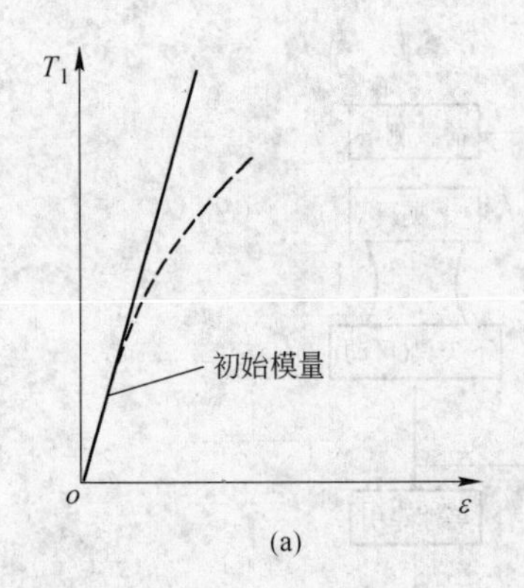

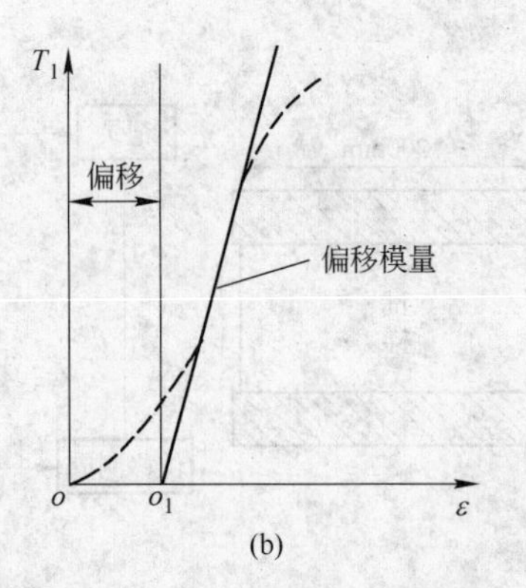

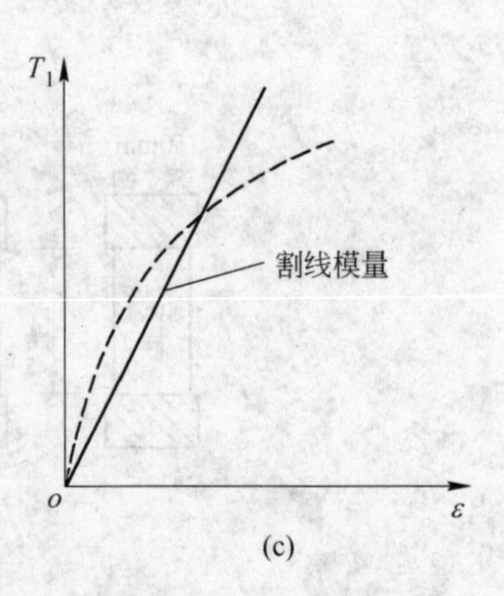

图 10-5　拉伸模量计算示意图

（a）Ⅰ型；（b）Ⅱ型；（c）Ⅲ型

二、握持拉伸试验

1. 试验目的

握持强度主要是测试土工织物能提供的有效强力，它包括了被拉伸织物的邻近织物所提供的额外拉伸力。握持强度与土工织物的拉伸强度没有直接的关联性和等效性，但是土工织物最基本的性能指标之一。

2. 试验设备

拉力机、夹具和量测设备与条带拉伸试验设备要求一致。此外夹具还要求钳口面宽25mm，沿拉力方向钳口面长50mm。

3. 试验步骤

（1）试样准备。握持拉伸试验测土工织物纵向和横向的握持强度和伸长率，纵向和横向试样均不少于5块。

试样宽100mm，长200mm，长边平行于荷载作用方向，试样计量长度为75mm，长度方向上试样两端伸出夹具至少10mm，如图10-6所示。

（2）测试步骤

1）设定拉力机的拉伸速率为300mm/min，把两夹具的初始间距调至75mm。

2）试样对中放入夹具内，并使试样两端伸出的长度大致相等，锁紧夹具。为方便试样在夹具宽度方向上对中，在离试样宽度方向边缘37.5mm处画一条线，此线刚好是上下夹具边缘线。

3）启动拉力机，连续运转直至试样破坏，记录最大拉伸力及到达最大拉伸力时试样的伸长率（试样在钳口打滑或损伤的处理方法同条带拉伸试验）。试验记录见表10-5。

1）重复步骤2）和3），对其余试样进行试验。

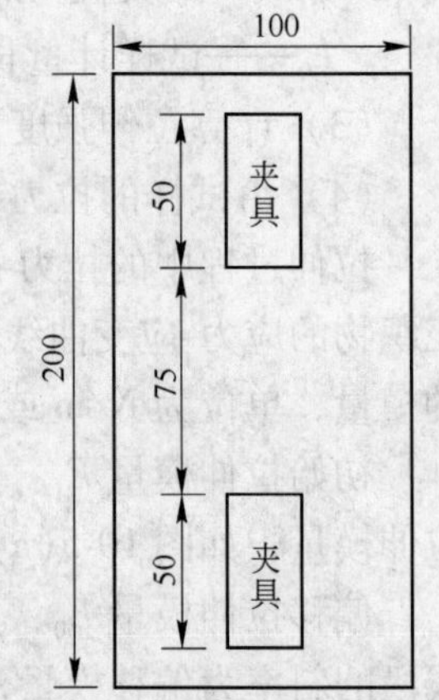

图 10-6　握持试样示意图

（尺寸单位：mm）

4. 数据处理

（1）计算全部试样最大拉力的平均值即为握持强度 T_g。

（2）按式（10-7）计算试样的伸长率ε_p。

（3）计算握持强度的标准差和变异系数；计算伸长率的平均值、标准差和变异系数。

表 10-5　握持拉伸试验记录表

工 程 名 称：________　　试验温度：________
产品名称规格：________　　试验湿度：________
试 样 状 态：________　　试 验 者：________
试 样 尺 寸：________　　计 算 者：________
试 样 日 期：________　　校 核 者：________

序　号	纵　向			横　向		
	拉力/N	伸长量/mm	伸长率/%	拉力/N	伸长量/mm	伸长率/%
1						
2						
⋮						
平均值						
标准差						
变异系数						

三、梯形撕裂试验

1. 试验目的

测定土工织物的梯形撕裂强度。

2. 试验设备

（1）拉力机、夹具：与条带拉伸试验设备要求一致，此外夹具宽度要求不小于85mm，宽度方向垂直于拉力的作用方向。

（2）梯形模板：用于剪样，如图 10-7（a）所示。

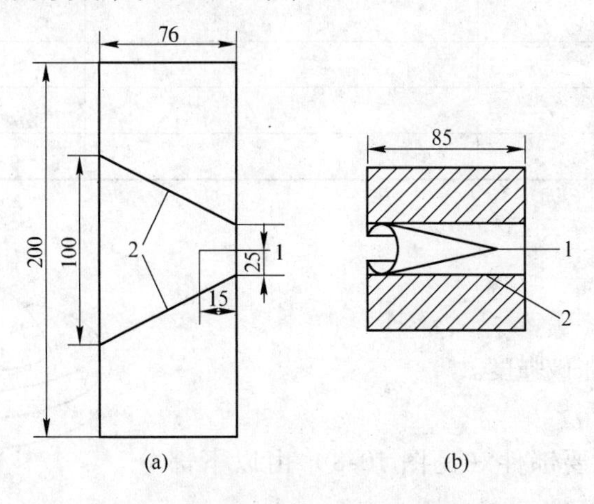

图 10-7　梯形撕裂试样（尺寸单位：mm）

（a）试样尺寸；（b）夹持形状

1—切缝；2—夹持线

3. 试验步骤

（1）试样准备。

1）撕裂试验应测土工织物纵向和横向的撕裂强度，纵向和横向试样均不少于5块。

2）试样宽75mm、长150mm，根据模板尺寸，在试样上画两条梯形边，在梯形短边中点处剪一条垂直于该边的长15mm的切口。测试纵向撕裂力时，试样切口应剪断纵向纱线；测试横向撕裂力时，切口应剪断横向纱线。

（2）测试步骤。

1）把上下夹具的初始间距调至25mm，设定拉力机的拉伸速率为300mm/min。

2）将试样放入夹具内，使试样梯形的两腰与夹具边缘齐平。梯形的短边平整绷紧，其余部分呈折皱叠合状，如图10-7(b)所示。

3）启动拉力机，记录拉力，直至试样破坏（试样被钳口夹坏的处理方法同条带拉伸试验），取最大值作为撕裂强度，试验记录见表10-6。

4）重复步骤2）和3），对其余试样进行试验。

4. 数据处理

（1）计算全部试样撕裂强度的平均值作为撕裂强度 T_t。

（2）计算撕裂强度标准差和变异系数。

表10-6　梯形撕裂试验记录表

工程名称：__________　　试验者：__________
产品名称规格：__________　　计算者：__________
试验温度：__________　　校核者：__________
试验湿度：__________　　试验日期：__________

序　号	撕裂力/N	
	纵　向	横　向
1		
2		
⋮		
平均值		
标准差		
变异系数		

四、胀破试验

1. 试验目的

测定土工织物的胀破强度。

2. 试验设备

胀破试验设备主要部件（见图10-8）由以下部分构成：

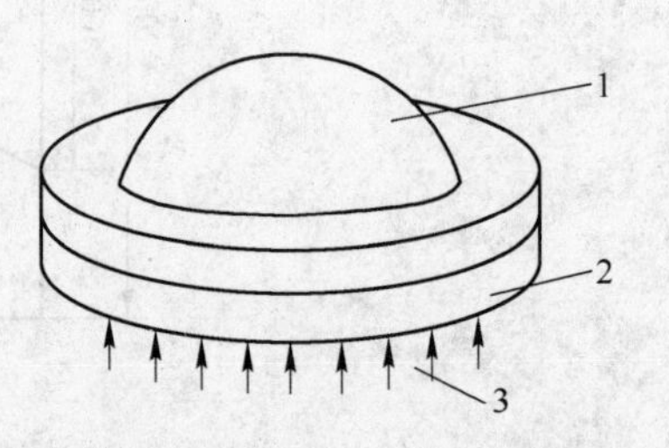

图10-8　胀破试验装置示意图
1—试样；2—环形夹具；3—液压

（1）环形夹具：内径为30.5mm，夹具的钳口面一般为波浪形咬合，以防试样在钳口内打滑和被夹坏。

（2）薄膜：厚约 1.8mm 的高弹性人造橡胶薄膜。

（3）压力表。

（4）液压系统：应密封不渗漏，压力量程应不小于 2.5MPa，液体压入速率应达 100mL/min，胀破时应立即停止加压。

注：试验前应检查仪器各部分是否正常，需要时应用标准弹性膜片对胀破仪作综合性能校验，弹性膜片发生明显变形时必须更换。

3. 试验步骤

（1）试样准备。每组试验试样不少于 10 块，每块试样直径应不小于 55mm。

（2）测试步骤。

1）将试样呈平坦无张力状态覆盖在膜片上，用环形夹具将试样夹紧。

2）设定液体压入速率为 100mL/min，开动机器，使膜片与试样同时鼓胀变形，直至试样破裂，并记录试验时间。

3）记录试样破裂瞬间的最大压力，此压力即试样破裂所需的总压力值 P_{bt}。试验记录见表 10-7。

4）松开夹具取下试样。测定用同样的试验时间使膜片扩张到与试样破裂时相同形状所需的压力，此即校正压力 P_{bm}。

5）重复以上步骤对其余试样进行试验。

4. 数据处理

（1）按下式计算胀破强度 P_b：

$$P_b = P_{bt} - P_{bm} \tag{10-8}$$

式中　P_{bt}——试样胀破的总压力，kPa；

P_{bm}——膜片校正压力，kPa。

（2）计算胀破强度的平均值、标准差和变异系数。

表 10-7　胀破试验记录表

工程名称：________　　试验者：________

产品名称规格：________　　计算者：________

试验温度：________　　校核者：________

试验湿度：________　　试验日期：________

序　号	总压力/kPa	校正压力/kPa	胀破强度/kPa
1			
2			
⋮			
平均值			
标准差			
变异系数			

五、圆球顶破试验

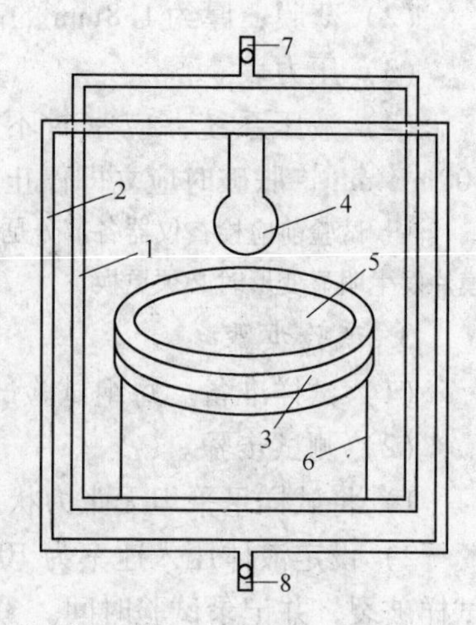

图 10-9 反向器示意图

1—内框架；2—外框架；3—环形夹具；4—圆球；5—土工织物；6—支架；7—接拉力机上夹具；8—接拉力机下夹具

1. 试验目的

测定土工织物的圆球顶破强度。

2. 试验设备

（1）配有反向器的拉力机：反向器（见图10-9）由套在一起的上下两个框架组成，上框架连至拉力机的固定夹具，下框架连至拉力机的可移动夹具，当下框架向下拉伸时，固定在上下框架上的圆球顶破装置产生顶压。

（2）圆球顶破装置：由两部分组成，即一个端部带有钢球的顶杆和一个安装试样的环形夹具。钢球直径为25mm。环形夹具内径为45mm，其中心必须在顶压杆的轴线上。底座高度大于顶杆长度，以保证有足够的支撑力和稳定性。环形夹具表面应有同心沟槽，以防止试样滑移。

3. 试验步骤

（1）试样准备。试样直径在100mm左右，视夹具而定。每组试验试样不少于5块。

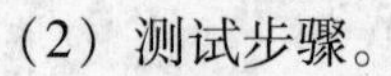

（2）测试步骤。

1）将试样呈自然平直状态下放入环形夹具内，夹紧。

2）将夹具放在拉力机上，调整高度，使试样与圆球顶杆刚好接触。

3）设定拉力机的拉伸速率为300mm/min。开动拉力机，直至试样被顶破，记录最大拉力，该拉力即为试样的圆球顶破强度。试验记录见表10-8。

4）停机并拆除试样。

5）重复以上步骤对其余试样进行试验。

表 10-8 圆球顶破试验记录表

工程名称：________ 试验者：________

产品名称规格：________ 计算者：________

试验温度：________ 校核者：________

试验湿度：________ 试验日期：________

序号	1	2	3	4	5	6	7	8	9	10
顶破力/N										
平均值										
标准差										
变异系数										

4. 资料整理

计算所有试样圆球顶破强度的算术平均值、标准差和变异系数。

六、CBR 顶破试验

CBR 顶破试验与圆球顶破试验基本相同，所不同的是 CBR 顶破试验环形夹具内径为150mm，顶压速率为50mm/min，顶压杆为直径50mm、高度100cm 左右的光滑圆柱，顶端边缘倒成2.5mm 半径的圆弧。

七、刺破试验

刺破试验与圆球顶破试验基本相同，所不同的是刺破试验的顶压杆是直径8mm 的平头圆柱，顶端边缘倒成45°、深0.8mm 的倒角。

第五节　水力性能指标试验

一、孔径试验

孔径是土工织物水力学特性中的一项重要指标，它反映了土工织物的过滤性能，既可评价土工织物阻止土颗粒通过的能力，又可反映土工织物的透水性。孔径试验的目的是确定土工织物的孔径分布，并确定等效孔径 O_{95}。

孔径试验的方法有干筛法、湿筛法、显微镜测读法和水银压入法等，国内外使用最广泛的是干筛法。

1. 试验设备

（1）试验筛：筛孔径为2mm，筛直径为200mm。

（2）振筛机：具有水平摇动和垂直振动（或拍击）装置，应符合 DZ/T0118—94 标准的规定。

（3）天平：称量200g，感量0.01g。

（4）振筛用颗粒材料：通常可选用玻璃珠或球形砂粒。将洗净烘干的颗粒材料用筛析法进行分级制备，按标准试验筛孔径分级如下：0.063 ~ 0.075mm，0.075 ~ 0.090mm，0.090 ~ 0.106mm，0.106 ~ 0.125mm，0.125 ~ 0.150mm，0.150 ~ 0.180mm，0.180 ~ 0.250mm，0.250 ~ 0.350mm，等等。

（5）其他：秒表、剪刀、毛刷等。

2. 试验步骤

（1）试样准备。裁剪5块直径大于筛子外径的试样。对于振筛后颗粒材料嵌入织物不易清除而不能重复使用的针刺土工织物，试样数为 $5\times n$（n 为选取的颗粒材料粒径级数）。此外，试样应进行去静电，可采用湿毛巾轻擦试样，然后晾干。

（2）试验步骤。

1）将试样放在筛网上，并固定好。

2）称量颗粒材料50g，均匀撒布在试样表面。

3）将装好试样的筛子、接收盘与筛盖夹紧装入振筛机，开动机器，振筛10min。

4）停机后，称量通过试样的颗粒材料质量，然后轻轻振拍筛框或用刷子轻轻拭拂清除表面及嵌入试样的颗粒。如此对同一级颗粒进行5次平行试验。试验记录见表10-9。

5）用另一级颗粒材料在同一块试样上重复以上步骤。测定孔径分布曲线，应取得不少于3～4级连续分级颗粒的过筛率，并要求试验点均匀分布。若仅测定等效孔径 O_{95}，则有两组的筛余率在95%左右即可。

表 10-9　孔径试验（干筛分）记录表

工 程 名 称：＿＿＿＿＿＿　　试 验 者：＿＿＿＿＿＿
产品名称规格：＿＿＿＿＿＿　　计 算 者：＿＿＿＿＿＿
试 验 温 度：＿＿＿＿＿＿　　校 核 者：＿＿＿＿＿＿
试 验 湿 度：＿＿＿＿＿＿　　试验日期：＿＿＿＿＿＿

序　号	指标参数	粒径/mm				
1	过筛量/g					
	筛余率/%					
2	过筛量/g					
	筛余率/%					
⋮	过筛量/g					
	筛余率/%					
平均值						
标准差						
变异系数						

3. 数据处理

（1）按下式计算某级颗粒的筛余率 R_i：

$$R_i = \frac{M_t - M_i}{M_t} \tag{10-9}$$

式中　M_t——筛析时颗粒投放量，g；

M_i——筛析后底盘中颗粒投放质量（过筛量），g。

（2）计算5次平行试验筛余率的平均值 $\overline{R}$。

（3）用平均筛余率为纵坐标、平均粒径为横坐标（对数坐标），绘制孔径分布曲线（与土的级配曲线类似），并确定 O_{95}（95%筛余率对应的孔径即为 O_{95}）。

二、垂直渗透试验

1. 试验目的

土工织物用作反滤材料时，流水的方向垂直于土工织物的平面，此时要求土工织物既能阻止土颗粒随水流失，又要求它有一定的透水性。垂直渗透试验用于反滤设计，以确定土工织物的渗透性能。

2. 试验设备

垂直渗透试验仪包括安装试样装置、供水装置、恒水位装置与水位测量装置。垂直渗透试验原理如图 10-10 所示。

（1）安装试样装置：试样有效过水面积不应小于 $20cm^2$，应能装单片和多片土工织物试样；试样密封良好，不应有渗漏。

（2）供水装置：管路宜短而粗，以减小水头损失。

（3）恒水位装置：容器宜有溢流装置，在试验过程中保持常水头；并且容器应能调节水位，水头变化范围为 1～150mm。

（4）水位测量装置：水位测量应精确至 1mm。

（5）其他：计时器、量筒、水桶、温度计等。计时器准确至 0.1s、量筒准确至 1%，温度计准确至 0.5℃。

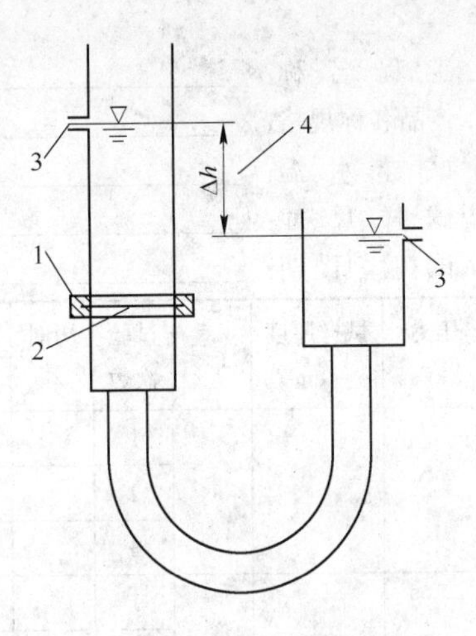

图 10-10　垂直渗透试验原理图
1—安装试样装置；2—试样；
3—溢水口；4—水位差

3. 试样步骤

（1）试样准备。单片试样与多片试样均不少于 5 组。试验前将试样浸泡在无杂质脱气水或蒸馏水中并赶出气泡。

（2）测试步骤。

1）将饱和试样装入渗透容器，试样安装时应防止空气进入，有条件时可在水下装样。

2）调节上游水位，应使其高出下游水位，水从上游流向下游，并溢出。

3）待上下游水位差 Δh 稳定后，测读 Δh，开动计时器，用量筒接取一定时段内的渗透水量，并测量水量与时间，量测时间不应少于 10s，量测水量不应少于 100mL。试验记录见表 10-10。

4）调节上下游水位，改变水力梯度，重复步骤 2）和 3），作渗透速度与水力梯度关系曲线，取其线性范围内的试验结果，计算平均渗透系数。

5）重复上述步骤，完成剩余试样的试验。

4. 数据处理

按下式计算 20℃时试样的渗透系数：

$$k_{20} = \frac{Q\delta}{A\Delta h t} \cdot \frac{\eta_T}{\eta_{20}} \tag{10-10}$$

式中　Q——渗透水量，cm^3/s；

δ——试样厚度，cm；

A——试样过水面积，cm^2；

Δh——水位差，cm；

t——渗透水量 Q 对应的渗透历时，s；

η_T——试验水温 T℃时水的动力黏滞系数，kPa · s，取值参见第五章表 5-2；

η_{20}——20℃时水的动力黏滞系数，kPa · s，取值参见第五章表 5-2。

表 10-10 渗透试验记录表

工程名称：________　　试验温度：________

产品名称规格：________　　试验湿度：________

试样水温：________　　试验者：________

试样尺寸：________　　计算者：________

试验日期：________　　校核者：________

压力 /kPa	试样厚度 /cm	序号	试验次数	历时 /s	水位/cm		渗透水量 /cm^3	渗透系数 /$cm \cdot s^{-1}$	20℃渗透系数 /$cm \cdot s^{-1}$	20℃平均渗透系数 /$cm \cdot s^{-1}$
					上游	下游				
		1	1							
			2							
			3							
		2	1							
			2							
			3							
		3	1							
			2							
			3							

注：垂直和水平渗透试验数据均可用表 10-8 记录。

三、水平渗透试验

1. 试验目的

测定土工织物在一定法向压力作用下的水平渗透系数和导水率。

2. 试验设备

（1）常水头渗透试验仪：包括安装试样装置、供水装置、恒水位装置、加荷装置与水位测量装置。水平渗透试验原理如图 10-11 所示。

1）安装试样装置：应密封不漏水。

2）恒水位装置：应能调节水位，满足水力梯度 1.0 时试验过程中水位差保持不变。

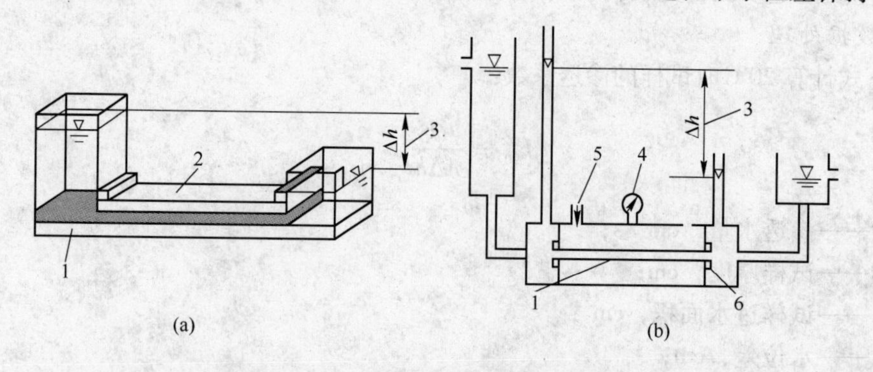

图 10-11 水平渗透试验原理图

（a）直接加荷；（b）气压加荷

1—试样；2—加荷板；3—水位差；4—压力表；5—压力进口；6—试样密封

3）加荷装置：施加于试样的法向压力范围宜为10～250kPa，并在试验过程中保持恒压，对于直接加荷型，在试验上下面应放置橡胶垫层，使荷载均匀施加于试样整个宽度与长度上，且橡胶垫层应无水流通道。

4）水位测量装置：水位测量应精确至1mm。

（2）其他：计时器、量筒、水桶、温度计、压力表等。计时器准确至0.1s、量筒准确至1%，温度计准确至0.5℃，压力表宜准确至满量程的0.4%。

3. 试验步骤

（1）试样准备。试样数量应不少于2个，试样宽度应大于100mm，长度应大于2倍宽度；如果试样宽度不小于200mm，长度应不小于1倍宽度。

（2）测试步骤。

1）将试样包封在乳胶膜套内，保证试样平整无折皱，试样侧边与膜套间应无渗漏。对于直接加荷型，应仔细安装试样上下垫层，使试样承受均匀法向压力。

2）对试样施加2～5kPa的法向压力，使试样与乳胶膜套紧密贴合，随即向水位容器内注入试验用水，排出试样内的气泡。试验过程中试样应饱和。

3）按现场条件选用水力梯度，当情况不明时，选用水力梯度不大于1.0。

4）按现场条件或设计要求对试样施加法向压力。如果需要确定一定压力范围内的渗透系数，则应至少进行三种压力（分布在所需要范围内）的试验。

5）对试样施加最小一级法向压力，持续15min。

6）抬高上游水位，使其达到设计要求的水力梯度。

7）测量初始读数，测量通过水量应不小于100cm³，或记录5min内通过的水量。初始读数后，应每隔2h测量一次，试验记录见表10-10。

8）前后两次测量的误差小于2%时视作水流稳定的标准，以最后一次测量值作为测试值。

9）如需进行另一种水力梯度下试验，应在调整好水力梯度后，待稳定15min后再进行测量。

10）调整法向压力，重复步骤5）～9），进行其余法向压力下的试验。

（3）数据处理

1）按下式计算20℃时试样的水平渗透系数：

$$k_{\mathrm{h20}} = \frac{QL}{\delta B \Delta h t} \cdot \frac{\eta_T}{\eta_{20}} \tag{10-11}$$

式中　k_{h20}——20℃时试样的水平渗透系数，cm/s；

Q——渗透水量，cm^3/s；

L——试样长度，cm；

B——试样宽度，cm；

δ——试样厚度，cm；

Δh——水位差，cm；

t——渗透水量Q对应的渗透历时，s；

η_T——试验水温T℃时水的动力黏滞系数，kPa·s；

η_{20}——20℃时水的动力黏滞系数，kPa · s。

2）按下式计算20℃时试样的导水率 θ_{20}：

$$\theta_{20} = k_{h20}\delta \qquad (10\text{-}12)$$

式中　θ_{20}——20℃时试样的导水率，cm^2/s。

思 考 题

10-1　请简述土工织物的六大基本功能。

10-2　请简述土工织物在试验前进行试样状态调节的原因。

10-3　请简述土工织物最基本的几类力学性能指标及其相应的测试方法。

第十一章 载荷试验

第一节 导 言

载荷试验是通过承压板施力给地基土，来模拟建筑物地基在受垂直荷载条件下工程性能的一种现场试验。该方法对地基土不产生扰动，确定地基承载力最可靠、最有代表性，可直接用于工程设计，是目前世界各国用以确定地基承载力的最主要方法，也是比较其他地基原位测试成果的基础。

载荷试验的分类有多种形式，按照试验对象划分为天然地基土的一般载荷试验、复合地基载荷试验和桩基载荷试验；按照加荷性质划分为静力载荷试验和动力载荷试验；根据承压板的设置深度及特点，又可分为浅层平板载荷试验、深层平板载荷试验和螺旋板载荷试验。其中，浅层平板载荷试验适用于浅层地基，深层平板载荷试验适用于埋深等于或大于3m和地下水位以下的土层，螺旋板载荷试验适用于深层地基或地下水位以下的土层。本章根据试验对象不同对载荷试验进行了分类介绍，其中对于一般载荷试验中的浅层平板载荷试验在第二节重点介绍，而在第三节中则主要简述了一般载荷试验中的螺旋板载荷试验以及复合地基载荷试验和桩基载荷试验的原理及特点。

第二节 浅层平板载荷试验

一、试验目的

浅层平板载荷试验（plate load test，简称PLT）是在一定面积的刚性承压板上向地基土逐级加荷，测定天然浅层地基沉降随荷载的变化情况，借以确定地基承载力和变形特征的现场试验。它所反映的是承压板以下大约1.5~2.0倍承压板直径（或宽度）的深度范围内土层的应力/应变-时间关系的综合性状。

载荷试验可用于以下目的：

（1）确定地基土的比例界限压力和极限压力，为评定地基土的承载力提供依据。

（2）确定地基土的变形模量。

（3）估算地基土的不排水抗剪强度。

（4）估算地基土的基床系数。

（5）测定湿陷性黄土地基的湿陷起始压力。

浅层平板静载荷试验适用于各类地表浅层地基土，特别适用于各种填土和碎石土。

二、试验原理

根据地基土的应力状态，平板载荷试验得到的压力-沉降曲线（*p-s* 曲线）可以分为三个阶段，如图 11-1 所示。

（1）直线变形阶段。当压力小于比例极限压力（又称临塑荷载）p_{cr}时，p-s 呈直线关系，地基土处于弹性变形阶段。受荷土体中任意点产生的剪应力小于土体的抗剪强度，土的变形主要由土中孔隙的减少而引起，土体变形主要是竖向压缩，并随时间的增长逐渐趋于稳定。

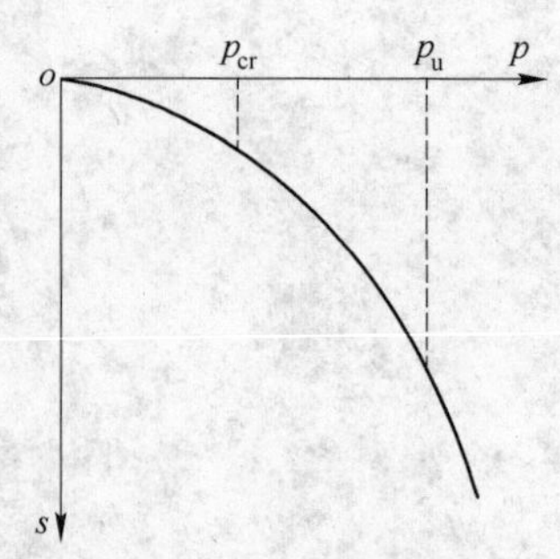

图 11-1　平板载荷试验 p-s 曲线

（2）剪切变形阶段。当压力大于 p_{cr} 而小于极限压力 p_u 时，p-s 由直线关系变为曲线关系，此时地基土处于弹塑性变形阶段。曲线的斜率随压力 p 的增大而增大，土体变形除了竖向压缩之外，在承压板的边缘已有小范围内土体承受的剪应力达到或超过了土的抗剪强度，并开始向周围土体发展，处于该阶段土体的变形由土体的竖向压缩和土粒的剪切变位同时引起。

（3）破坏阶段。当压力大于极限压力 p_u 后，即使压力不再增加，承压板仍不断下沉，土体内部形成连续的滑动面，并在承压板周围土体发生隆起及环状或放射状裂隙，此时，在滑动土体内各点的剪应力均达到或超过土体的抗剪强度。

对于平板载荷试验的直线变形阶段，可以用弹性理论分析压力与变形之间的关系。

1）对于各向同性弹性半无限空间，由弹性理论可知，刚性压板作用在半无限空间表面或近地表时，土的变形模量为

$$E_0 = I_0 I_1 K(1 - \mu^2) d \tag{11-1}$$

式中　E_0——土体变形模量，MPa；

d——承压板直径（或方形承压板边长）；

I_0——承压板位于表面的影响系数，圆形承压板 $I_0 = \pi/4 = 0.785$，方形承压板 $I_0 = 0.886$；

I_1——承压板埋深 z 时的修正系数，当 $z < d$ 时，$I_1 \approx 1 - (0.27d/z)$；当 $z > d$ 时，$I_1 \approx 0.5 + (0.223d/z)$；

K——p-s 关系曲线直线段的斜率；

μ——土的泊松比。

2）对非均质各向异性弹性半无限空间，本书只考虑地基土模量随深度线性增加的情况。通过采用不同直径的圆形承压板载荷试验，由于其试验影响深度的不同，可以测得地基土不同深度范围内的综合变形模量，然后评价地基土模量随深度的变化规律。假设地基土模量随深度的变化规律表示为 $E_{0z} = E_0 + n_v/z$，其中，承压板放置深度 $z = \alpha d$（d 为承压板直径），E_0 和 n_v 分别为地基土模量常数项和深度修正系数，由式（11-2）和式（11-3）计算：

$$E_0 = (1 - \mu^2)\left(\frac{K_1 - K_2}{d_1 - d_2}\right) d_1 d_2 \tag{11-2}$$

$$n_v = \frac{I_0(1 - \mu^2)}{\alpha}\left(\frac{K_1 d_1 - K_2 d_2}{d_1 - d_2}\right) \tag{11-3}$$

式中　K_1，K_2——分别为采用直径 d_1 和 d_2 的承压板进行载荷试验而得到的 p-s 曲线的斜率。

三、试验设备

浅层平板载荷试验的仪器设备主要包括承压板、加荷系统、反力系统、量测系统四部分。

1. 承压板

承压板是将上部荷载转化成均布基底压力的刚性平板，用于模拟建筑物的基础。承压板常用加肋钢板、铸铁板、混凝土和钢筋混凝土板制成，要求其具有足够的刚度，板底平整光滑，尺寸和传力重心一致，搬运和安置方便。承压板形状一般为正方形或圆形，有时根据试验的要求也可采用矩形承压板。

承压板的面积越大越接近工程实际，但面积越大需要加载量越大，试验难度和成本也越高。在工程实践中，可根据试验岩土层状况选用适合的尺寸，一般情况下可参照下面的经验值选取：对于一般黏性土地基，常用面积为 $0.5m^2$ 的承压板；对于碎石类土，承压板直径（或宽度）应为最大碎石直径的 10～20 倍；对于岩石类或均质密实土，承压板的面积以 $0.1m^2$ 为宜。

2. 加荷系统

加荷系统是通过承压板对地基土施加定额荷载的装置，总体上可分为重物加荷装置和千斤顶加荷装置。重物加荷装置是将具有已知重量的标准钢锭、钢轨或混凝土块等重物按试验加载计划依次放置在加载台上，达到对地基土施加分级荷载的目的。千斤顶加荷装置是在反力装置的配合下对承压板施加荷载，根据使用的千斤顶类型分为机械式或油压式。常见的载荷试验加载与反力布置方式如图 11-2 所示。

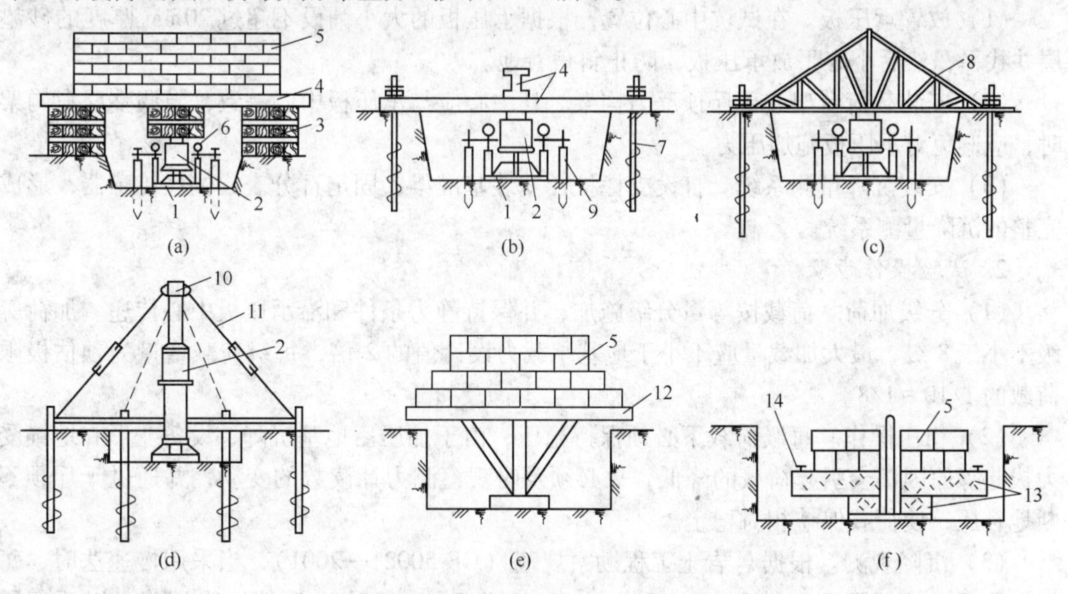

图 11-2　常见的载荷试验加载与反力布置方式

1—承压板；2—千斤顶；3—木垛；4—钢梁；5—钢锭；6—百分表；7—地锚；8—桁架；9—立柱；10—分力帽；11—拉杆；12—载荷台；13—混凝土；14—测点

3. 反力系统

反力系统可以由重物、单独地锚或地锚与重物共同提供，与梁架共同组合成稳定的反力系统。

4. 量测系统

量测设备包括力量测设备和位移量测设备两部分。

（1）力量测设备。承压板上受到的竖向力需要准确量测，规范规定竖向力量测精度要高于95%。常用量测方法有：

1）力传感器法：在千斤顶与受力梁间加入力传感器，由传感器量测竖向力，传感器的精度可使力的量测误差小于0.5‰。

2）压力表量测：通过与液压千斤顶的油腔相连的液压表量测油压大小，由率定曲线上压力表读数与千斤顶出力的关系曲线查得轴向力大小，这种量测方法受到液压表精度的限制，量测精度较低。

（2）位移量测设备。位移量测设备包括基准梁和位移测量元件。基准梁的支撑柱应距承压板和地锚（如果采用地锚提供反力）一定的距离，以避免地表变形对基准梁的影响。位移量测元件可以采用百分表或位移传感器。

四、试验步骤

1. 试验前准备

在有代表性的地点，整平场地，开挖试坑。试坑底面宽度不小于承压板直径或宽度的3倍。试坑底部的岩土应尽量避免扰动，保持其原状结构和天然湿度。在开挖试坑及安装设备时，应将坑内地下水位降至坑底以下，并防止因降低地下水位而可能产生破坏土体的现象。试验前应在试坑边取原状土样2个，以测定土的含水率和密度。

（1）放置承压板。在试坑中心位置，根据承压板的大小铺设不超过20mm厚度的砂垫层并找平，然后小心平放承压板，防止斜角着地。

（2）安装载荷台架或千斤顶反力构架。其中心应与承压板中心一致，当调整反力构架时，应避免对承压板施加压力。

（3）安装沉降量测系统。打设支撑桩，安装基准梁，固定百分表或位移传感器，形成完整的沉降量测系统。

2. 试验操作步骤

（1）分级加荷。荷载按等量分级施加，并保持静力条件和沿承压板中心传递。加荷等级不小于8级，最大加载量应不小于地基承载力设计值的2倍，每级荷载增量为预估极限荷载的1/10~1/8。

（2）稳压操作。每级荷载下必须保持稳压，由于加压后地基沉降、设备变形和地锚受力拔起等原因都会引起荷载的降低，故必须及时观察测力计读数的变动，并通过千斤顶不断地补压，使荷载保持相对稳定。

（3）沉降观测。根据《岩土工程勘察规范》(GB 50021—2001)，当采用慢速法时，每级加荷后，按间隔5min、5min、10min、10min、15min、15min测读一次沉降，以后每隔30min测读一次，当连续2h，每1h沉降量不大于0.1mm时，认为沉降已达到相对稳定标准，可施加下一级荷载；当试验对象是岩体时，按间隔1min、2min、2min、5min测读一次沉降，以后每隔10min测读一次，当连续三次读数之差小于0.01mm时，认为沉降已达到相对稳定标准，可施加下一级荷载。

采用快速法时，每加一级荷载按间隔15min观测一次沉降。每级荷载维持2h，即可施加下一级荷载。

采用等沉降速率法时，控制承压板以一定的沉降速率沉降，测读与沉降相应的所施加的荷载，直至土体达破坏状态。

(4) 试验结束条件。一般应尽可能进行到试验土层达到破坏阶段，然后终止试验。当出现下列情况之一时，可认为已达破坏阶段，并可终止试验。

1) 承压板周边土出现明显侧向挤出，周边岩土出现明显隆起或径向裂缝持续发展；

2) 本级荷载沉降量大于前级荷载沉降量的5倍，荷载与沉降曲线出现明显陡降段；

3) 某级荷载增量下，24h内沉降速率不能达到稳定标准；

4) 总沉降量与承压板直径（或宽度）之比超过0.06。

(5) 回弹观测。当需要卸载观测回弹时，每级卸载量为加载增量的2倍，历时1h，每隔15min观测一次，荷载完全卸除后，继续观测3h。

(6) 试验观测与记录。在试验过程中，必须始终按规定将观测数据记录在平板载荷试验记录表中，如表11-1所示。试验记录是载荷试验中最重要的第一手资料，必须正确记录，并严格校对。

表11-1 平板载荷试验记录表

工程名称：________ 试验者：________

土样编号：________ 计算者：________

试验日期：________ 校核者：________

序号	荷载		点				点			
			沉降/mm		历时/min		沉降/mm		历时/min	
	kPa	kN	本级	累计	本级	累计	本级	累计	本级	累计
1										
2										
3										
4										
5										
6										
7										
8										
9										
10										
11										

五、数据整理

载荷试验原始资料包括沉降观测、荷载等级和其他与载荷试验相关的信息，如承压板形状、尺寸、载荷点的试验深度、试验深度处的土性特征，以及沉降观测百分表或传感器在承压板上的位置等。

原始数据检查校对无误后，可对平板载荷试验的数据进行如下整理：

（1）绘制 *p-s* 曲线。根据载荷试验原始记录，将（*p*，*s*）点绘于坐标纸上，如图 11-3 所示。

（2）*p-s* 曲线的修正。载荷试验过程中，由于一些因素的干扰，使得测记的沉降值与真实沉降量存在一定差异。如设备荷载引起的沉降未量测、试验区土面未整平、电测传感器的温漂等。这些因素引起的误差会使得 *p-s* 曲线不通过坐标原点。

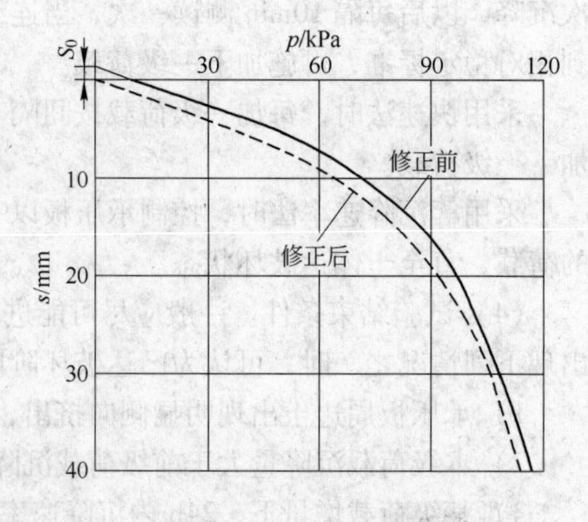

图 11-3　*p-s* 曲线及其修正

如果原始 *p-s* 曲线的直线段延长线不通过原点（0，0），则需对 *p-s* 曲线进行修正。可采用两种方法进行修正。

1）图解法。先以一般坐标纸绘制 *p-s* 曲线，如果开始的一些观测点（*p*，*s*）基本上在一条直线上，则可直接用图解法进行修正。即将曲线上的各点同时沿 *s* 坐标平移，使 *p-s* 曲线的直线段通过原点，如图 11-3 所示。

2）最小二乘法修正法。对于已知 *p-s* 曲线开始一段近似为一直线（即 *p-s* 曲线具有明显的直线段和拐点）的，可用最小二乘法求出最佳回归直线。假设 *p-s* 曲线的直线段可以用下式来表示：

$$s = s_0 + c_0 p \tag{11-4}$$

式（11-4）中需要确定两个系数 s_0 和 c_0。如果 $s_0 = 0$，则表明该直线通过原点，否则不通过原点。求得 s_0 后，令 $s' = s - s_0$，即为修正后的沉降数据。

对于圆滑型或不规则型的 *p-s* 曲线（即不具有明显的直线段和拐点），可假设其为抛物线或高阶多项式表示的曲线，通过拟合求得 s_0 后，按 $s' = s - s_0$ 来进行沉降修正。

（3）绘制 *s*-lg*t* 曲线。在半对数坐标系中绘制沉降 *s* 和时间 *t* 的 *s*-lg*t* 关系曲线，同时需要标明每根曲线的荷载等级，荷载单位为 kPa。

六、工程应用

1. 确定地基的承载力

在资料整理的基础上，根据曲线 *p-s* 的拐点，必要时结合曲线 *s*-lg*t* 的特征，定比例界限压力 p_{cr} 和极限压力 p_u。当曲线 *p-s* 呈缓变曲线时，可取对应于某一相对沉降值（即 *s*/*b*，*b* 为承压板直径或边长）的压力来评定地基承载力。

（1）拐点法。如果拐点明显，直接从 *p-s* 曲线上确定拐点作为比例界限，并取该比例界限所对应的荷载值作为地基承载力特征值。

（2）极限荷载法。先确定极限荷载，当极限荷载小于对应的比例界限的荷载值的 2 倍时，取极限荷载的一半作为地基承载力特征值。

（3）相对沉降法。当按上述两种方法不能或不易确定地基承载力时，在 *p-s* 曲线上取 s/b（相对沉降）为一定值时所对应的荷载为地基承载力特征值。按《岩土工程勘察规范》（GB 50021—2001），当承压板面积为 0.25 ~ 0.50m² 时，可取 $s/b = 0.01 \sim 0.015$ 所对应的荷载作为地基承载力特征值，但其值不应大于最大加载量的一半。

同一层土参加统计的试验点应不少于 3 点，试验实测值的极差不超过平均值的 30% 时，取此平均值为该土层的地基承载力特征值。

2. 确定地基的变形模量

（1）对于各向同性地基，当地表无超载时（相当于承压板置于地表），按下式计算：

$$E_0 = I_0 K(1 - \mu^2) d \tag{11-5}$$

式中符号意义同式（11-1）。

（2）对于各向同性地基，当地表有超载时（相当于靠近地表、在地表以下一定深度处进行试验），可按式（11-1）计算。

★　如果地表以下不远处还含有软弱下卧层，把表层荷载试验所得的 E_0 用于全压缩层的总沉降计算，其结果必然较地基的实际沉降为低，这是偏危险的。因此，在进行地基沉降计算前务必要将地层情况摸清。如在基底压缩层范围内发现软弱下卧土层，则必须对软土层进行荷载试验，以掌握压缩层的全部变形参数，这样才能既安全又准确地估算地基沉降。

3. 确定地基的基准基床系数

载荷试验 *p-s* 曲线前部直线段的坡度，即压力与变形比值 p/s，称为地基基床系数 K_v（kN/m³），这是一个反映地基弹性性质的重要指标，在遇到基础的沉降和变形问题，特别是考虑地基与基础的共同作用时，经常需要用到这一参数。

按照《岩土工程勘察规范》（GB 50021—2001）规定，当采用边长为 30cm 的平板载荷试验时，可根据式（11-6）确定地基的基准基床系数 K_v：

$$K_v = \frac{p}{s} \tag{11-6}$$

式中　p——载荷试验上部荷载，若 *p-s* 曲线无直线段，p 可取极限压力的一半；

s——对应荷载 p 时，地基产生的沉降量。

4. 其他应用

平板载荷试验的测试成果还可用于评价地基不排水抗剪强度，预估地基最终沉降量和检验地基处理效果，判断黄土湿陷性及湿陷起始压力等，读者可参阅相关文献，本书不再赘述。

第三节　其他类型载荷试验简介

一、螺旋板载荷试验

针对天然地基土的一般载荷试验中，除了平板载荷试验，还有其他的几种类型，螺旋板载荷试验即是其中一类。该试验是将一螺旋形的承压板借助于人力或机械力旋入地下试验深度，通过传力杆对螺旋板施加荷载，观测承压板的沉降，以获得的压力/位移-时间关系，同时借助于理论或经验关系推求地基土参数的一种现场测试技术。

试验的设备同样包括承压板、加载系统、反力系统和量测系统，如图11-4所示。

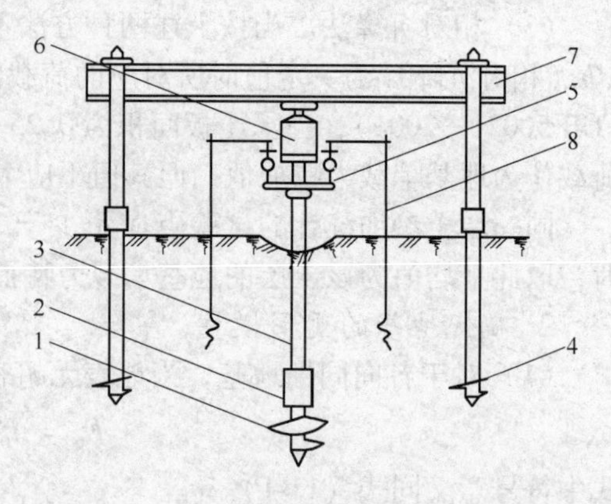

图11-4　螺旋板载荷试验装置示意图
1—螺旋承载板；2—测力传感器；3—传力杆；4—反力地锚；5—位移计；6—油压千斤顶；7—反力钢梁；8—位移固定锚

螺旋板载荷试验的技术要求主要有：

（1）螺旋承压板应有足够的刚度，加工应精确，板头面积根据地基土的性质可选$100cm^2$、$200cm^2$和$500cm^2$等。

（2）螺旋板入土时，适当保持螺旋板板头的旋入进尺与螺距一致，以及保持螺旋板与土接触面光滑，可使土体受到的扰动大大减小。

（3）加载方式与平板载荷试验一样，有常规慢速法、快速法和等速率法。

（4）同一试验孔在垂直方向上的试验点间距一般应不小于1m，实测中一般在用静力触探了解了土层剖面后，结合土层变化和均匀性布置试验点。

（5）试验加载等级、稳定标准和终止加载条件等同平板载荷试验。

该试验由于不需挖掘试坑，因而可以较好保持试验土层的原始应力状态；并可不做大的设备搬动就能测得同一点不同深度处的地基特征。

螺旋板载荷试验主要适用于地下水位以下一定深度处的砂土和软、硬黏性土，通过试验可以获得地基的变形参数（变形模量、固结系数）、饱和软黏土的不排水抗剪强度和地基土承载力等相关参数。

二、复合地基载荷试验

复合地基载荷试验用于测定承压板下应力主要影响范围内复合地基土层的承载力和变形参数。测试方法主要有两种：单桩复合地基测试法和桩土分离式测试法。单桩复合地基测试时承压板覆盖的区域与一根桩承担的加固面积相适应，当桩的布置很密时，也可采用多桩复合地基测试法。而桩土分离式测试法是分别对桩和土进行测试，然后再按公式换算出相应的地基参数。

在用载荷试验测定桩土应力比时，应在承压板下桩顶与桩间土上及压板接触面处分别安设土压力盒；土压力盒平面位置应考虑桩及桩间土各部位应力和位移的变化。当桩径较大时，可在桩中心、边缘、桩间土临桩侧及远桩侧处同时安设，并布成一直线或垂直交叉或两个方向呈45°。

桩土分离式测试法的试验要点与浅层平板载荷试验基本相同；单桩或多桩复合地基载荷试验要点详见《建筑地基处理技术规范》（JGJ79—2002）中的相应规定，主要有如下几点：

（1）压板底标高应与桩顶设计标高相同，压板下宜设中粗砂找平层。

（2）每加一级荷载前后，应各读记承压板沉降量 s 一次，以后每 30min 读记一次。当 1h 内沉降增量小于 0.1mm 时，即可加下一级荷载。

（3）当出现下列现象之一时，可终止试验：

1）沉降急剧增大、土被挤出或承压板周围出现明显的隆起。

2）承压板的累计沉降量已大于其宽度或直径的 6%。

3）当达不到极限荷载，而最大加载压力已大于设计要求压力值的 2 倍。

（4）卸载级数可为加载级数的一半，等量进行，每卸一级，间隔 30min，读记回弹量，待卸完全部荷载后间隔 3h 读记总回弹量。

（5）复合地基承载力特征值的确定：

1）当压力-沉降曲线上极限荷载能确定，而其值不小于对应比例界限的 2 倍时，可取比例界限；当其值小于对应比例界限的 2 倍时，可取极限荷载的一半。

2）当压力-沉降曲线是平缓的光滑曲线时，可按相对变形值确定：

①对振冲桩、砂石桩复合地基或强夯置换墩：当地基以黏性土为主时，可取 s/b 或 s/d 等于 0.015 所对应的压力（b 和 d 分别为承压板宽度和直径，当其值大于 2m 时，按 2m 计算）；当地基以粉土或砂土为主时，可取 s/b 或 s/d 等于 0.01 所对应的压力。

②对土挤密桩、石灰桩或柱锤冲扩桩复合地基，可取 s/b 或 s/d 等于 0.012 所对应的压力。对灰土挤密桩复合地基，可取 s/b 或 s/d 等于 0.008 所对应的压力。

③对水泥粉煤灰碎石桩或夯实水泥土桩复合地基：当地基以卵石、圆砾、密实粗中砂为主时，可取 s/b 或 s/d 等于 0.008 所对应的压力；当地基以黏性土、粉土为主时，可取 s/b 或 s/d 等于 0.01 所对应的压力。

④对水泥土搅拌桩或旋喷桩复合地基，可取 s/b 或 s/d 等于 0.006 所对应的压力。

三、桩基自平衡法载荷试验

桩基自平衡法载荷试验是对传统静载荷试验的补充，能有效地进行大直径、高承载力以及受场地限制的桩基检测。它最初是由美国学者 Osterberg 于 20 世纪 80 年代首先提出，并成功应用于工程实践。近年来欧洲及日本、加拿大、新加坡等国也广泛使用该法，且都已有相应的测试规则。国内东南大学在理论研究的基础上，于 1996 年对该方法的关键设备——荷载箱和位移量测、数据采集处理系统进行了成功研发。目前该方法已在全国范围内推广，并出版了相关行业标准《基桩静载试验自平衡法》（JT/T 738—2009）。

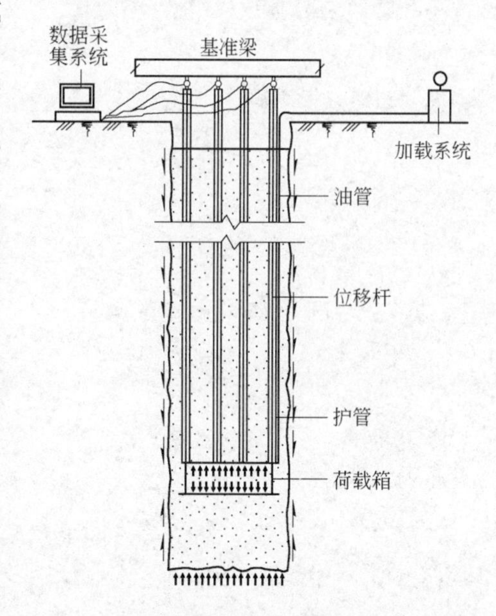

图 11-5　桩基自平衡法载荷试验装置示意图[48]

桩基自平衡检测法的主要装置（见图 11-5）是荷载箱，它由活塞、顶盖、底盖、箱壁 4 部分组成，主要功能是用于加载试验。在设计时，桩的外径要略大于荷载箱顶盖、底盖的外径，荷载箱的顶盖、底盖上布置有位移杆。

桩基自平衡检测法的技术检测步骤是：

（1）在桩身选择好荷载箱安装位置；

（2）沿垂直方向安装荷载箱；

（3）进行加载试验，同时取得记录荷载箱上、下部沉降过程中的相关参数。

桩基自平衡检测法的关键环节是第三步，即进行加载试验以取得荷载箱上、下部各自的承载力。具体操作为：首先，将钢筋笼同荷载箱焊接后放入桩体，浇筑混凝土成桩。其次，地面试验人员通过油泵向桩体加压，荷载箱随着压力的递增同时向上和向下发生变位，桩侧阻力及桩端阻力得到发挥。这样获得的技术参数通过处理，能够有效进行桩体承载力、沉降、弹性压缩与塑性变形的评价。

桩基自平衡检测法与传统静载荷法相比有如下特点：

（1）针对各特定地层的特性能有效进行大吨位静载试验，满足高层建筑和特大公路、桥梁工程桩基单桩承载力很高的要求。

（2）可以有效解决水下、边坡、地下等特殊环境下的静载试验难题。

（3）可以安全地进行静载试验，并且可以同时进行单桩和群桩静载试验，这为大量地、高效地实现静载试验提供了可能。

思 考 题

11-1 载荷试验的压力-沉降曲线可分为哪几个阶段，各有什么特征，与土体的应力-应变状态有什么联系？

11-2 简述浅层平板静载荷试验的技术要点。

11-3 为什么会出现原始 p-s 曲线的直线段不通过原点的情况，在整理资料过程中如何进行修正？

11-4 载荷试验确定地基承载力的常用方法有哪几种？

第十二章　触探试验

第一节　导　　言

土体如果从室外取到室内，必然经受一定程度的扰动，而且有些土体也难以取得原状土进行室内的分析试验；此外，现场土的整体特性要比室内局部土体的性状复杂许多，因此如能就近在原位进行相关试验，将对土体性状准确性的评估非常有益。本章所涉及的触探试验，就是目前在岩土工程界应用最为广泛的原位试验类型之一，其在地基土类划分、土层剖面确定、土体强度指标评价以及地基承载力的综合评估等方面均具有显著优势。

触探试验主要分为静力触探试验、动力触探试验和标准贯入度试验。其中静力触探试验具有连续、快速、精确等优点，可以在现场通过贯入阻力变化了解地层变化及其物理力学性质等特点，主要适用于软土、一般黏性土、粉土、砂土和含少量碎石的地基，但测试含较多碎石、砾石的土层与密实的砂层时，则需进行圆锥动力触探试验。圆锥动力触探试验，设备简单，操作方便，适用性广，并有连续贯入的特性，对于难以取样的砂土、粉土、碎石土等和对静力触探难以贯入的含砾石土层，是非常有效的勘测手段，其缺点是不能取样进行直接描述，试验误差较大，再现性较差。而标准贯入度试验（以下简称标贯试验），设备整体构型与动力触探试验相同，但是标贯试验的探头为圆筒状，动力触探试验的探头为圆锥状。因此动力触探是在动能作用下，通过测定实心锥尖所受反力来推测被测试土的工程性质；而标贯试验是通过测定进入探头圆筒土体所受阻力的方式来测求被测土的工程性质。且从试验对象而言，标贯试验也主要适用于砂土与黏性土，而不能用于碎石类土和岩层的探测。此外，标贯试验可从贯入器中取得试验深度处的散状土样，便于对土层进行直接观察。

本章接下来将对这三种类型的触探试验分别予以介绍。

第二节　静力触探试验

一、试验目的

静力触探试验（cone penetration test，简称 CPT）是在拟静力条件下（没有或仅有很少冲击荷载），将内部装有传感器的探头以匀速压入土中，并将传感器所受阻力变成电信号输入到记录仪中，再通过贯入阻力和土的工程性质之间的相关关系以及统计关系来判别土层工程性质。其作为岩土工程中的一项重要原位测试方法，可用于划分土层并判定土层类别，测定地基土的工程特性（包括地基承载力、变形模量、砂土密度和液化可能性等）以及单桩竖向承载力等很多方面。

相比于常规的钻探—取样—室内试验，静力触探法具有快速、准确、经济、节省人力、勘查与测试双重功能的特点。特别对地层变化较大的复杂场地以及较难取得原状土的地层及桩基工程勘查，更具优越性。静力触探试验主要适用于软土、一般黏性土、粉土、砂土和含少量碎石的地基。其贯入深度不仅与土层工程性质有关，同时还受触探设备的推力和拔力的限制。一般200kN的静力触探设备，在软土中的贯入深度可以超过70m，在中密砂层中的深度可以超过30m。

二、试验设备

静力触探设备根据量测方式，分为机械式和电测式两类，机械式采用压力表测量贯入阻力，电测式采用传感器电子测试仪表测量贯入阻力。前者目前在国内已基本不再使用，故本书着重介绍电测式的静力触探设备。

静力触探设备总体上分为五个部分，即探头和探杆装置、加压装置、反力装置、量测记录系统和深度控制系统。下面依次予以分别说明。

1. 探头和探杆装置

（1）基本构型。探头在压入土中时，将受到压力和剪力，土层强度越高，探头所受阻力越大，探头中的传感器将这种阻力以电信号形式记录到仪表中。

探头质量取决于三个方面：

1）传感器材料的线弹性好，形变的范围宽；

2）传感器中应变片受温度影响小，组成全桥电路时稳定性好；

3）探头外形准确，不容易磨损。

根据触探探头的结构与传感器功能的不同，探头主要分为单桥探头和双桥探头。这也是在我国常用的两种探头。单桥探头中是一个全桥电路，由带外套筒的锥头、顶柱、传感器以及电阻应变片组成，量测的是比贯入阻力 p_s，如图12-1所示。

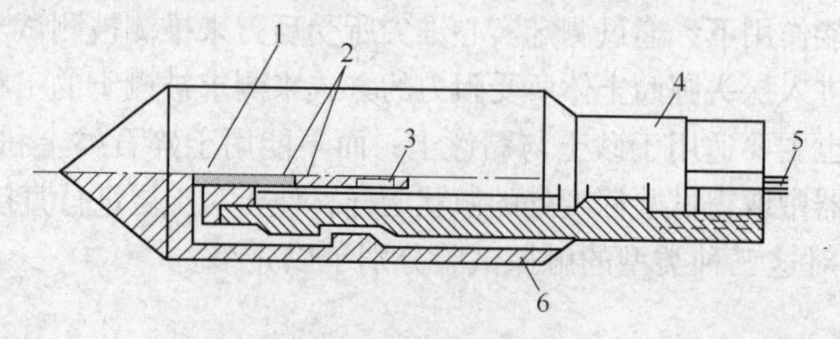

图12-1 单桥探头结构

1—顶柱；2—电阻应变片；3—传感器；4—密封垫圈套；5—四芯电缆；6—外套筒

而双桥探头中，除了锥头传感器外，还有侧壁摩擦传感器和摩擦套筒。探头上有两个全桥电路，分别用以量测锥尖和锥壁的摩擦阻力。如图12-2所示。

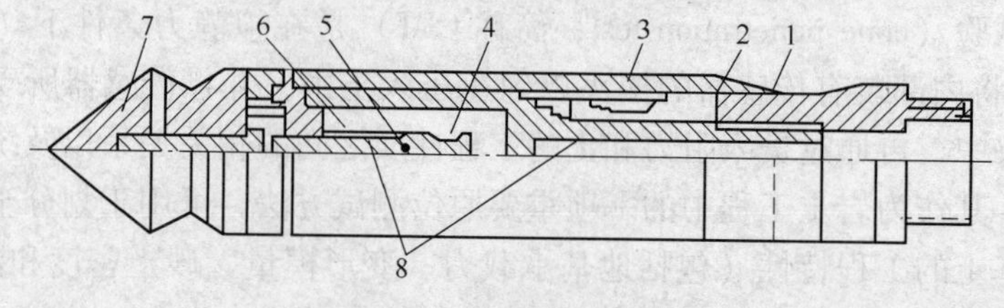

图12-2 双桥探头结构

1—传力杆；2—摩擦传感器；3—摩擦筒；4—锥头传感器；5—钢珠；6—顶柱；7—锥尖头；8—电阻应变片

常用的单桥和双桥探头型号和规格分别见表12-1和表12-2。

表12-1　单桥探头的型号和规格

型　号	锥底直径/mm	锥底面积/cm^2	有效侧壁长度/mm	锥角/(°)
Ⅰ-1	35.7	10	57	60
Ⅰ-2	43.7	15	70	60
Ⅰ-3	50.4	20	81	60

表12-2　双桥探头的型号和规格

型　号	锥底直径/mm	锥底面积/cm^2	摩擦筒表面积/cm^2	摩擦筒有效长度/mm	锥角/(°)
Ⅱ-1	35.7	10	200	179	60
Ⅱ-2	43.7	15	300	219	60
Ⅱ-3	50.4	20	300	189	60

除了单桥和双桥探头外，还有一种孔压探头，它是在双桥探头的基础上增加了由过滤片做成的透水滤器和孔压传感器，在测定锥尖阻力、侧壁摩擦力及孔隙水压力的同时，还能测定周围土中孔隙水压力的消散过程。此外，携带测定温度、测斜、测振、测电阻率、测波速等的多功能探头也逐渐在国内外被开发应用，限于篇幅，本书不再介绍。

探杆是触探贯入力的传递媒介。常用的探杆由直径32～35mm，壁厚5mm以上的高强度无缝钢管制成，每根钢管长1m。探头杆宜采用平接，以减少压入过程中探杆与土的摩擦力。

（2）探头率定。密封好的探头要进行率定，找出贯入阻力和探头内传感器应变值间的关系后才能使用。探头率定使用30～50kN的标准测力计进行。每个传感器需要定期率定，一般三个月率定一次，率定用的测力计或传感器必须计量检验合格，且在有效期内，精度不低于3级。率定加荷分级，根据额定贯入力大小决定，一般当额定贯入力较大时，可取额定贯入力1/10，额定贯入力较小时，可取额定贯入力1/20，率定所用电缆和记录仪，需是现场试验实际采用的电缆和记录仪。率定试验至少重复3次，以平均值作图。一般以加压荷载为纵坐标，应变量（或电压）为横坐标，采用端点连接法，即将零载和满载时的输出值连成直线，正常情况下各率定点应在该直线上。

探头率定系数k可以按照下式计算：

$$k = \frac{P}{Ae} \tag{12-1}$$

式中　k——探头的率定系数，对电阻式和电压式，单位分别为kPa/$\mu\varepsilon$和kPa/mV；

P——率定直线上某点的荷载；

A——率定锥尖阻力传感器时为锥头底面积，率定侧壁摩擦阻力传感器时为摩擦筒侧面积，m^2；

e——与荷载P对应的输出电压值，mV，或应变量，$\mu\varepsilon$。

（3）传感器质量标准。根据《岩土工程勘察规范》（GB 50021—2001）规定，探头及其传感器应该满足以下要求：

1）绝缘电阻不小于500MΩ；

2）探头环境使用温度 -10～55℃；

3）过载能力超出额定荷载的20%；

4）探头有良好防水、密封性能；

5）探头归零误差、重复性误差、迟滞误差、非线性误差及温漂在室内率定时均不大于满量程的1%，现场测试时的归零误差不得大于满量程的3%。

2. 加力装置

该装置是为了能将探头以一定的速率压入土中。按照加压方式可以分为以下几种：

（1）手摇式静力触探。利用摇柄、链条、齿轮等机械装置，用人力将探头压入土中。此类设备能提供的贯入力较小，一般为20kN和30kN两种。适用于狭小场地的浅层软弱地基测试。

（2）齿轮机械式静力触探。该装置是在手摇式静力触探装置基础上改装而成，主要由变速马达、伞形齿轮、导向滑块、支架、底板、导向轮和探杆构成，结构较为简单，加工方便，可车载或组装为落地式、拖车式，但贯入压力也不大，一般为50kN左右，适用于深度要求不大、土层较软的地基。

（3）全液压传动静力触探。分为单缸和双缸两种，主要部件有油缸、油泵、固定底座、分压阀、压杆器和导向轮等，动力可用柴油机或者电动机，常用的贯入力有100kN、150kN和200kN三种。

3. 反力装置

该装置是为了防止探头贯入过程中由于地层阻力的作用使触探架被抬起而设置的，一般有三种形式：

（1）利用地锚作为反力。当地表有较硬黏性土的覆盖层时，一般采用2～4个可拆卸式的单叶片地锚（锚杆长度约1.5m，叶片直径可分成多种，如25cm、30cm、35cm、40cm等，以适应各种情况）。工作时，由液压锚机将地锚旋压入土中，以此为静力触探设备均衡提供反力，锚长与入土深度可在一定范围内根据所需反力大小调节。

（2）利用重物作为反力。适用于表层为砂砾、碎石土等无法使用地锚的情况，反力通过施加于触探架上的钢锭、铁块来提供。重物的质量宜由所需反力大小、触探反力架的额定承受能力以及一定安全储备确定。

（3）利用车辆重量作为反力。当现场不便下锚，且所需反力低于静力触探车辆的自重时，就可采用静力触探车自重提供反力。

此外，若现场条件仅采用一种方法不足以提供反力时，可考虑多种方法组合予以实施。

4. 量测记录系统

常用量测装置有数字式电阻应变仪、电子电位差自动记录仪和微电脑数据采集仪三种。

（1）电阻应变仪大多为YJ系列，通过电桥平衡原理进行测量。探头工作时，传感器发生变形，引起电阻应变片的电阻值变化，桥路平衡发生变化。电阻应变仪通过手动调整电桥，使之达到新平衡，确定应变量大小，并从读数盘上读取应变值。

（2）自动记录仪是由电子电位差计改装而成。由探头输入的信号，到达测量电桥后产生一个不平衡电压，电压信号放大后，推动可逆电机转动，后者带动与其相连的指示机构，沿着有分度按信号大小比例刻制的标尺滑行，直接绘制被测信号的数值曲线。

（3）微电脑数据采集仪，是采用模数转换技术，将被测信号模拟量的变化在测试过程中直接转换成 q_c、f_s、p_s 数字值打印出来，同时在检测显示屏上，将这些参数随深度变化的曲线亦显示出来。所有记录数据储存在磁盘中，并可传输给电脑，以做进一步数据处理。

5. 深度控制系统

该系统采用一对自整角机。发信机固定在底板上，与摩擦轮相连，摩擦轮随钻杆下压而转动，带动发信机轮转动，送出深度信号；根据接收到的深度信号，收信机的转轮随之旋转，驱动由齿轮连接的同步走纸设备实时记录钻进的深度。一般的贯入速度为(1.2 ± 0.3)m/min，贯入深度记录的精度为0.25cm/m。

三、试验原理

静力触探试验的贯入机理较为复杂，目前土力学还未能完善地解决探头与周围土体间的接触应力分布及土体变形问题。近似贯入机理理论分为三类，即承载力理论、圆孔扩张理论以及稳定贯入流体理论。

不同的贯入理论有不同的简化假设。承载力理论借助单桩承载力的半经验分析，认为探头以下土体受圆锥头的贯入产生整体剪切破坏，其中滑动面处的抗剪强度提供贯入阻力，滑动面的形状则是根据实验模拟或经验假设，承载力理论适用于临界深度以上的贯入情况。圆孔扩张理论假定圆锥探头在各向同性无限土体中的贯入机理与圆球及圆柱体空穴扩张问题相似，并将土体作为可压缩的塑性体，所以其理论分析适用于压缩性土。而稳定贯入流体理论认为土是不可压缩流动介质，圆锥探头贯入时，受应变控制，根据其相应的应变路径得到偏应力，进而推导得出土体中的八面体应力，主要适用于饱和软黏土。

四、试验步骤

1. 试验前准备

（1）设备进场测试前，检测设备性能是否良好。

（2）根据钻探资料或区域地质资料估算现场贯入力的大致范围，选择合适的探头和加力装置。

（3）进场后选定探孔的位置，测量孔口的高程。

一般地，测点离已有钻孔距离不小于已有钻孔直径的20倍，且不小于2m。一般原则为先触探，后钻探。平行试验的孔距不宜大于3m。

（4）安装反力装置，下锚或者压载，或者并用。

（5）安装加力装置和连接量测设备，采用水准尺将底板调平。检查自整角机深度转换器、导轮、卷纸结构。

（6）检查探头外套筒与锥头活动情况，穿好电缆，检查探杆，保证探杆平直，丝扣无裂纹。

（7）进入试验工作状态，检查电源、仪表、线间、对地绝缘是否正常。

2. 试验测试

（1）确定试验初始读数，将探头压入地表以下0.5～1m，经过10min左右，向上提升

5～10cm，使探头传感器处于不受力的状态，待探头温度与地温平衡后，此时仪器上的稳定读数即为初始读数，将仪器调零或记录该初始读数后，进行正常贯入试验。

（2）以(1.2±0.3)m/min 的速度均匀贯入，每间隔 10cm 测记一次读数（根据设备实际情况选择自动记录或者人工读数）。

（3）探杆长度不够时，需要增接探杆，注意在接卸探杆时，不能转动电缆，防止拉断。每次连接探杆的时候，丝扣必须上满，卸除探杆时，保证下部探杆不能转动，以防止接头处电缆被扭断；同时防止电缆受拉，以免电缆被拉断。

（4）触探过程中的探头归零检查。由于初始读数并非固定不变，每贯入一定深度后，大约 2～5m，都要上提探头 5～10cm，测读一次初始读数，以校核贯入过程中初始读数的变化情况。通常在地面以下 6m 深度范围内，每贯入 2～3m 应提升探头一次，记录一次初始读数；孔深超过 6m 后，根据不归零值的大小，适当放宽归零检查的深度间隔（大约 5m）或不作归零检查。

（5）钻孔达到预定深度以及探头拔出地面时，分别测读一次初始读数，提升探杆，卸除探头的锥头部分，将泥沙擦洗干净，保证顶柱及外套筒能自由活动。试验结束后应立即给探头清洗上油，妥善保管，防止探头被暴晒或受冻。

（6）出现下列情况之一时，应中止贯入，并立即起拔：

1）孔深已达到任务书的要求；

2）反力装置失效或触探主机已超额定负荷；

3）探杆出现明显的弯曲，有折断的危险。

五、数据处理

1. 原始数据修正

（1）深度修正。当记录深度与实际深度有出入时，应沿深度线性修正深度误差。出现此类问题的主要原因有地锚松动、探杆夹具打滑、触探孔偏斜、走纸机构失灵、导轮磨损等，除了进行深度修正外，还应针对不同的原因，提出修正处理对策。此外，当探杆相对于铅垂线出现偏斜角 θ 时，应进行深度修正，若倾斜在 8°以内，则不做修正。

一般每隔 1m 测定一次偏斜角，据此得到每次的深度修正值为：

$$\Delta h_i = 1 - \cos\left(\frac{\theta_i + \theta_{i-1}}{2}\right) \tag{12-2}$$

式中　Δh_i——第 i 段的深度修正值；

θ_i，θ_{i-1}——第 i 次和第 $i-1$ 次的实测偏斜角。

在深度 h_n 处，总深度修正值为 $\sum_{i=1}^{n} \Delta h_i$，因此实际深度为 $h_n - \sum_{i=1}^{n} \Delta h_i$。

（2）零漂修正。所谓零漂，就是零点漂移的简称，是指在直接耦合放大电路中，当输入端无信号时，输出端的电压偏离初始值而上下漂动的现象，它是由地温、探头与土摩擦产生的热传导引起的，故并非常数。一般有两种修正方法：一种是测零读数时，发现漂移便即刻将仪器调零，而如此整理后的原始数据就不再做归零修正；另一种是将测定的零读数记录下来，仪器在操作过程中并不调零，而在最终数据整理时，对原始数据进行修正，一般按归零检查的深度间隔按线性插值法对测试值加以修正。

2. 单孔资料整理

（1）计算实际应变：

$$\varepsilon = \varepsilon_1 - \varepsilon_0 \tag{12-3}$$

式中　ε——实际应变值；

ε_1——应变观测值；

ε_0——应变初始值。

（2）计算贯入阻力。根据电阻应变仪测定的应变，换算成贯入阻力，具体如下：

单桥探头比贯入阻力

$$p_s = \alpha\varepsilon \tag{12-4}$$

双桥探头锥尖阻力

$$q_c = \alpha_1\varepsilon_q \tag{12-5}$$

侧壁摩擦阻力

$$f_s = \alpha_2\varepsilon_f \tag{12-6}$$

式中　p_s——单桥探头的比贯入阻力；

α——单桥探头的锥头传感器系数。

ε——单桥探头的实际贯入应变值；

q_c——双桥探头的锥尖阻力；

f_s——双桥探头的侧壁阻力；

ε_q——双桥探头中针对锥尖阻力的实际贯入应变值；

ε_f——双桥探头中针对侧壁摩阻力的实际贯入应变值；

α_1，α_2——双桥探头的锥头和侧壁的传感器系数。

贯入阻力计算的原则：对单孔各分层的贯入阻力计算时，可采用算术平均法或按照触探曲线采用面积法，计算时应剔除个别异常数值，并剔除超前和滞后值；计算整个场地分层贯入阻力时，可以按各孔穿越该层厚度加权平均法计算，或将各孔触探曲线叠加后，绘制谷值与峰值包络线和平均值线，以此确定场地分层的贯入阻力在深度上的变化规律和变化范围。

（3）绘制触探曲线。包括单桥下的比贯入阻力与深度的 p_s-h 曲线；双桥下的锥尖阻力与深度的 q_c-h 曲线；侧壁摩擦阻力与深度的 f_s-h 曲线；摩阻比与深度的 R_f-h（$f_s/q_c \times 100\%$）曲线。

对自动记录的曲线，由于贯入停顿间歇，曲线会出现喇叭口或者尖峰，在绘制静力触探曲线时，应加以圆滑修正。

建议常用的纵横坐标比例尺如下：

1）纵坐标深度比例为 1∶100，深孔可用 1∶200；

2）横坐标代表触探参数，对单桥下的比贯入阻力 p_s 和双桥下的锥尖阻力 q_c，可以采用 1cm 代表 1000kPa 或 2000kPa；

3）侧壁摩擦阻力 f_s 比较小，比例尺取 1cm 代表 10kPa 或者 20kPa；

4）摩阻比 R_f，一般可用 1cm 代表 1%。

3. 划分土层以及绘制剖面图

（1）利用静力触探资料进行土层划分时，按照表12-3给出的范围作为土层划分界限。即当 p_s 值不超过表中所列的变动幅度时，可合并为一层。如果有钻孔对比资料，则可进行对比分层，对比分层准确性较之单纯静力触探资料分层要高得多。

表12-3　p_s 并层容许变动幅度

实测范围值/MPa	变动幅度/MPa	实测范围值/MPa	变动幅度/MPa
$p_s \leqslant 1$	±(0.1~0.3)	$3 \leqslant p_s \leqslant 6$	±(0.5~1.0)
$1 \leqslant p_s \leqslant 3$	±(0.3~0.5)		

（2）对薄夹层，不能受表12-3限制，而应以 $p_{s,max} \leqslant 2$ 为分层标准，并结合记录曲线的线性与土的类别予以综合考虑。

（3）在分层时需要考虑触探曲线中的超前和滞后问题。下卧土层对上覆土层击数的影响，称为“超前反映”，而上覆土层对下卧土层击数的影响称为“滞后反映”。界面处的超前与滞后反映段的总厚度，称为土层界面对击数的影响范围。在密实土层和软弱土层交界处，往往出现这种现象，幅值一般为10~20cm，其原因除了交界处土层本身的渐变性外，还有触探机理和仪器性能反应迟缓等方面的问题，应视具体情况加以分析。

另外，还有一些经验分层方法列举如下：

（1）上下层贯入阻力相差不大时，取超前深度和滞后深度中点，或中点偏向小阻力值5~10cm处作为分层界面。

（2）上下层贯入阻力相差一倍以上时，当由软层进入硬层或由硬层进入软层时，取软层最后一个（或第一个）贯入阻力小值偏向硬层10cm处作为分层层面。

（3）如果贯入阻力 p_s 变化不大时，可结合 f_s 或 R_f 变化确定分层层面。

4. 成果应用

（1）应用范围。静力触探操作简便，其测定的结果，综合性较强，在实际工程中的应用面要比一些常规室内试验更为广阔，主要应用于以下几个方面：

1）查明地基土在水平方向和垂直方向的变化，划分土层，确定土的类别；

2）确定建筑物地基土的承载力、变形模量以及其他物理力学指标；

3）选择桩基持力层，预估单桩承载力，判别桩基沉入的可能性；

4）检查填土及其他人工加固地基的密实度和均匀性，判别砂土的密度及其在地震作用下的液化可能性；

5）湿陷性黄土地区用来查找浸水事故的范围和界限。

（2）按照贯入阻力进行土层分类的方法。针对不同类型土可能具有相同 p_s、q_c 或 f_s 值的问题，仅仅依靠某一指标对土层分类的准确性得不到保证。使用双桥探头时，由于不同土的 q_c、f_s 不可能都相同，因此采用双桥测定的 q_c 和 f_s/q_c 两个指标进行土的分类，能够取得比较好的效果。

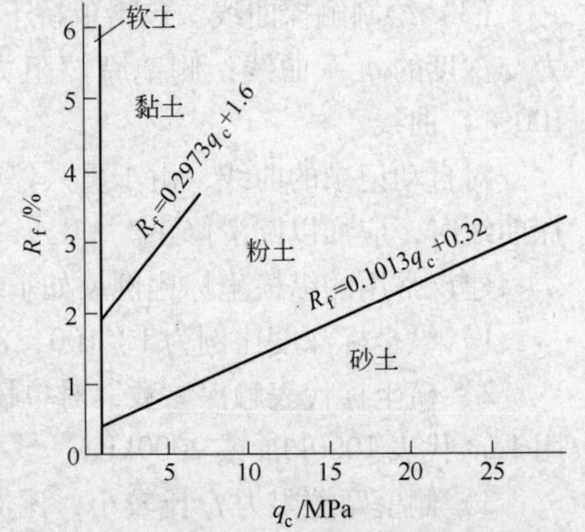

图12-3　土的分类（双桥探头法TBJ37—93）

使用双桥探头，可按图12-3对土质进行分类。

从图 12-3 可见，单纯用静力触探资料进行土层划分较为粗糙，而且重叠范围大，准确性较低，一般都要与钻探资料对比，才能得到合适结论。

（3）确定砂土密实度。静力触探参数可以用作砂土相对密实度评价的指标，表 12-4 列出了国内采用静力触探参数评定砂土密实度的大致界限范围。

表 12-4　国内采用静力触探参数评定砂土密实度的界限值

单　位	极　松	疏　松	稍　密	中　密	密　实	极　密
辽宁煤矿设计院		$p_s<2.5$	2.5~4.5	$p_s>11$		
北京市勘察院	$p_s<2$	2~4.5	4~7	7~14	14~22	$p_s>22$

注：p_s 单位为 MPa。

（4）确定砂土内摩擦角。砂土的内摩擦角可根据比贯入阻力参照表 12-5 取值。

表 12-5　按照比贯入阻力 p_s 确定的砂土内摩擦角 φ

p_s/MPa	1	2	3	4	6	11	15	30
φ/(°)	29	31	32	33	34	36	37	39

（5）变形参数计算。静力触探试验亦可用于估算土的变形参数。如铁道部《静力触探技术规则》(TBJ37—93）就提出过采用比贯入阻力估算砂土压缩模量的经验关系，如表 12-6 所示。

表 12-6　按照比贯入阻力 p_s 确定的砂土压缩模量 E_s

p_s/kPa	E_s/MPa	p_s/kPa	E_s/MPa
500	2.6~5.0	2000	6.0~9.2
800	3.5~5.6	3000	9.0~11.5
1000	4.5~6.0	4000	11.5~13.0
1500	5.5~7.5	5000	13.0~15.0

（6）按照贯入阻力确定地基土的承载力。用静力触探试验资料确定地基承载力，国内外都有相关的经验公式问世。总体的思路是以静力触探试验成果与载荷试验成果比较，通过相关分析得到特定地区或者特定土性的经验公式。例如，表 12-7 是《岩土工程试验监测手册》（中国建筑工业出版社，2005）所列出的不同单位得到的不同地区黏性土的地基承载力经验公式。对于砂性土则采用表 12-8 所列经验公式。

表 12-7　黏性土静力触探与地基承载力经验公式

序　号	公　式	适用范围	公式来源
1	$f_0=104p_s+26.9$	$0.3<p_s<6$	《工业与民用建筑工程地质勘察规范》(TJ21—77)
2	$f_0=183.4\sqrt{p_s}-46$	$0<p_s<5$	铁三院
3	$f_0=17.3p_s+159$	北京地区老黏性土	原北京市勘察处
	$f_0=114.8\lg p_s+124.6$	北京地区新近代土	
4	$f_{0.026}=91.4p_s+44$	$1<p_s<3.5$	武汉联合小组
5	$f_0=249\lg p_s+157.8$	$0.6<p_s<4$	四川省综合勘察院

续表 12-7

序 号	公 式	适用范围	公 式 来 源
6	$f_0 = 86p_s + 45.3$	无锡地区，$p_s = 0.3 \sim 0.5$	无锡市建筑设计院
7	$f_0 = 1167p_s^{0.387}$	$0.24 < p_s < 2.53$	天津市建筑设计院
8	$f_0 = 87.8p_s + 24.36$	湿陷性黄土	陕西省综合勘察院
9	$f_0 = 98q_c + 19.24$	黄土地基	机械工业勘察设计研究院
10	$f_0 = 44p_s + 44.7$	平川型新近堆积黄土	机械工业勘察设计研究院
11	$f_0 = 90p_s + 90$	贵州地区红黏土	贵州省建筑设计院
12	$f_0 = 112p_s + 5$	软土，$0.085 < p_s < 0.9$	铁道部（1988）

表 12-8 砂土静力触探承载力经验公式

序 号	公 式	适用范围	公式来源
1	$f_0 = 20p_s + 59.5$	粉细砂，$1 < p_s < 15$	用静力触探测定砂土承载力
2	$f_0 = 36p_s + 76.6$	中粗砂，$1 < p_s < 10$	联合试验小组报告
3	$f_0 = 91.7\sqrt{p_s} - 23$	水下砂土	铁三院
4	$f_0 = (25 - 33)q_c$	砂 土	国 外

此外，静力触探还有判别单桩承载力、液化势，检测水泥土桩成桩质量等应用。限于篇幅，在此不再一一列举，读者可参阅有关著作和规范。

第三节 动力触探试验

一、试验目的

动力触探试验（dynamic penetration test，简称 DPT）是利用一定的落锤能量，将一定尺寸和形状的探头打入土中，根据探头打入的难易程度（可用贯入度、锤击数或者探头单位面积动力贯入阻力来表示）判定土层性质的一种原位测试方法。

圆锥动力触探设备简单，操作方便，适用性广，并有连续贯入的特性，对于难以取样的砂土、粉土、碎石土等和使用静力触探难以贯入的含砾石土层，动力触探是非常有效的勘测手段。但其缺点是不能取样进行直接描述，试验误差较大，再现性较差。

圆锥动力触探可以用来划分土层，定性评价地基土的均匀性与物理力学性质，检测地基加固和改良的质量效果等。

二、试验设备

圆锥动力触探试验的类型，根据落锤能量以及探头规格可分为轻型、重型和超重型三种（早期还有中型触探试验，目前已经取消），其规格和适用土类见表 12-9 和表 12-10。不同类型的圆锥动力触探试验设备有一定的差别，但其基本组成基本相同，主要由触探头，触探杆以及穿心锤三部分组成。目前应用较多的是轻型和重型动力触探。图 12-4 列出了常用的动力触探设备的探头构成。

表 12-9 我国常用动力触探仪的规格

类型		轻 型	重 型	超重型
落 锤	锤质量/kg	10 ±0.2	63.5 ±0.5	120 ±1
	落距/cm	50 ±2	76 ±2	100 ±2
探 头	直径/cm	40	74	74
	锥角/(°)	60	60	60
贯入标准		贯入 30cm 锤击数 N_{10}	贯入 10cm 锤击数 $N_{63.5}$	贯入 10cm 锤击数 N_{120}

表 12-10 各类动力触探的适用土类

土类	黏性土		粉土	砂 土					碎石土（无胶结）			风化岩石	
	黏土	粉质黏土		粉砂	细砂	中砂	粗砂	砾砂	圆/角砾	卵/碎石	漂/块石	极软岩	软岩
轻型	■	■	■	■									
重型				■	■	■	■	■	■	■	■	■	
超重型									■	■	■	■	■

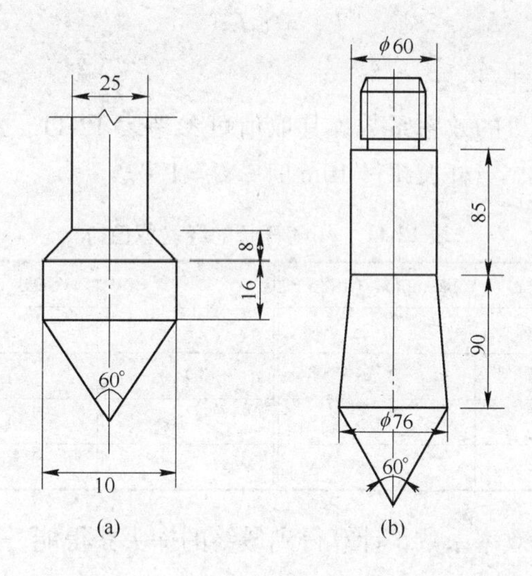

图 12-4 常用动力触探探头构成示意图（尺寸单位：mm）
（a）轻型动力触探探头；（b）重型动力触探探头

三、试验原理

动力触探是通过落锤能量来实现贯入目的的，因此能量的核准甚为重要。一般动力触探的落锤理想能量 E 可按式（12-7）计算：

$$E = \frac{1}{2} \cdot \frac{W}{g} \cdot v^2 = \frac{1}{2}Mv^2 \tag{12-7}$$

式中 W——锤的重量，N；

M——锤的质量，kg；

v——锤自由下落与探杆发生碰撞前的速度，cm/s。

由于受落锤方式、导杆摩擦和锤击偏心等因素影响，实际中的锤击能比理论落锤能要小，需要折减计算，具体方法为：

$$E_1 = e_1 E \qquad (12\text{-}8)$$

式中　E_1——实际锤击能量，J；

e_1——落锤的效率系数，自由落锤时可取0.92。

落锤碰撞探杆后输入探杆的能量E_2，还进一步受打头材料、形状和大小控制，可用下式计算：

$$E_2 = e_2 E_1 \qquad (12\text{-}9)$$

式中　E_2——落锤碰撞探杆输入探杆的能量，J；

e_2——锤击能量输入效率系数（一般国内通用的大钢打头$e_2=0.65$；小钢打头$e_2=0.85\sim0.90$）。

在能量从探杆输入到探头的过程中，还会有进一步损失，探头实际得到能量的表述为：

$$E_3 = e_3 E_2 \qquad (12\text{-}10)$$

式中　E_3——探头获得的能量，J；

e_3——杆长传输能量的效率系数，其取值可参考表12-11，总体而言，e_3随杆长的增加而增大，当杆长超过10m时，$e_3=1.0$。

表12-11　e_3随杆长的经验取值

杆长/m	Seed（1985）	Skempton（1986）	杆长/m	Seed（1985）	Skempton（1986）
	e_3值			e_3值	
<3	0.75	0.55	6~10	1.0	0.95
3~4	1.0	0.75	>10	1.0	1.0
4~6	1.0	0.85			

实际中，组合所有的效率系数，计算得到最终的探头获得能，即用以克服上覆土对探头贯入阻力的有效能量E_3。

$$E_3 = eE \qquad (12\text{-}11)$$

式中　E_3——探头获得的能量，J；

e——综合传输能量比，$e=e_1e_2e_3$。

相应地，有如下能量守恒公式：

$$1000NE_3 = 1000NeE = R_d Ah \qquad (12\text{-}12)$$

式中　N——贯入深度为h时的锤击数；

R_d——探头单位面积上的动贯入阻力，kPa；

A——探头面积，cm^2；

h——探头贯入深度，cm。

由此得到动贯入阻力为：

$$R_{\mathrm{d}} = \frac{1000NeE}{Ah} = \frac{1000eE}{As} \tag{12-13}$$

式中　s——平均每击的贯入度，$s = h/N$。

综上可见，作为动力触探试验，锤击数很重要，反映了土层的动贯入阻力大小，而动贯入阻力与土层的种类、密实程度、力学性质有关。因此，实践中常采用贯入土层一定深度的锤击数作为动力触探的试验指标。

四、试验步骤

动力触探试验的部分步骤根据触探装置的类型不同而有所不同，具体如下所述。

1. 轻型动力触探（N_{10}）

（1）先利用钻具钻孔到试验土层标高以上0.3m处，再对试验土层进行连续触探。

（2）试验中，穿心锤的落距为(50 ± 2)cm，使其自由下落，将探头竖直打入土层中，每打入30cm的锤击数即为N_{10}。

（3）有描述土层需要时，可将触探杆拔出，换上轻便钻头或专用勺钻进行取样。如需对下卧土层进行试验时，可用钻具穿透坚实土层后再贯入。

（4）试验贯入深度一般限制在4m以内，若要更深，可清孔后继续贯入至多2m。

（5）当$N_{10} > 100$或贯入15cm超过50击时，可停止试验。

2. 重型动力触探（$N_{63.5}$）

（1）试验前，将触探架安装平稳，保持触探孔垂直，垂直度偏差不超过2%。

（2）试验时，使穿心锤自由下落，落距为(76 ± 2)cm。

（3）锤击速度控制在15～30击/min，尽量使打入过程连续，所有超过5min的间断都应在记录中予以注明。

（4）及时记录每贯入10cm的锤击数（一般是5击贯入量小于10cm），亦可如下式所示，记录每一阵击贯入度K，然后再换算为每贯入10cm所需的锤击数$N_{63.5}$。

$$N_{63.5} = \frac{10K}{S} \tag{12-14}$$

式中　K——一阵击的锤击数，一般以5击为一阵击，土质较为松软时应少于5击；

　　　S——一阵击的贯入量，cm。

（5）对于一般砂、圆砾、角砾和卵石、碎石土，触探深度不超过12～15m，超过该深度时，需考虑触探杆的侧壁摩擦阻力影响。

（6）当连续3次$N_{63.5} > 50$击时，即停止试验。若要继续触探，可考虑使用超重型动力触探。

（7）本试验也可与钻探交互进行，以减少侧壁摩擦影响。

3. 超重型动力触探（N_{120}）

（1）贯入时应使得穿心锤自由下落，地面上触探杆高度不宜过高，以免倾斜和摆动过大。

（2）贯入过程应尽量连续，锤击速度宜控制在15～25击/min。

（3）贯入深度一般不宜超过20m。

五、数据整理

1. 根据各种影响因素进行击数修正，计算锤击数 N

轻型动力触探以探头在土中贯入 30cm 的锤击数确定 N_{10} 值，重型和超重型都是以贯入 10cm 的锤击数来确定贯入击数 N 值的。现场试验记录的可能是一阵击贯入度和相应锤击数，此时需要进行贯入度的换算以及影响因素的修正。其中一些主要的影响因素修正方法如下：

（1）杆长校正。轻型动力触探深度浅，杆长较短，不作杆长校正。

重型动力触探杆长超过 2m、超重型动力触探杆长超过 1m 时，按照下式进行杆长校正：

$$N = \alpha N' \tag{12-15}$$

式中 N——经杆长校正后的锤击数；

N'——实测动力触探锤击数；

α——杆长校正系数，具体可参见文献［24］。

（2）侧壁影响校正。

1）轻型动力触探试验：可不考虑侧壁影响的校正。

2）重型动力触探试验：对于砂土和松散至中密程度的圆砾、卵石，以及触探深度在 1～15m 范围内时，一般可不考虑侧壁摩擦影响，不作校正。

（3）地下水位影响的校正。对于地下水位以下的中、粗、砾砂以及圆砾、卵石，重型动力触探的锤击数应按照下式进行校正：

$$N_{63.5} = 1.1N'_{63.5} + 1.0 \tag{12-16}$$

式中 $N_{63.5}$——经杆长校正后的锤击数；

$N'_{63.5}$——考虑地下水位影响校正后的锤击数。

（4）上覆压力的影响。对一定相对密实度的砂土，锤击数在一定深度范围内，随着贯入深度的增加而增大，超过这一深度后趋于稳定值。对一定颗粒组成的砂土，锤击数、相对密实度和上覆压力之间存在如下关系：

$$\frac{N}{D_r^2} = a + b\sigma'_v \tag{12-17}$$

式中 N——标准贯入锤击数；

D_r——砂土的相对密实度；

σ'_v——有效上覆压力，kPa；

a，b——经验系数，随着砂土的颗粒组成不同而变化。

2. 计算动贯入阻力

由于锤击数是由不同触探参数得到的，并不利于相互比较，而其量纲也无法与其他物理力学指标共同计算，故近年来多用动贯入阻力来替代锤击数作为动力触探的指标。

常见的动贯入阻力的计算公式有荷兰公式、格尔谢万诺夫公式、海利公式等。其中荷兰公式目前在国内外应用最广，并为我国《岩土工程勘察规范》(GB 50021—2001）和水利部《土工试验规程》(SL237—1999）等规范所推荐。

荷兰公式建立在古典牛顿碰撞理论基础上，其基本假定为：绝对的非弹性碰撞，即碰撞后杆与锤完全不能分开；完全不考虑弹性变形能量的消耗。因此应用时有以下限制：

（1）每击贯入度在 2 ~ 50mm 之间；

（2）触探深度一般不超过 12m；

（3）触探器质量与落锤质量之比不大于 2。

荷兰公式具体表述如下：

$$R_d = \frac{Q}{Q+q} \cdot \frac{QgH}{As} \tag{12-18}$$

式中 R_d——动力触探动贯入阻力，N/m^2；

Q——锤质量，kg；

q——触探器总质量（含探头、触探杆和锤座等），kg；

H——落锤高度，m；

g——重力加速度，N/kg；

A——探头截面面积，m^2；

s——每击贯入度，用以计算该值的总击数 N 要根据前述方法，考虑各种因素予以修正后得到，m。

> ★　需要说明的是，上文第三部分试验原理中，有关动贯入阻力分析式（12-13），是综合考虑了多个方面能量折减因素后所列出的理论公式，其能量折减系数 e 全面但并不便于应用；而在实际应用中，例如式（12-18）（荷兰公式），则是对计算动贯入阻力做了很多假设，且仅考虑主要的能量折减因素，而忽略一些次要因素的影响所建立的。读者在阅读本书及相关著作时，要对原理和实际应用方法予以区别。

3. 绘制动力触探曲线划分土层界限

将经过校正后的锤击数 N 或动贯入阻力 R_d 建立与贯入深度 h 的联系，绘制相关关系曲线，如图 12-5 所示，触探曲线可绘成直方图形式。根据触探曲线的形态，结合钻探资料，进行地基土的力学分层。

分层时应考虑触探的界面效应，即下卧层的影响。一般由软层进入硬层时，分层界线可选在软层最后一个小值点以下 0.1 ~ 0.2m 处；由硬层进入软层时，分界线可定在软层第一个小值点以下 0.1 ~ 0.2m 处。

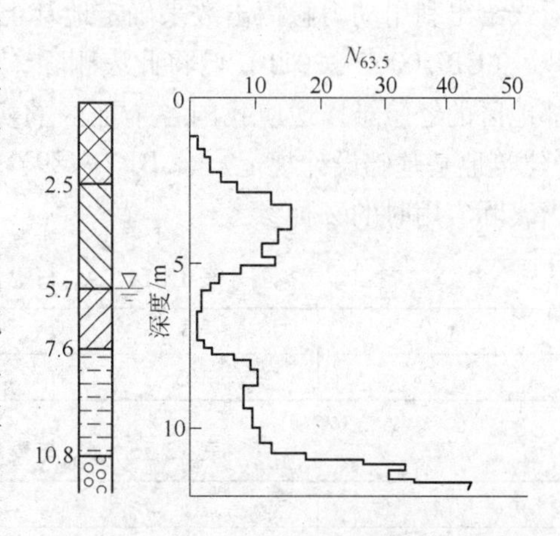

图 12-5　N-h 关系曲线

4. 计算每个土层的贯入指标平均值

首先按单孔统计各层动贯入指标平均值，统计时应剔除超前和滞后影响范围以及个别指标异常值。然后根据各孔分层贯入指标平均值，用厚度加权平均法计算场地分层平均贯入指标。

5. 成果应用

（1）评价无黏性地基土的相对密实度。

1）原机械工业部第二勘察院（现中机工程勘察设计研究院）根据探井中实测的密实度和孔隙比得到与 $N_{63.5}$ 的对应关系，如表 12-12 所示。

表 12-12　$N_{63.5}$ 与砂土密实度的关系

土的分类	$N_{63.5}$	砂土密实度	孔隙比
砾　砂	<5	松　散	>0.65
	5~8	稍　密	0.65~0.50
	8~10	中　密	0.50~0.45
	>10	密　实	<0.45
粗　砂	<5	松　散	>0.80
	5~6.5	稍　密	0.80~0.70
	6.5~9.5	中　密	0.70~0.60
	>9.5	密　实	<0.60
中　砂	<5	松　散	>0.90
	5~6	稍　密	0.90~0.80
	6~9	中　密	0.80~0.70
	>9	密　实	<0.70

2）根据我国《建筑地基基础设计规范》（GB 50007—2011），可以采用重型圆锥动力触探的锤击数 $N_{63.5}$，评定碎石土的密实度（见表 12-13）。

表 12-13　碎石土密实度

锤击数 $N_{63.5}$	密实度	锤击数 $N_{63.5}$	密实度
$N_{63.5} \leqslant 5$	松　散	$10 < N_{63.5} \leqslant 20$	中　密
$5 < N_{63.5} \leqslant 10$	稍　密	$N_{63.5} \geqslant 20$	密　实

注：1. 本表适用于平均粒径不大于 50mm 且最大粒径不超过 100mm 的卵石、碎石、圆砾、角砾。
2. 表内 $N_{63.5}$ 为综合修正后的平均值。

（2）确定地基土的承载力。我国《建筑地基基础设计规范》（GBJ 7—89）是以附表形式给出利用动力触探击数来确定地基土承载力标准值的方法，但《建筑地基基础设计规范》（GB 50007—2011）已将此表删除，其主要原因是我国幅员辽阔，土质情况复杂，局部地区的经验难以适应我国各个地区的实际情况。因此表 12-14 ~ 表 12-17 所列出的取自《建筑地基基础设计规范》（GBJ 7—89）中的一些触探击数与地基承载力的经验关系仅作为实际应用时的一种参考。

表 12-14　N_{10} 与黏性土承载力标准值 f_k 的关系

N_{10}	15	20	25	30
f_k/kPa	105	145	190	230

表 12-15　N_{10} 与素填土承载力标准值 f_k 的关系

N_{10}	10	20	30	40
f_k/kPa	85	115	135	160

表 12-16 $N_{63.5}$与砾、粗、中砂承载力标准值f_k 的关系

$N_{63.5}$	3	4	5	6	8	10
f_k/kPa	120	150	200	240	320	400

表 12-17 $N_{63.5}$与碎石土承载力标准值f_k 的关系

$N_{63.5}$	3	4	5	6	8	10	12
f_k/kPa	140	170	200	240	320	400	480

★ 需要说明的是，《建筑地基基础设计规范》从 2002 年版起便引进了地基承载力特征值（f_{ak}）以取代旧规范中的地基承载力标准值（f_k）。虽然两者在数值上比较接近，但概念上地基承载力特征值（f_{ak}）是指由载荷试验测定的地基土压力-变形曲线线性变形段内规定的变形对应的压力值，其还可由其他原位测试、公式计算并结合工程实践经验等方法综合确定。而地基承载力标准值（f_k）的外延要大于特征值，它是各种方法确定承载力基本值以后，再在一定可靠度指标下，经过概率统计方法确定的值。读者在借鉴旧规范对现有工程问题承载力进行分析时应注意对不同参数类别加以区别。

（3）确定抗剪强度和变形模量。

1）动力触探 N_{10}与砂土的内摩擦角 φ 的关系，可参考表 12-18 所示数据。

表 12-18 N_{10}与砂土的内摩擦角 φ 的关系（前苏联 PCH32—70）

N_{10}	5	6	8	10	13	16	20	25
φ/(°)	30	31	32	33	34	35	36	37

2）亦有一些有关变形模量 E_0 与重型动力触探的动贯入阻力 R_d 的经验关系，如下式所示。此方法为原冶金部建筑科学研究院和武汉冶金勘察公司共同提出的。

对黏性土和粉土 $$E_0 = 5.488R_d^{1.468} \tag{12-19a}$$

对填土 $$E_0 = 10(R_d - 0.56) \tag{12-19b}$$

式中 E_0——变形模量，MPa；

R_d——动贯入阻力，MPa。

（4）确定桩尖持力层和单桩承载力。

1）确定单桩持力层。在层位分布规律比较清楚地区，尤其是上硬下软的土层，采用动力触探能很快确定端承桩的桩尖持力层。但是在地层变化复杂和无建筑经验的地区，则不宜单独采用动力触探资料来确定桩尖持力层。

2）确定单桩承载力。动力触探无法实测地基土极限侧壁摩擦阻力，在桩基勘察时主要用于以桩端承力为主的短桩。我国沈阳、成都和广州等地区通过动力触探和桩静载荷试验的对比，利用数理统计得出了用动力触探指标来估算单桩承载力的经验公式，但应用范围都具有地区性。

沈阳市桩基试验研究小组在沈阳地区通过 $N_{63.5}$与桩载荷试验的统计分析，得到如下的

经验关系：

$$p_a = 24.3\,\overline{N}_{63.5} + 365.4 \tag{12-20}$$

式中 p_a——单桩竖向承载力特征值，kN；

$\overline{N}_{63.5}$——由地面至桩尖范围内平均每 10cm 修正后的锤击数。

广东省建筑设计研究院在广州地区通过现场打桩资料和动力触探的对比，找出桩尖持力层桩的锤击数和动力触探锤击数的关系以及桩的总锤击数与动力触探的总锤击数的关系，推算出的单桩竖向承载力的估算公式如下：

对大桩机

$$p_a = \frac{QH}{9(0.15+e)} + \frac{QH(2N_{63.5})}{1200} \tag{12-21a}$$

对中桩机

$$p_a = \frac{QH}{8(0.15+e)} + \frac{QH(2N_{63.5})}{4500} \tag{12-21b}$$

式中 p_a——单桩竖向承载力特征值，kN；

Q——打桩机的锤重，kN；

H——打桩机锤的落距，cm；

e——打桩机最后 30 锤平均每一锤的贯入度，$e = 10/(3.5N'_{63.5})$，cm；

$N'_{63.5}$，$N_{63.5}$——重型圆锥动力触探在持力层的锤击数和总锤击数。

第四节 标准贯入度试验

一、试验目的

标准贯入度试验（standard penetration test，简称 SPT）自 1902 年创立，并于 20 世纪 40～50 年代被推广以来，是目前在国内外应用最为广泛的一种地基现场原位测试技术。

从原理上而言，标准贯入度试验也是动力触探试验的一种，只是其探头不是圆锥探头，而是标准规格的圆筒形探头（由两个半圆筒合成的取土器），称之为贯入器。其是利用 63.5kg 的穿心锤，以 76cm 的自由落距，将贯入器打入土中，用贯入 30cm 的锤击数 N 判定土体的物理力学性质。

标准贯入度试验主要适用于砂土和黏性土，不能用于碎石类土和岩层。其可以用来判定砂土的密实度或黏土的稠度，以确定地基土的容许承载力；可以评定砂土的振动液化势和估计单桩承载力；并可确定土层剖面和取扰动土样进行一般物理性试验；以及用于岩土工程地基加固处理设计及效果检验。

二、试验原理

标准贯入度试验（以下简称标贯试验）采用的击锤是(63.5 ± 0.5)kg 的穿心锤，以(76 ± 2)cm 的落距，将一定规格的标准贯入器打入土中 15cm，再打入 30cm，最后以此打入 30cm 的锤击数作为标贯试验的指标，即标准贯入击数 N。一般情况下，承载力与 $N_{63.5}$

成正比，因此通过 N，就能结合相关经验对工程指标做出评价。

标贯试验与动力触探试验在原理上十分相似，而其主要区别，除评价土性的方法外，主要是探头形式和结构上的差异。标贯试验的探头部分称为贯入器，是由取土器转化而来的开口管桩空心探头。在贯入过程中，由整个贯入器对端部和周围土体产生挤压和剪切作用，同时由于贯入器中间是空心的，部分土要挤入，加之试验是在冲击力作用下进行，工作条件和边界条件非常复杂，故而对标贯试验的研究成果，至今尚未有严格理论解释。

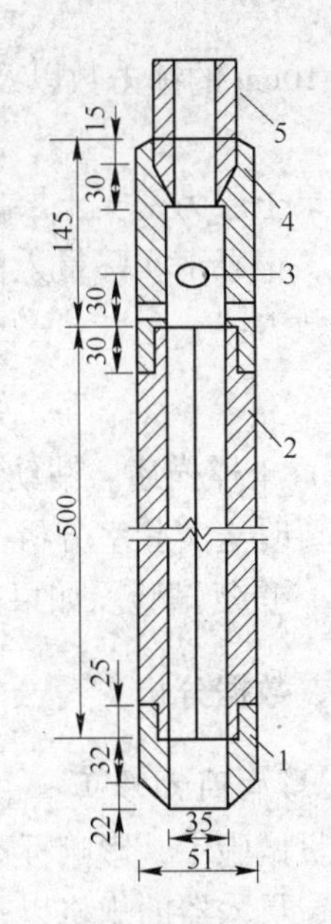

图 12-6　标准贯入试验设备

1—贯入器靴；2—贯入器身；3—出水孔；4—贯入器头；5—触探杆

三、试验设备

标贯试验设备装置主要由贯入探杆、穿心锤((63.5 ± 0.5) kg)、贯入器（长 810mm、内径 35mm、外径 51mm)、锤垫、导向杆及自动落锤装置等几部分组成。其基本构型如图 12-6 所示。目前我国国内的标贯设备与国际标准一致，其设备规格见表 12-19。

表 12-19　标贯试验设备规格

试验设备		规　格		试验设备		规　格	
落　锤		锤质量/kg	63.5	贯入器	管靴	长度/cm	50~76
		落距/cm	76			刃口角度/(°)	18~20
贯入器	对开管	长度/mm	>500			刃口单刃厚度/mm	2.5
		外径/mm	51	钻　杆		直径/mm	42
		内径/mm	35			相对弯曲	<1/1000

四、试验步骤

(1) 钻探成孔。钻孔时，为了防止扰动底土，宜采用回转钻进法，并保持孔内水位略高于地下水位。钻孔至试验土层高程以上 15cm 处停钻，清除孔底虚土和残土，同时为防止孔中发生流沙或塌孔，必要时可采用泥浆或套管护壁。如果是水冲钻进，应采用侧向水冲钻头，而不能用底端向下水冲钻头，以使孔底土尽可能少扰动。一般的钻孔直径在 63.5 ~150mm 之间。

(2) 贯入准备。贯入贯入器前，要检查探杆与贯入器的接头是否已经连接稳妥，再将贯入器和探杆放入孔内，并量得其深度尺寸。注意保持导向杆、探杆和贯入器的轴线在同一铅垂线上，保证穿心锤垂直施打。

(3) 贯入操作。开始标贯试验时，先将整个杆件系统连同静置于钻杆顶端的锤击系统共同下落到孔底部。穿心锤落距为 76cm，一般采用自动落锤装置，贯入速率为 12 ~ 30 击/min，并记录锤击数。

具体分两步进行贯入：先打入 15cm，不计锤击数，再打入土中 30cm，记录此过程中，每打入 10cm 的锤击数以及打入 30cm 的累计锤击数。此 30cm 的累计锤击数即为标准贯入击数 N。

如果土层为密实土层，累计锤击数超过 50 击，贯入深度仍未达到 30cm 时，则不必强行打入，记录下实际贯入深度 ΔS 和累计锤击数 n 即可，并按照下式计算贯入 30cm 的标准贯入击数 N：

$$N = 30n/\Delta S \tag{12-22}$$

（4）土样描述。钻动探杆，提出贯入器并取出贯入器中的土样进行鉴别、描述和记录，必要时送实验室分析。

（5）重复试验。如果需要进行下一深度的试验，重复上述步骤。

五、数据分析

1. 影响因素修正

标贯试验中，影响标准贯入击数的因素很多，例如钻孔孔底土的应力状态、锤击能量的传递、贯入器的规格以及标准贯入击数本身根据土质等的修正等。在进行标贯成果的应用前，需要根据各种因素对标准贯入击数进行修正，其中最为常见的是探杆长度和地下水影响的校正。

（1）探杆长度校正。杆长校正类似于动力触探试验原理中所述。考虑到传递能量随杆长的变化而变化，一般根据传统牛顿碰撞理论，能量随着杆长增加，杆件系统受锤击后作用于贯入土中的有效能量逐渐减少；但亦有一维杆件中应力波传播的弹性理论，认为标贯试验中，杆长若小于 10m，则杆长增加时，有效能量也在同步增加，而当杆长超过 10m 时，能量将趋向于定值。因此早期一些规范中，曾对探杆长度做出校正要求。如《建筑地基基础设计规范》（GBJ 7—89）规定，当杆长大于 3m 时，锤击数应按照式（12-23）校正：

$$N = \alpha N' \tag{12-23}$$

式中　N'——实测的锤击数；

　　　α——探杆长度校正系数（见表 12-20）。

表 12-20　探杆长度校正系数 α

探杆长度/m	≤3	6	9	12	15	18	21
α	1.00	0.92	0.86	0.81	0.77	0.73	0.70

目前国内很多规范，并未要求对探杆长度进行校正（如《建筑地基基础设计规范》（GB 50007—2011）和《港口工程地质勘察规范》（JTJ240—97）），而《岩土工程勘察规范》（GB 50021—2001）规定，N 值是否校正和如何校正，应根据建立统计关系时的具体情况而定。

（2）地下水影响的校正。交通部《港口工程地质勘察规范》（JTJ240—97）规定，当采用 N 确定相对密实度 D_r，以及内摩擦角 φ 时，对地下水位以下的中、粗砂层的 N 值可按下式进行校正：

$$N = N' + 5 \tag{12-24}$$

式中　N'——实测的锤击数；

　　N——校正后的锤击数。

另外，Terzaghi 和 Peck 在 1953 年提出，针对 d_{10} 介于 0.05mm 和 0.1mm 之间的饱和粉细砂，当密度大于临界孔隙比（或 $N'>15$）时，可按下式对锤击数进行校正：

$$N = 15 + (N' - 15)/2 \tag{12-25}$$

2. 基本成果整理

（1）标贯试验成果整理时，试验资料应齐全，包括钻孔孔径、钻进方式、护孔方式、落锤方式、地下水位以及孔内水位（或泥浆高程）、初始贯入度、预打击数、试验标准贯入击数以及贯入深度、贯入器取得的扰动土样鉴别描述。对于已进行锤击能量标定试验的，应有 $F(t)$-t 曲线。

（2）绘制标准贯入击数 N 与土层深度的关系曲线。可在工程地质剖面图上，在进行标贯试验的试验点深度处标出标准贯入击数 N 值，也可单独绘制标准贯入击数 N 与试验点深度的关系曲线。作为勘察资料提供时，对 N 无须进行前述的杆长校正、上覆压力校正或地下水校正等。

（3）结合钻探资料以及其他原位试验结果，根据 N 值在深度上的变化，对地基土进行分层，对各土层 N 值进行统计。统计时，需要剔除个别异常数值。

六、工程应用

标贯试验参数在实际工程设计中应用很多，例如：查明场地的地层剖面和各地层在垂直和水平方向的均匀程度以及软弱夹层；确定地基土的承载力、变形模量、物理力学指标以及建筑物设计时所需的参数；预估单桩承载力和选择桩尖持力层；进行地基加固处理效果的检验和施工监测；判定砂土的密实度、黏性土的稠度、判别砂土和粉土地震液化的可能性等，下面就介绍一些比较常见的应用。

1. 砂土的密实度和内摩擦角的确定

砂土的强度指标一般与密实度有关，因此通过标贯试验，可以对砂土密实度和内摩擦角进行确定，对于不含碎石和卵石的砂土，其密实度和内摩擦角，可参考表 12-21 和表 12-22 确定。

表 12-21　N 值推算砂土的密实度

N	$N\leqslant 10$	$10<N\leqslant 15$	$15<N\leqslant 30$	$N>30$
密实度	松　散	稍　密	中　密	密　实

表 12-22　N 值推算砂土的内摩擦角

研 究 者	N				
	<4	4~10	10~30	30~50	>50
Peck	<28.5°	28.5°~30°	30°~36°	36°~41°	>41°
Meyerhof	<30°	30°~35°	35°~40°	40°~45°	>45°

2. 地基承载力的确定

根据标贯试验与载荷试验资料对比以及回归统计分析，可得到地基承载力与标准贯入击数的关系。我国原《建筑地基基础设计规范》(GBJ 7—89) 曾给出黏性土和砂土地基的承载力标准值与标准贯入击数的经验关系，见表12-23和表12-24。由于这些经验关系具有明显的地区特性，在全国范围内不具有普遍意义，因此并未纳入《建筑地基基础设计规范》(GB 50007—2011) 中，读者在参考这些表格时，应结合当地实际工程经验进行综合分析。

表12-23　黏性土地基承载力标准值 f_k 与标准贯入击数 N 的关系

N	3	5	7	9	11	13	15	17	19	21	23
f_k/kPa	105	145	190	235	280	325	370	430	515	600	680

表12-24　砂土地基承载力标准值 f_k 与标准贯入击数 N 的关系

土类 \ N	10	15	30	50
中、粗砂	180kPa	250kPa	340kPa	500kPa
粉、细砂	140kPa	180kPa	250kPa	340kPa

此外，由于标贯试验数据的离散性较大，仅凭单孔资料是不能评价承载力的。一般确定承载力时，用于计算的标准贯入击数，需通过下式，由多孔平均标准贯入击数值进行修正：

$$N = \overline{N} - 1.645\sigma \tag{12-26}$$

式中　N——用于计算的标准贯入击数；
$\overline{N}$——实测平均贯入击数；
σ——实测击数的标准差。

3. 土体变形参数的确定

采用标贯试验估算土的变形参数通常有两种方法，其一是与平板载荷试验对比得到；其二是与室内压缩试验对比，将对比结果经过回归分析，得到如表12-25所示的变形参数(E_0 为变形模量，E_s 为压缩模量) 与标准贯入击数的经验关系。

表12-25　N 与 E_0、E_s (MPa) 的经验关系

单　位	关 系 式	适用土类
冶金部武汉勘察公司	$E_s = 1.04N + 4.89$	中南、华东地区黏性土
湖北省水利电力勘察设计院	$E_0 = 1.066N + 7.431$	黏性土、粉土
武汉城市规划设计院	$E_0 = 1.41N + 2.62$	武汉地区黏性土、粉土
西南综合勘察设计院	$E_s = 0.276N + 10.22$	唐山粉细土

4. 估算单桩承载力和选择桩尖持力层

早期的规范，对于标准贯入击数与应用参数间都给出了较多的数量联系，而现在一般认为由于中国区域过广，依靠单一地区的土层经验资料来全面预测，有失偏颇，因此现有规范中对上述关系都有所取消。例如对单桩承载力而言，《岩土工程勘察规范》(GB 50021—2001) 和《建筑地基基础设计规范》(GB 50007—2011) 都没有列出采用标准贯入击数来确定单桩承载力的关系表，但在某些特定的区域，土质的标贯试验参数与单桩承载力间是可以建立一定的关系的。

例如，北京市勘察设计研究院提出的单桩承载力经验公式为：

$$Q_u = p_b A_p + (\Sigma p_{fc} L_c + \Sigma p_{fs} L_s) U + C_1 - C_2 x \tag{12-27}$$

式中　Q_u——单桩承载力，kPa；

p_b——桩尖以上和以下4倍桩径范围内 N 平均值换算的桩极限承载力，kPa，见表12-26；

p_{fc}，p_{fs}——桩身范围内黏性土、砂土 N 值换算的极限桩侧阻力，kPa，见表12-26；

L_c，L_s——黏性土层、砂土层的桩段长度，m；

U——桩截面周长，m；

A_p——桩截面积，m^2；

C_1——经验参数，kN，见表12-27；

C_2——孔底虚土折减系数，kN/m，取18.1；

x——孔底虚土厚度，预制桩取 $x=0$；当虚土厚度大于0.5m时，取 $x=0.5$，而端承力取0。

表12-26　N 与 p_{fc}，p_{fs} 和 p_b 的关系表　　(kPa)

N		1	2	4	8	12	14	20	24	26	28	30	35
预制桩	p_{fc}	7	13	26	52	78	104	130	—	—	—	—	—
	p_{fs}	—	—	18	36	53	71	89	107	115	124	133	155
	p_b	—	—	440	880	1320	1760	2200	2640	2860	3080	3300	3850
钻孔灌注桩	p_{fc}	3	6	10	25	37	50	62	—	—	—	—	—
	p_{fs}	—	7	13	26	40	53	66	79	86	92	99	116
	p_b	—	—	110	220	330	450	560	670	720	780	830	970

表12-27　经验参数 C_1 取值

桩　型	预 制 桩		钻孔灌注桩
土层条件	桩周有新近堆积土	桩周无新近堆积土	桩周无新近堆积土
C_1/kN	340	150	180

5. 地基土液化可能性的判别

采用标贯试验对饱和砂土、粉土的液化进行判别的基本原理相同，但不同规范对此描述有所差异。

《建筑抗震设计规范》(GB 5001—2010) 提出当饱和砂土、粉土的初步判别认为需要进一步进行液化判别时，应采用标贯试验判别地面以下20m深度范围内土的液化。

在地面以下20m深度范围内，液化判别标准贯入击数临界值 N_{cr} 可按下式计算：

$$N_{cr} = N_0 \beta [\ln(0.6 d_s + 1.5) - 0.1 d_w] \sqrt{\frac{3}{\rho_c}} \tag{12-28}$$

式中　N_{cr}——液化判别标准贯入击数临界值；

N_0——液化判别标准贯入击数基准值，按表12-28取用；

d_s——标贯试验深度，m；

d_w——地下水最高水位，m；

ρ_c——黏粒含量百分率,%，当 ρ_c 小于3或者为砂土时，取 $\rho_c=3$；

β——调整系数，设计地震第一组取0.80，第二组取0.95，第三组取1.05。

当未经杆长校正的标准贯入击数实测值 N 小于 N_{cr} 时，判别为液化土。

表12-28　对应地震烈度的标准贯入击数基准值 N_0

近远震	烈　度			近远震	烈　度		
	7	8	9		7	8	9
近　震	6	10	16	远　震	8	12	—

而对存在液化可能的地基，需要进一步探明各液化土层深度和厚度，并按照式(12-29)进行液化指数计算：

$$I_L = \sum_{i=1}^{n}\left(1 - \frac{N_i}{N_{cr,i}}\right)d_i w_i \tag{12-29}$$

式中　I_L——液化指数，对照该值，根据表12-29对土体的液化等级进行判别；

n——15m深度范围内标贯试验点总数；

N_i，$N_{cr,i}$——第 i 点标准贯入击数的实测值和临界值，当实测值大于临界值时，取临界值；

d_i——第 i 点代表土层的厚度，m，一般可采用与该标贯试验点相邻的上下两试验点深度差的一半，但上界不小于地下水位深度，下界不大于液化深度；

w_i——第 i 土层考虑单位土层厚度的层位影响权函数值，m^{-1}，当该层中点深度不大于5m时，取 $w_i=10$；等于15m时，取 $w_i=0$；在1～15m之间时用线性插值。

表12-29　液化等级判别

液化指数	液化程度	液化指数	液化程度
$0<I_L\leqslant5$	轻　微	$I_L>15$	严　重
$5<I_L\leqslant15$	中　等		

思　考　题

12-1　请简述静力触探试验的适用范围及其在工程中的应用。

12-2　请简述动力触探试验的基本分类和适用范围。

12-3　请简述动力触探试验与标准贯入度试验的差异与联系。

12-4　请简述标准贯入度试验的基本操作步骤。

第十三章　原位波速测试法

第一节　导　　言

在岩土体的现场测试中，有的方法是直接测定岩土的工程力学特征，也有的是通过材料的其他一些参数来间接反映岩土宏观力学参数和性状，这其中就包括了采用波速测试来评价土体性状的方法。

土是散粒体颗粒材料，从力学建模上来说属于黏弹塑性综合体，但是如果在小应力作用所产生的小应变范围下，也可将其近似看成是弹性介质。对于弹性介质而言，在外界动荷载的作用下，其内部质点会在某平衡位置附近产生弹性振动，且一点的振动又会带动周围质点的振动，从而在一定范围内造成振动传播，形成弹性波。

当动荷载在地基土表面作用引起振动时，将从震源产生并传递出去两种类型弹性波——体波和面波。

体波是由震源沿着半球形波前向四周传播的，其振幅与传播距离 r 成反比。根据质点振动方向与波的传播方向的关系，体波又可分为纵波（又称压缩波，简称 P 波，波速记为 v_P）和横波（又称剪切波，简称 S 波，波速记为 v_S），其中横波根据质点振动的特征，又可分解为垂直面内极化的 SV 波和水平面内极化的 SH 波。纵波的质点振动方向与波的传递方向一致，而横波的质点振动方向与波的传递方向垂直。从波的基本特征上看，纵波的波速快于横波，且纵波振幅小而频率大，横波相对来说振幅大但频率低。

面波，包括瑞利波（简称 R 波，波速记为 v_R）和乐夫波（简称 L 波），其中瑞利波是面波的主要成分，质点的振动轨迹为椭圆，其长轴垂直于地面，而旋转方向则与波的传播方向相反。面波是体波在地表附近相互干涉所生成的次生波，沿着地表传播。

各类波在同一介质中传递的波速、频率和振幅不同，实践中也正是利用了这种特征对波形加以提取与识别，进而分析相应波的波速以为工程所用。图 13-1 展示了各类波在传播过程中的时序关系。

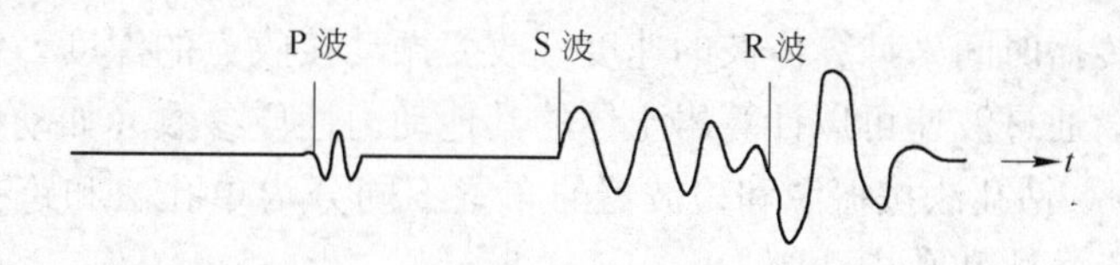

图 13-1　各类弹性波在传播过程中时序关系示意图

具体而言，根据弹性力学理论，无限介质中各类弹性波的传播速度与介质弹性参数间有如下数学关系：

$$v_P = \sqrt{\frac{E(1-\mu)}{\rho(1+\mu)(1-2\mu)}} \tag{13-1}$$

$$v_S = \sqrt{\frac{E}{2\rho(1+\mu)}} = \sqrt{\frac{G}{\rho}} \tag{13-2}$$

式中　v_P——纵波速度，m/s；

v_S——横波速度，m/s；

ρ——波传播介质的密度，kg/m^3；

E——弹性模量，kPa；

G——剪切模量，kPa；

μ——泊松比。

反之，如果当弹性波速被测定后，土体的相应模量和泊松比值就能够被计算出来，具体论述见本章第四节的波速应用部分。

由式(13-1)和式(13-2)可见，介质的质量密度越高、结构越均匀、弹性模量越大，弹性波在该介质中的传播速度也越高，此类介质的力学特性也越好。正是因为波速与介质之间所具有的这种密切关系，人们得以通过测定现场土层波速，来对地基土的类型以及工程性状作出合理评价，进而解决岩土工程设计、地质勘探、工程抗震等实际问题。虽然由于工程经验的积累，体波（特别是剪切波）与岩土力学性状参数之间能够建立起大量更为直接的关联，但是较之体波，面波的衰减要慢很多（振幅与半径的平方根成反比），且面波与体波间在理论上又具有固定的数学物理关联，因此近年来采用面波测试的岩土工程应用日渐增多。

本节导言，是对弹性波在岩土介质中传递特征及其与土体的一些基本物理力学参数关系所进行的简要概述。而在第二节和第三节中，将分别对实际波速检测技术中的钻孔波速法和面波波速法进行较为详细的介绍。这两种方法的差异不仅在于测试位置的不同，更在于所测定的波形对象有别（分别测定了体波和面波的波速），读者在学习时要注意加以区别。

第二节　钻孔法测试技术

一、概述

钻孔法用于体波波速的测定。其基本思想是假定波沿着直线传播，通过测量波从震源到检波器的距离和传播时间来计算体波的速度。改变振动接收点的深度，便可以得到不同深度岩土层的波速。通过波速可以计算岩土体的其他动力性质参数（如动剪切模量、动压缩模量、动泊松比）。钻孔法按振源和检波器的布置不同分为单孔法和跨孔法。而单孔法中又分为下孔法、上孔法和孔中法等。

二、单孔法

1. 试验原理

所谓单孔法，是指在地面或在信号接收孔中激振时，检波器在一个垂直钻孔中自上而下（或自下而上）逐层检测地层的体波（压缩波或剪切波），并计算每层的剪切波速。根据振源和检波器设置位置的不同，单孔法又分为地表激发、孔中接收的单孔下孔法（简称下孔法），孔中激发、地表接收的单孔上孔法（简称上孔法）以及孔中激发、孔中接收的单孔孔中法（简称孔中法）等方法。

图 13-2(a)、(b) 分别表示的是下孔法和上孔法波速测试示意图。下孔法是将振源设置在孔外位置，检波器放入孔中的待测深度位置；而上孔法则是将检波器放在孔外位置，振源设置在孔中一定深度处。上孔法中检波器放置在地表，记录到的波形容易受场地噪声等外来因素干扰，而对波形识别造成困难。因此实际工程中，以下孔法使用较多，本文即以下孔法为主进行相关内容介绍。

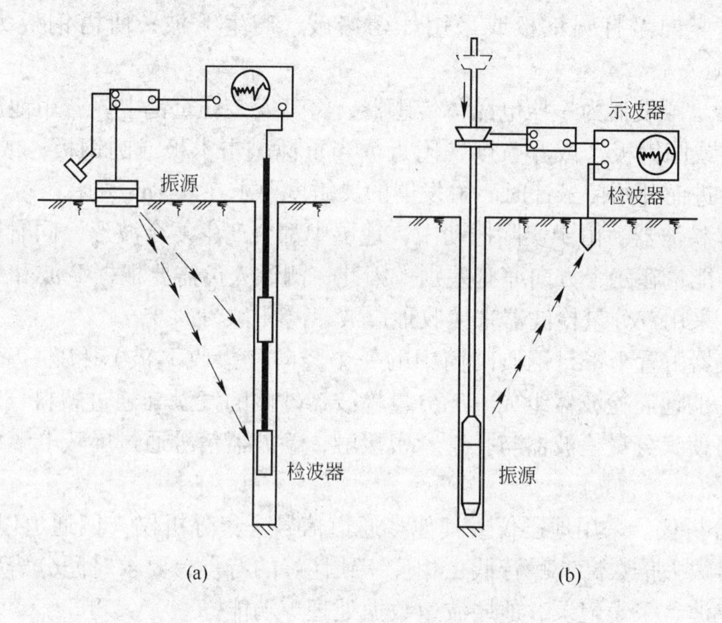

图 13-2 钻孔法波速测试示意图
（a）单孔下孔法；（b）单孔上孔法

对下孔法，连接准备好的设备后，通过用锤水平敲击板的两端，使得板在平衡位置来回振动，从而在土层表面产生正负剪切变形。由于土的颗粒之间互相连接，变形就会扩展和传递给其他土颗粒，这样就在地基土中产生水平剪切力和 SH 波，并由于其来回振动而获得如图 13-3 所示的两个起始相位相反的 SH 波时域波形曲线（形成特征辨识曲线）。由

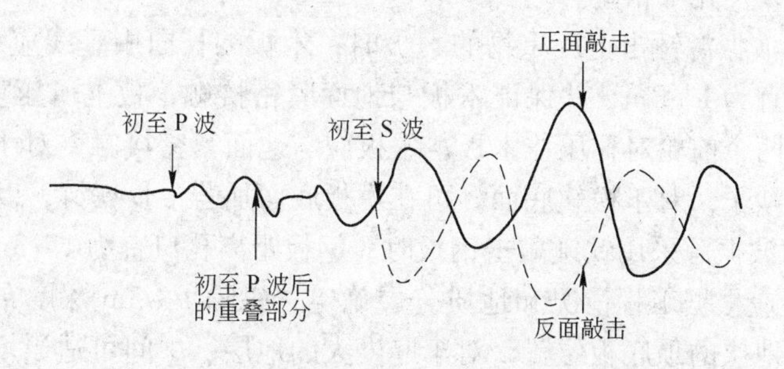

图 13-3 正、反向的 SH 波波形曲线示意图

于事先安装了拾振检波器，因而可确定 SH 波初次到达的时间，由此便能计算 SH 波波速。

当进行压缩波测试时，压缩波振源可采用锤击金属板获得。这时，锤击方向要竖直向下，以便产生压缩波。

2. 试验设备

（1）振源。对于产生剪切波（S 波）的振源宜采用重锤和上压重物的木板。其中重锤可采用木槌或铁锤，通过其在水平方向上敲击上压重物的木板两端，产生 SH 波；而所需木板，建议选用硬杂木材质，长 2 ~ 3m，宽度 30 ~ 40cm，厚度 4 ~ 6cm，木板上压约 400kg 的重物。

而对产生压缩波（P 波）的振源宜采用重锤（或炸药）和金属板。其中重锤可采用木槌或铁锤，通过竖向敲打圆钢板或采用炸药爆破，产生 P 波；所需钢板为圆形，板厚 3cm，直径 25cm。

（2）触发器。触发器为一压电晶体传感器，将其安装在重锤上，若用地震检波器则安装在木板正下方或圆钢板（或爆破点）附近。当重锤敲击木板或圆钢板，或炸药爆破时，产生脉冲电压，进而开始信号计时。触发器的灵敏度要求在 0. 1ms 左右。

（3）三分量检波器。由于实际振动中，地层中都会产生复合波形，同时检波器所在位置处质点的振动能量在三个方向亦有差别。因此，测试人员需要根据 P 波和 S 波质点振动方向上的差别，采用三分量检波器来接收地震波。

三分量检波器由置于密封钢质圆筒中的一个竖向（接收 P 波）和两个水平（互相垂直，接收 S 波）的地震检波器组成。三分量检波器外侧的气囊（通过塑料气管连通至地面气泵）充气后可使三分量检波器与孔壁紧密接触，检波器信号通过屏蔽电缆线连接至地面信号采集分析仪。

（4）采集分析仪。采用地震仪或其他多通道信号采集分析仪（四通道以上）。这些仪器需要具有信号放大倍数高、噪音低、相位一致性好的特点，要求时间分辨精度在 1μs 以下，同时兼具滤波、采集记录、地层波速数据处理等功能。

3. 操作技术要求（下孔法）

（1）测试孔应与铅垂方向一致。清孔后，将检波器缓缓放入，直到孔底预定深度。如有缩孔、塌孔现象，可用静力压到预定深度，但千万不能锤击，以免损坏检波器。三分量检波器内部安装有 3 个相互垂直的小检波器，外壳底部装了 3 把刀，用以在孔底固定位置。当钻孔检波器放入时，尽量使两个水平放置的检波器中的一个与孔口底板平行。检波器要固定在孔内预定深度处，并紧贴孔壁。试验过程中，钻孔检波器上的钻杆可不拆卸，但不要与钻机磨盘以及孔壁相碰。

（2）当在剪切波振源锤击上压重物的木板时，木板的长向中垂线应对准测试孔中心，孔口与木板的距离宜为 1 ~ 3m，并保证木板与地面紧密接触，板上所压重物宜大于 400kg 或者采用测试车的两个前轮对称压住木板；木板应与地面紧密接触，对于坚硬地面，可在木板底面加胶皮或沙子，对于松软底面，可在木板底面加若干长铁钉，以提高激振效果。

（3）当在压缩波振源采用铁锤敲击钢板时，钢板距离孔口宜为 1 ~ 3m。

（4）测点布置应根据工程情况和地质分层确定，每隔 1 ~ 3m 深度布置一个测点，一般情况测点布置在地层的顶底板位置，对于厚度大的地层，中间可适当增加测点。一般宜按照自下而上的顺序进行检测。

（5）测试时要保证充气的探头与孔壁紧贴，测试过程中严格控制测点的深度误差。

（6）木槌应分别水平敲击振源板的两端数次，敲击时用力均匀，尽量水平敲击（以测到剪切波速）。每次两端各自敲击的信号波形清晰、初至基本重合且剪切波信号相反时，记录的结果方有效。同时，保证每端至少记录 3 个波形，即一个测点有 6 个波形，以便分析。

（7）测试工作结束时，应选择部分测点做重复观测，其数量不应少于测点总数的 10%。

4. 数据处理

将测试所得数据记录于表 13-1 中。

表 13-1　单孔法测试记录表

工程名称：__________　　　　测试孔编号：__________

工程地点：__________　　　　$L=$ ______　$H_0=$ ______

深度/m	地层名称	测试深度/m	间距/m	斜距校正系数 k	实测时间 T/ms		校正后时间 T'/ms		波到各层顶和底面时差 ΔT/ms		各层波速/m·s^{-1}		时距曲线	波速分布图	备注
					T_P	T_S	T'_P	T'_S	ΔT_P	ΔT_S	v_P	v_S			

根据试验结果进行如下工作：

（1）波形鉴别。根据图 13-3 所示实测的正、反向 SH 波波形曲线，由不同波的初至和波形特征进行波形的识别，其主要的辨识特征和方法为：

1）压缩波速度快于剪切波，因此初至波应为压缩波，当剪切波到达时，波形曲线上会有突变，以后过渡到剪切波波形。

2）敲击木块正反向两端时，剪切波波形相位差为 180°，而压缩波则不变。

3）压缩波传播能量衰减较之剪切波要快，距离孔口一定深度后，压缩波与剪切波逐渐分离，容易识别。作为波形特征，压缩波振幅小而频率高，剪切波振幅大而频率低。

压缩波记录的长度取决于测点深度。在孔口记录的波形中不会出现压缩波。而随着测点变深，离开振源越远，压缩波的记录长度就越长。但是当测点深度大于 20m 或更深时，由于压缩波能量小，衰减较快，一般放大器有时也测不到压缩波波形，记录下来的波形图只有剪切波，这样就更容易鉴别。

为便于比较精确地分析资料，现场对各深度测点的最后波形记录应力求反映出上述特征，并通过调节放大器增益装置和记录仪的扫描速率，以达到增大 P 波段和 S 波段在振幅上的差别，拉大 P 波段在记录纸上的长度，从而使波的初至更为清晰。

（2）波速计算。

1）根据测试曲线的形态和相位确定各测点实测波形曲线中 P 波和 S 波的初至，得到从振源点到各测点深度的历时（分别根据竖向传感器和水平传感器记录的波形，来确定压缩波与剪切波的时间），并按照下列公式对振源到达测点的时间进行斜距校正：

$$T' = kT \tag{13-3}$$

$$k = \frac{H + H_0}{\sqrt{L^2 + (H + H_0)^2}} \tag{13-4}$$

式中　T'——压缩波或剪切波从振源到达测点经斜距校正后的时间（相应于波从孔口到达测点的时间），s；

T——压缩波或剪切波从振源到达测点的实测时间，s；

k——斜距校正系数；

H——测点与孔口的垂直深度，m；

H_0——振源与孔口的高差，m，当振源低于孔口时，H_0 为负值；

L——板中心到测试孔的水平距离，m。

2）如图 13-4 所示，以深度 H 为纵坐标，时间 T 为横坐标，描出每一测点对应的深度和波传递时间关系点，并两两相连，绘制时距曲线图。

3）结合地质情况，并根据时距曲线上具有不同斜率的折线段来确定波速层的划分。

4）按照式（13-5）计算每一波速层的压缩波波速或剪切波波速：

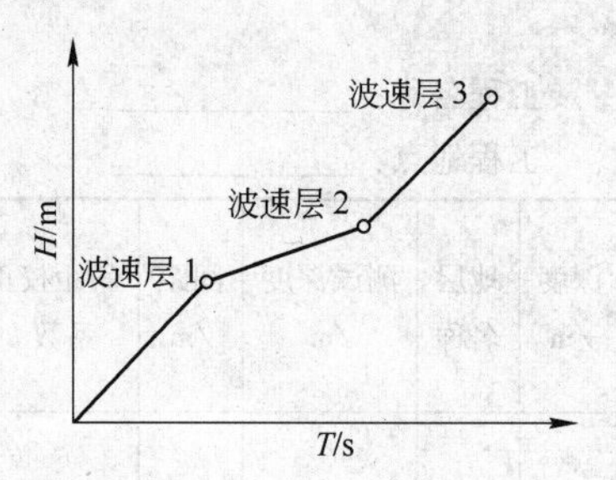

图 13-4　H-T 时距曲线图

$$v_i = \frac{\Delta H_i}{\Delta T_i} \tag{13-5}$$

式中　v_i——第 i 层 P 波或 S 波的平均波速，m/s；

ΔH_i——第 i 层波速层的厚度，m；

ΔT_i——波传到第 i 层波速层顶面和底面的时间差，s；

完成上述工作后将有关波速的计算资料填入表 13-2 中。

本部分数据处理仅涉及直接测定的波形、波速分析内容，有关波速的工程应用详见第四节。

表 13-2　单孔法测试波速计算表

深度/m	地层名称	测试深度/m	波速/m·s^{-1}		波速分布图	备　注
			v_P	v_S		

三、跨孔法

1. 试验原理

所谓跨孔法，是指在两个或两个以上垂直钻孔中，自上而下（或自下而上），按地层划分，在同一地层的水平方向上一孔激发，而由另几个钻孔接收，以此逐层检测水平地层的P波和S波的波速。其与单孔法的主要区别在于将振源置于另一个钻孔代替地面激振。图13-5为一典型跨孔法波速测试装置的示意图，图中三孔在同一直线上设置，其中一孔为振源激发孔，另两孔为信号接收孔，由此避免了激发延时给波速计算带来的误差。

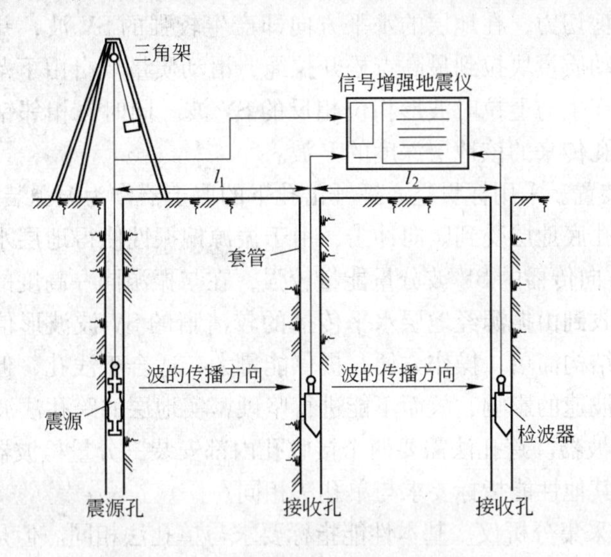

图13-5　跨孔法波速测试装置示意图

★　较之单孔法直接得到的是几个土层的平均波速，需要通过换算才可以得到各个土层的波速，跨孔法则需可直接得到各个土层的波速。

2. 试验设备

（1）振源。剪切波振源宜采用剪切波锤，也可采用标贯试验装置，压缩波振源宜采用电火花或爆炸等。其中有关剪切波振源装置着重介绍如下：

1）井下剪切锤。跨孔法振源一般使用如图13-6和图13-7所示的井下剪切锤，其由一

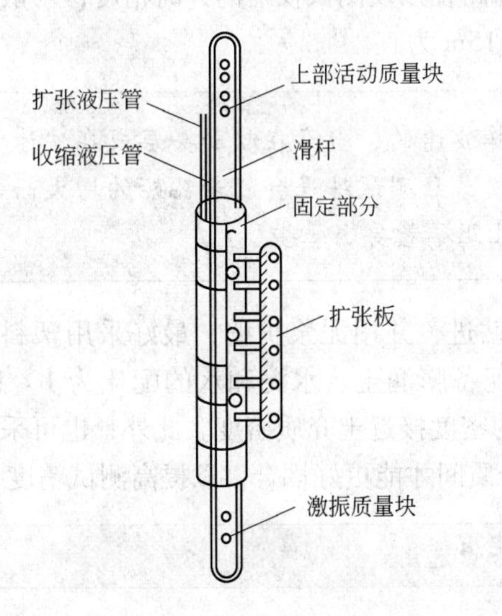

图13-6　井下剪切锤结构示意图

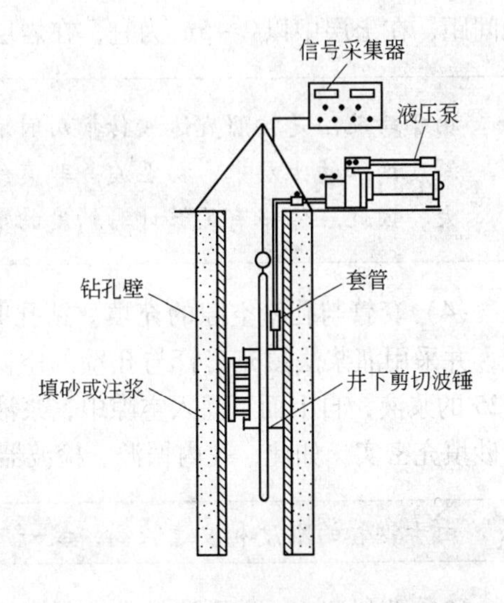

图13-7　井下剪切锤安装示意图

个固定的圆筒体和一个滑动质量块组成。当其放入孔内测试深度后，可通过地面的液压装置与液压管相连，当输液加压时，剪切锤的四个活塞推出圆筒体扩张板并与孔壁紧贴。工作时，突然上拉绳子，使其与下部连接的剪切锤滑动质量块冲击固定的圆筒体，筒体扩张板与孔壁地层产生剪切力，在地层的水平方向即产生较强的SV波，并由相邻钻孔的垂直检波器接收；将滑动质量块拉到最高点松开拉绳，滑动质量块自由下落，冲击固定筒体扩张板，则地层中会产生与上拉时波形相位相反的SV波。同时，相邻钻孔中径向水平检波器可接收到由激发孔传来的该地层深度的P波。

2）重锤标贯装置。采用标贯空心锤锤击孔下的取土器作为振源装置，也是选择之一。在此振源作用下，孔底地层受到竖向冲击，由于振源偏振性使得地层水平方向产生较强的SV波，沿着水平方向传播的SV波分量能量较强，在与振源同一高度的接收孔内安装的垂直向检波器，便能收到由振源经地层水平传播的较清晰的SV波波形信号。之所以采用此类振源，是因为其结构简单，操作方便，提供能量大，适合于浅孔，但是因需要考虑振源激发延时对于测试波速的影响，故而不能进行坚硬密实地层的跨孔法波速测试。

（2）三分量检波器。跨孔法需要两个接收孔内都安装三分量检波器，信号采集分析仪应在六通道以上，其他性能指标要求与单孔法相同。

（3）触发器和采集分析仪。基本性能指标要求与单孔法相同。但是跨孔法的记录器要求具有分辨0.2μs或波传播历时5%的能力。

3. 操作技术要点

（1）钻孔布置。跨孔法波速测试一般需要在一条平行地层走向或垂直地层走向的直线上布置同等深度的三个钻孔。有时为了节约经费，避免下套管和灌浆等工序，也可采用两个钻孔作跨孔法测试。

（2）钻孔直径。钻孔孔径需满足振源和检波器顺利在孔内上下移动的要求。根据工程实践经验，对于岩石，不下套管时，孔径一般为55~80mm，下套管时，孔径一般为110mm；对于土层，钻孔孔径一般为100~300mm。

（3）钻孔间距。钻孔间距要综合考虑波的传播路径以及测试仪器的计时精度，一般钻孔间距，在土层中以2~5m为宜，在岩层中以8~15m为宜。

★ 由于跨孔法是按照直达波传播历时和孔距计算波速的，当存在软弱夹层或在波速沿深度增加的土层中，初至波并非直线路径传播，且测试结果会随着孔距的增大而增大，因此在保证有足够计时精度的前提下，孔距尽量要小一些。

（4）套管与孔壁空隙的充填。钻孔时应垂直钻进，并用泥浆护壁，最好采用塑料套管，并采用灌浆法填充套管与孔壁的空隙，一般配备膨润土、水泥和水的配比为1∶1∶6.25的浆液，自上而下灌入空隙中，浆液固结后的密度接近土介质密度。此外，也可采用干砂填充密实。如此，孔内振源、检波器和地层介质间才能更好耦合，以提高测试精度。

★ 由于钢管的刚度和波速较高，故一般不作为套管选用。

（5）孔斜测定。跨孔法钻孔应尽量垂直，当测试深度大于15m时，必须采用高精度孔斜仪（量测精度应达到0.1°）对所有测试孔进行倾斜度及倾斜方位的测试，计算各测点深度处的实际水平孔距，供计算波速时采用。测点间距不应大于1m。

（6）测点设置。测试一般从距离地面2m深度开始，其下测点间距为每隔1～2m增加一个测点，也可根据实际地层情况做适当调整，一般测点宜选在测试地层的中间位置。当测试深度大于15m时，测点间距应不大于1m。

（7）测试方法。

1）测试时，振源与接收孔内的传感器应设置在同一水平面上。由于直达波只通过一个土层，测试波速便可直接得出。

2）当振源采用剪切波锤时，宜采用一次成孔法。即将跨孔测试所需要的钻孔按照预定的设计深度一次成孔，然后将塑料套管下到距离孔底还剩2m左右的深度，接着向套管与孔壁之间的环形空隙灌浆，直到浆液从孔口溢出。等灌浆凝固后，方进行测试。测试时，先把边缘一个孔作为振源孔，把井下剪切波锤放置到试验深度，然后撑开液压装置，将井下剪切波锤紧固于此位置。并在另外两个钻孔中的同一标高处放入三分量检波器，立即充气，将检波器位置固定。然后向上拉连接在井下剪切波锤上的钢丝绳，用重锤撞击圆筒，产生振动，相应地另外两个钻孔中的检波器接收到剪切波初至。

3）当振源采用标贯试验装置时，宜采用分段测试法，即采用三台钻机同时钻进，当钻孔钻到预定深度后，一般距离测点1～2m，将钻具取出，把开瓣式取土器送到预定深度，先打入土中30cm后，再将三分量检波器放入另外两个钻孔同一标高处，然后用重锤敲击，使取土器外壳与土体作近似摩擦剪切运动，产生剪切分量，而检波器则收到初至的剪切波。这种方法主要用于深度不太大的第四纪土层中的跨孔波速测试，以减少下套管和灌浆等复杂技术问题。

（8）检查测量。当采用一次成孔法测试时，测试工作结束后，应选择部分测点作重复观测，其数量不应少于测点总数的10%；也可采用振源孔和接收孔互换的方法进行检测。

在现场应及时对记录波形进行鉴别判断，确定是否可用；如不合格，在现场可立即重做。钻孔如有倾斜，应作孔距的校正。

4. 数据处理

将测试所得数据记录于表13-3中。

表13-3　跨孔法测试记录表

工程名称：________________

工程地点：________________　　　　　　　　测试孔排列方位：________________

深度/m	地层名称	测斜后实际水平距离/m			波的传播时间/ms						波速值/m·s^{-1}						备注
					$Z-J_1$		$Z-J_2$		J_1-J_2		$Z-J_1$		$Z-J_2$		J_1-J_2		
		S_1	S_2	ΔS	T_P	T_S	T_P	T_S	T_P	T_S	v_P	v_S	v_P	v_S	v_P	v_S	

根据试验结果进行如下工作：

（1）波形鉴别。可参考单孔法中所述波形鉴别的辨识特征和方法来进行该工作。

（2）波速计算。根据某测试深度的水平、竖向检波器的波形记录，分别确定P波和S波到达两接收孔的初至时间 T_{P1}、T_{P2} 和 T_{S1}、T_{S2}。

★　对于单孔法和跨孔法，采用水平和竖向检波器测定压缩波和剪切波的功能正好互换，请读者在应用时予以注意。

根据孔斜测量资料，计算由振源到达每一接收孔距离 S_1 和 S_2 以及差值 $\Delta S = S_1 - S_2$，然后按式（13-6）和式（13-7）计算相应测试深度的P波和S波波速值：

$$v_P = \frac{\Delta S}{T_{P1} - T_{P2}} \tag{13-6}$$

$$v_S = \frac{\Delta S}{T_{S1} - T_{S2}} \tag{13-7}$$

式中　v_P——压缩波波速，m/s；

v_S——剪切波波速，m/s；

T_{P1}，T_{P2}——P波分别到达1、2接收孔的初至时间；

T_{S1}，T_{S2}——S波分别到达1、2接收孔的初至时间；

ΔS——由振源到1、2两个接收孔测点距离之差。

完成上述工作后将有关波速的计算资料填入表13-4中。

表13-4　跨孔法测试波速计算表

深度/m	地层名称	测试深度/m	波速/m·s^{-1}		备　注
			v_P	v_S	

第三节　面波法测试技术

一、概述

面波法是以测定面波波速为直接目的的一种波速测试技术。在以往的人工地震勘探中，作为面波主要构成部分的瑞利波（简称R波），曾被视为一种干扰波（体波在介质表面所产生的次生波）。但在半无限空间中R波占表面振源能量的主要部分，其在浅层土体中产生的位移远比体波的大，其波速的测定较为清晰、便利。故20世纪60年代初，美国密西西比陆军工程队水路试验所即开始研究这种方法；80年代初，日本VIC公司研制成功稳态瑞利波法的GR-810佐藤式全自动地下勘探机，并在工程地质勘测的许多方面加以应用。国内自20世纪80年代以来，许多学者及单位都相继开展了面波法的研究和应用，并取得了可喜的成果，推动了该项技术的发展。

二、试验原理

1. 瑞利波波速的获得方法

面波法波速测试是为了获得R波的弥散曲线（即波速 v_R 与波长 λ 关系曲线）或频散曲线（即波速 v_R 与频率 f 关系曲线）。通常，根据激振方式的不同，R波速度弥散曲线的获得可分稳态法和瞬态法（又称表面波频谱分析法，即SASW法）两种。

稳态法是使用电磁激振器等装置在地表施加给定频率 f 的稳态振动，该频率下瑞利波的传播速度 v_R 可由下式确定：

$$v_R = f\lambda \tag{13-8}$$

式中 f——稳态振动频率，即面波的波动频率，Hz；

λ——面波的波长，m。

由于波动频率可人为控制，故只要测出面波波长，就可求得瑞利波速度 v_R。v_R 代表该频率波影响深度范围内的平均波速。对于均质各向同性的弹性半空间来说，介质的性质与深度无关，各种频率可获得同样的波速；而现场地基土性质随深度而变化时，不同深度范围内土的综合性质也不一致，相应地其综合的波速也就不同，表现为测定的 v_R 随振动频率的变化而变化。

瞬态法是在地面施加一瞬时冲击力，产生一定频率范围的瑞利波。离振源一定距离处有一观测点 A，记录到的瑞利波为 $f_1(t)$，根据傅里叶变换，其频谱为：

$$F_1(\omega) = \int_{-\infty}^{\infty} f_1(t) e^{-i\omega t} \mathrm{d}t \tag{13-9}$$

式中 ω——瑞利波的圆频率。

在波的前进方向上与 A 点相距为 Δ 的观测点 B 同样也记录到时间信号 $f_2(t)$，其频谱为：

$$F_2(\omega) = \int_{-\infty}^{\infty} f_2(t) e^{-i\omega t} \mathrm{d}t \tag{13-10}$$

假设波从 A 点传播到 B 点，它们之间的变化纯粹由频散引起，则应有如下关系式：

$$F_2(\omega) = F_1(\omega) e^{-i\omega \frac{\Delta}{v_R(\omega)}} \tag{13-11}$$

式中 $v_R(\omega)$——圆频率为 ω 的瑞利波的相速度。

式（13-11）又可写成：

$$F_2(\omega) = F_1(\omega) e^{-i\varphi} \tag{13-12}$$

式中 φ——$F_1(\omega)$ 和 $F_2(\omega)$ 之间的相位差。

比较式（13-11）和式（13-12），可以看出：

$$\varphi = \frac{\omega\Delta}{v_R(\omega)} \tag{13-13}$$

即：

$$v_R(\omega) = \frac{2\pi f\Delta}{\varphi} \tag{13-14}$$

根据式（13-14），只要知道 A、B 两点间的距离 Δ 和每一频率的相位差 φ，就可以求出每一频率的相速度 $v_R(\omega)$，从而可以得到勘探地点的频散曲线。为此需要对 A、B 两观测点的记录作相干函数和互功率谱的分析。

作相干函数分析的目的是对记录信号的各个频率成分的质量作出估计，并判断噪声干扰对有效信号的影响程度。根据野外现场的实际情况，可以确定一个系数（介于0~1.0之间），相干函数大于这个系数，就认为这个频率成分有效；反之，就认为这个频率成分无效。

作互功率谱分析的目的是利用互谱的相位特性来求出这两个观测点在各个不同频率时的相位差，再利用式（13-14）求出瑞利波的速度 v_R。

从基本原理看，瞬态和稳态两种方法均以R波为测试对象，以测定R波速度弥散或频散曲线为目的，但两者实现方式不同。前者在时间域中测试，采用计算技术得到频率域信号；后者直接在频率域中测试。从测试结果看两者获得的R波频散曲线较为吻合。而之所以采用两法是因为其各自均有优缺点：

（1）瞬态法试验信号处理需专用谱分析仪，稳态法只需一双线示波器。

（2）瞬态法原则上只需一次冲击地面就能获得稳态的全部结果。

（3）稳态法很难得到10Hz以下的试验数据；而瞬态法最低频率可达到1Hz左右，即能达到的测试深度较稳态法要大。

2. 面波法勘探深度

瑞利波的水平分量和垂直分量在理论上是随深度减弱的。一般认为瑞利波的大部分能量是在约一个波长深的半空间区域内通过，同时假定在这个区域内土的性质是相近的，并以半个波长 $\lambda/2$ 深度处的土的性质为代表。也就是说，所测得的瑞利波波速 v_R 反映了 $\lambda/2$ 深度处土的性质。而相应勘探深度 H 可表示为：

$$H = \frac{\lambda}{2} = \frac{v_R}{2f} \tag{13-15}$$

由此可知，如果振动频率降低，波长就大，瑞利波的有效影响深度就大；相反，提高频率 f，波长就小，有效影响深度就减小，测定的深度也就减小。

三、试验设备

（1）振源。

1）激振器。能产生简谐波的激振器有三种：机械式偏心激振器、电磁式激振器和电液激振器，在瑞利波探测中一般使用电磁激振器，能输出几赫兹到几千赫兹的简谐波。

2）重锤或落锤。在工程中常常需要对地下几十米内的土体进行探测，这就要求使用的脉冲震源有足够宽的频带。在实际工作中，常根据探测深度的不同，选择不同质量的重锤或落锤激发地震波。

（2）检波器。检波器宜采用低频速度型传感器，传感器灵敏度宜大于300mV/(cm·s^{-1})。在实际工作中可以根据不同进度和深度选用不同固有频率的检波器，如4Hz、38Hz和100Hz等。

（3）信号采集分析仪。信号采集分析仪可以使用工程地震仪或其他多通道信号采集分析仪。仪器的放大系统宜采用瞬时浮点放大器，前放增益宜大于100倍；频响范围宜大于

0.5～2000Hz。

四、试验步骤

1. 稳态法

（1）根据试验要求确定测线位置和方向，选择比较平整开阔的场地进行试验。如图13-8所示，安置好激振器，并且在附近一定距离的测线（振源与检波器连线）上安放一只检波器。在测线方向，可将皮尺固定于地表，以便于读数。

（2）开动激振器，并将其固定在某个频率 f_1 上，将第二只检波器安放在第一只附近的测线上，两只检波器输出线与一双线示波器相接，则可在荧光屏上观察两条谐波曲线。

（3）逐渐由近及远沿测线移动第二只检波器位置，使两检波器记录的波形同相位相反，测得两个检波器间的距离即为半个波长 $\lambda/2$。再次移动第二个检波器使得相位重新一致，此时两检波器之间的间距为 λ。依次类推，2λ、3λ 均可测得。

（4）改变激振器频率，重复上述步骤；激振频率的上下限可根据地层拟测深度及R波速度作出粗略估算，同时要考虑测试系统的有效频带。

根据式（13-8）可算得与每一频率相对应的平均波速和波长，即获得R波速度弥散曲线。

> ★　如场地比较均匀又不太大时，可选择一个点，并沿三个方向做试验；否则，增加测点。

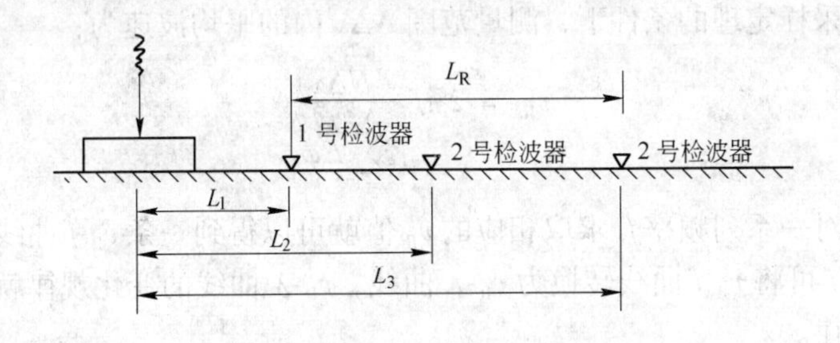

图13-8　面波法（稳定振动）布置图

2. 瞬态法

（1）如图13-9所示，在地面上沿瑞利波传播方向以一定的间距 Δx 设置（$N+1$）个

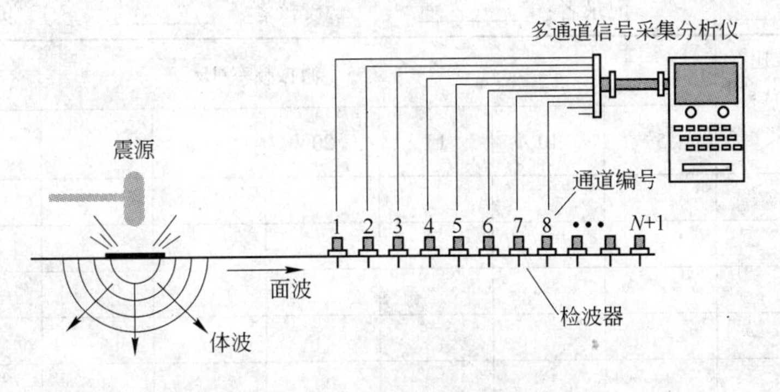

图13-9　瞬态法瑞利波探测示意图

检波器。

（2）采用不同材料和质量的锤或重物下落激振产生瞬态激振，同时检波器可检测到 $N\Delta x$ 长度范围内波的传播过程。

（3）将多个传感器信号通过逐频谱分析和相关计算，并进行叠加，得出 v_R-f 频散曲线。对频散曲线进行反演分析，就可得到地下一个波长深度范围内的平均波速 v_R，由于假定了在一个波长区域内土的性质相近，并以半个波长 $\lambda/2$ 深度处土的性质为代表，即获得了半个波长深度处的地质情况。

五、数据整理

1. 稳态法

移动检波器，测量出不同相位差时两只检波器的间距，当固定相位差为 2π 的特定倍数时，可直接获得该频率瑞利波的波长，即当前频率下的 v_R 值为 $v_R = f\lambda$。当激振器的频率从高向低变化时，就可以得到一条 v_R-f 曲线或 v_R-λ 曲线。

2. 瞬态法

在瞬态法资料处理中，可以利用傅氏变换将时间记录转换为频域记录。对于频率为 f_i 的频率分量，用相关法计算相邻检波器记录的相移 $\Delta\varphi_i$，则相邻 Δx 长度内瑞利波的传播速度 v_{Ri} 可由下式计算：

$$v_{Ri} = 2\pi f_i \frac{\Delta x}{\Delta\varphi_i} \tag{13-16}$$

在满足空间采样定理的条件下，测量范围 $N\Delta x$ 内的平均波速为：

$$v_{Ri} = 2\pi f_i \frac{N\Delta x}{\sum_{j=1}^{N} \Delta\varphi_{ij}} \tag{13-17}$$

在同一测点对一系列频率 f_i 求取相应的 v_{Ri} 值就可以得到一条 v_R-f 曲线，即所谓的频散曲线。由 $\lambda = v_R/f$ 可将 v_R-f 曲线转换为 v_R-λ 曲线，v_R-λ 曲线的变化规律就反映了该点介质深度上的变化规律。

面波法所得到的测试数据，宜按表 13-5 及表 13-6 进行整理。

表 13-5 面波法测试记录表

工程名称：________ ____年____月

测试者：________ 记录者：________ 校核者：________ 负责人：________

瑞利波速度 $v_R/m\cdot s^{-1}$ \ 相位差	激振频率/Hz							
	5	10	15	20	…	…	100	120
π								
2π								
3π								
4π								
5π								

表 13-6　面波法测试波速计算表

测试者：______　　记录者：______　　校核者：______　　负责人：______　　______年______月

参数名称	测试值或计算值
频率 f/Hz	
波长 λ/m	
波速 v_R/m · s^{-1}	
泊松比 μ	
质量密度 ρ/t · m^{-3}	
剪切模量 G_d/kPa	
弹性模量 E_d/kPa	

3. 剪切波速求解

根据面波法测得的瑞利波速度，通常要转化为剪切波速度。根据统计资料表明，在弹性半空间中，瑞利波的传播速度与剪切波的传播速度具有相关性，剪切波波速 v_S 可近似地表达为：

$$v_S = \frac{1+\mu}{0.87+1.12\mu}v_R \approx (1.05 \sim 1.15)v_R \tag{13-18}$$

式中　v_R——瑞利波波速；

　　　μ——土层泊松比。

根据式（13-18）即可获得土层的剪切波速度。只要知道了剪切波速度，就可以根据它与各种介质的力学参数的关系式，来计算各种动力参数，如动剪切模量等。

4. 剪切波速度分层计算

面波法直接测得的 v_R 为一个波长深度范围内的平均波速，因为它包含整个波长深度范围内介质的影响，故如果直接根据该 v_R 值，由式（13-18）计算所得的 v_S 也为一定土层范围内的平均值。随着波长增加，在此波长影响范围内的土体实际分层亦增多，则上述算得的平均波速与分层波速间的差异也明显增大。为此，一般采用影响系数法来计算土体各分层的剪切波速度。

该法以半波长法为基础，利用影响系数 β、分层介质厚度及频散曲线来进行计算。影响系数 β 是不同深度介质对 R 波相速度影响的系数，其值随波长和深度的变化，大致如图 13-10所示。β 值不但随深度变化，而且对于不同介质、不同波长，其数值的变化也略有差异。从图 13-10 中可见，β 最大值为 1，大约在深度为$(1/3 \sim 1/2)\lambda$ 处，而在深度约一个波长处，β 衰减为 0。

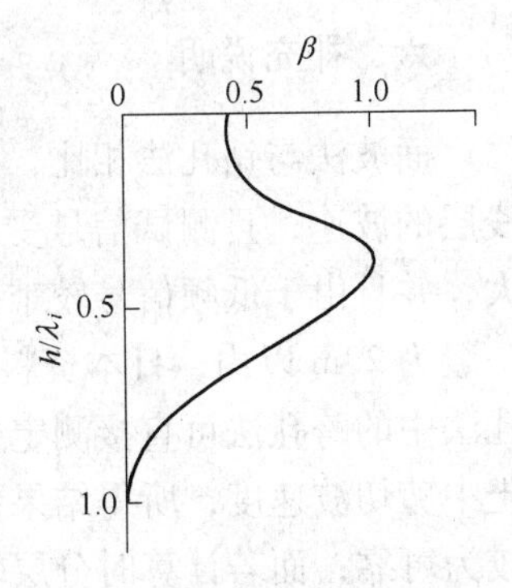

图 13-10　波长为 λ_n 时影响系数 β 与深度的关系

计算时，先在预先试验所得频散曲线上，根据现场大致土层厚度以及精度要求取 n 个点，其对应的波长 λ_1、λ_2 直至 λ_n 依次增大。其中第 i 个波长 λ_i 深度范围内剪切波速平均值 $v_{Si,a}$，可由下式表示为：

$$v_{\mathrm{S}i,\mathrm{a}}=\frac{1}{h_i\beta_i}(v_{\mathrm{S1}}\beta_{i1}\Delta h_1+v_{\mathrm{S2}}\beta_{i2}\Delta h_2+\cdots+v_{\mathrm{S}j}\beta_{ij}\Delta h_j+\cdots+v_{\mathrm{S}i}\beta_{ii}\Delta h_i) \tag{13-19}$$

式中　$v_{\mathrm{S}i,\mathrm{a}}$——$\lambda_i$ 波长影响范围内的综合平均剪切波速，m/s；

$v_{\mathrm{S}j}$——第 j 层土的剪切波波速值（根据依次增加的 i 个波长可以分出 i 层土），m/s；

h_i——第 i 个波长对应的影响深度，$h_i=\lambda_i/2$，m；

β_i——影响系数在整个 λ_i 波长范围内的平均值，根据半波长理论，可由各波长条件下，如图 13-10 所示的关系中，$h/\lambda_n=0.5$ 时的 β 值来确定；

β_{ij}——分层数为 i 时，第 j 层土对应的影响系数，其中 $i=1\sim n$，$j=1\sim i$，可由图 13-10 中的 $h/\lambda_i=\sum_{m=1}^{j}h_m/\lambda_i$ 来确定；

Δh_i——第 i 层土的厚度，m，$i>1$ 时，$\Delta h_i=h_i-h_{i-1}$；$i=1$ 时，$\Delta h_i=h_i$。

因此可得各分层剪切波速度为：

$$\left.\begin{aligned}
v_{\mathrm{S1}}&=\frac{1}{\beta_{11}\Delta h_1}v_{\mathrm{S1,a}}h_1\beta_1\\
v_{\mathrm{S2}}&=\frac{1}{\beta_{22}\Delta h_2}(v_{\mathrm{S2,a}}h_2\beta_2-v_{\mathrm{S1}}\Delta h_1\beta_{21})\\
v_{\mathrm{S}i}&=\frac{1}{\beta_{ii}\Delta h_i}(v_{\mathrm{S}i,\mathrm{a}}h_i\beta_i-v_{\mathrm{S1}}\Delta h_1\beta_{i1}-v_{\mathrm{S2}}\Delta h_2\beta_{i2}-\cdots-v_{\mathrm{S}i-1}\Delta h_{i-1}\beta_{ii-1})\\
v_{\mathrm{S}n}&=\frac{1}{\beta_{nn}\Delta h_n}(v_{\mathrm{S}n,\mathrm{a}}h_n\beta_n-v_{\mathrm{S1}}\Delta h_1\beta_{n1}-v_{\mathrm{S2}}\Delta h_2\beta_{n2}-\cdots-v_{\mathrm{S}n-1}\Delta h_{n-1}\beta_{ni-1})
\end{aligned}\right\} \tag{13-20}$$

式中，各参数含义与式（13-19）相同。

计算分层剪切波速时，先由第 1 层 v_{S1} 开始算，然后将上层算得的各分层波速带入下层波速的计算式中，逐层向下计算 v_{S2}，v_{S3}，…，$v_{\mathrm{S}n}$。

★　在计算第 1 层 v_{S1} 时，此时 β_{11} 即表示在整个波长范围内影响系数的平均值，故 $\beta_{11}=\beta_1$。

六、补充说明

面波法与钻孔法相比，无须预先钻孔和埋设套管，现场测试效率高，能较可靠地测定浅层的波速，且测试信号受环境干扰和地下水位等因素影响较小。但面波法试验场地较大，并且由于低频信号较难获得，故可测深度比钻孔法小（国内有关资料介绍的试验深度一般为 20m 以内，日本资料介绍的可测深度达到 50m，但此时激振设备较笨重）。再有钻孔法中的跨孔法可直接测定土体特定深度单层土的性质，而面波法只能以分层的方式计算土中剪切波速度，所得结果仍为各分层中波速的平均值，这样当分层设定厚度较小时结果较为可靠；而若计算时分层较少，其结果精度便会降低。另外，R 波在地层中软弱或较硬夹层里的传播特性比较复杂，由弥散曲线反算剪切波速时必须考虑高阶模态的影响，在此情况下，其测定精度也将比钻孔法低。

第四节　波速法测试应用简介

相对于各种类型波的波速均有测试方法而言，波速法在实际应用中，多集中于剪切波的应用（面波系一般转化为剪切波波速而后再被应用）。本节即对以剪切波为代表的波速测定结果，展开波速法在岩土工程方面应用的简介。

一、划分土的类型和建筑场地类别

剪切波波速可用于场地土的类型和建筑场地类别的划分，如根据《建筑抗震设计规范》(GB 50011—2010)，场地土的类型可有如表13-7所示的划分。

表13-7　土的类型划分与剪切波波速范围

土的类型	岩土名称和性状	土层剪切波波速范围/$m \cdot s^{-1}$
岩　石	坚硬、较硬且完整的岩石	$v_S > 800$
坚硬土或软质岩石	破碎和较破碎的岩石或软和较软的岩石，密实的碎石土	$800 \geqslant v_S > 500$
中硬土	中密、稍密的碎石土，密实、中密的砾、粗、中砂，地基承载力特征值$f_{ak} > 150$的黏性土和粉土，坚硬黄土	$500 \geqslant v_S > 250$
中软土	稍密的砾、粗、中砂，除松散外的细、粉砂，$f_{ak} \leqslant 150$的黏性土和粉土，$f_{ak} > 130$的填土，可塑新黄土	$250 \geqslant v_S > 150$
软弱土	淤泥和淤泥质土，松散的砂，新近沉积的黏性土和粉土，$f_{ak} \leqslant 130$的填土，流塑黄土	$v_S \leqslant 150$

已知土层的剪切波波速后，一般按地面至剪切波波速大于500m/s的土层顶面的距离确定覆盖层的厚度。当地面5m以下存在剪切波波速大于其上部各土层剪切波波速2.5倍的土层，且该层及其下卧各层岩土剪切波波速均不小于400m/s时，可按地面至该土层顶面的距离确定。而如果土层中存在火山岩硬夹层，则视为刚体，厚度从覆盖层中扣除。

土层等效的剪切波波速v_{Se}可按照下式计算：

$$v_{Se} = \frac{d_0}{t} \tag{13-21}$$

$$t = \sum_{i=1}^{n}\left(\frac{d_i}{v_{Si}}\right) \tag{13-22}$$

式中　v_{Se}——土层等效剪切波波速，m/s；

d_0——计算深度，m，取覆盖层厚度和20m两者间的较小值；

t——剪切波在地面至计算深度之间的传播时间，s；

d_i——计算深度范围内第i土层的厚度，m；

v_{Si}——计算深度范围内第i土层的剪切波波速，m/s；

n——计算深度范围内土层的分层数。

根据土层等效剪切波波速以及场地覆盖层厚度，建筑场地可划分为四类，如表13-8所示，其中Ⅰ类还分为$Ⅰ_0$和$Ⅰ_1$两个亚类。当有可靠的剪切波波速和覆盖层厚度且其值处于表中所列场地类别的分界线附近时，应允许按照差值方法确定地震作用计算所用的特征周期。

表 13-8 各类建筑场地的覆盖层厚度 (m)

岩石的剪切波波速或土的等效剪切波波速/$m \cdot s^{-1}$	场地类别				
	$Ⅰ_0$	$Ⅰ_1$	Ⅱ	Ⅲ	Ⅳ
$v_{Sr} > 800$	0				
$800 \geqslant v_S > 500$		0			
$500 \geqslant v_S > 250$		<5	≥5		
$250 \geqslant v_S > 150$		<3	3~50	>50	
$v_S \leqslant 150$		<3	3~15	15~80	>80

注：v_{Sr}为岩石剪切波波速。

二、计算岩土体的弹性参数

根据横波波速（或者采用瑞利波波速换算得到）以及纵波波速，计算地基的动弹性模量、动剪切模量和动泊松比，计算式表示如下：

$$E_d = \frac{\rho v_S^2 (3v_P^2 - 4v_S^2)}{v_P^2 - v_S^2} \tag{13-23}$$

$$G_d = \rho v_S^2 \tag{13-24}$$

$$\mu_d = \frac{v_P^2 - 2v_S^2}{2(v_P^2 - v_S^2)} \tag{13-25}$$

式中 E_d——地基土的动弹性模量，MPa；

G_d——地基土的动剪切模量，MPa；

μ_d——地基土的动泊松比；

v_P——地基土的压缩波波速，m/s；

v_S——地基土的剪切波波速，m/s。

三、地基土卓越周期的计算

地基土卓越周期是评价建筑物的抗震性能以及用于隔振设计的重要指标。一旦建筑物的卓越周期与地基土的卓越周期接近或一致，在地震时，就会产生共振现象，导致建筑物的严重破坏，故而有必要对地基土的卓越周期进行了解。

地基土的卓越周期可通过对记录脉动信号作谱分析得到，由谱图中的最大峰值对应的频率确定卓越频率，进而得到地基土的卓越周期。地基土的卓越周期亦可通过覆盖层厚度内各层的剪切波波速予以估算，具体表达式为：

$$T = 4\sum_{i=1}^{n}\left(\frac{H_i}{v_{Si}}\right) \tag{13-26}$$

式中 T——地基土的卓越周期，s；

H_i——计算深度范围内第 i 土层的厚度，m；

v_{Si}——计算深度范围内第 i 土层的剪切波波速，m/s。

四、进行砂土地基液化势的判别

判别饱和土层在地震荷载作用下是否液化，是工程抗震设计的一个很重要的环节。一般地基土只有在剪应变大于某一临界值后，才发生液化。根据各类砂土的试验结果，一般的临界液化应变值的范围在1%～2%，当应变小于该范围时，地基不会液化，而大于这一范围则会液化。另外，剪切波波速越大，土越密实，土层越不易液化。据此，国内外都在应用 v_S 来评价砂土或粉土地基的振动液化问题。

先求出场地液化时的临界剪切波波速 v_{Scr}，而后与实测剪切波波速 v_S 比较，以此判定场地土液化的可能性。若 $v_{Scr} \geqslant v_S$，则可能液化；若 $v_{Scr} < v_S$，则不会液化。

临界剪切波波速与地震烈度、地震产生的剪应变、土层的埋深和刚度之间的关系为：

$$v_S = \sqrt{\frac{a_{max} z c_d}{\gamma (G/G_{max})}} \tag{13-27}$$

式中　a_{max}——地震最大加速度；

z——土层的埋深，m；

c_d——深度修正系数，$c_d = 1 - 0.0133z$，m；

γ——土体产生的剪应变；

G，G_{max}——土的动剪切模量、最大动剪切模量，MPa。

在利用式（13-27）计算场地土的临界剪切波波速时，首先要已知土的临界剪应变（又称门槛应变）γ_{cr}以及它所对应的模量比（G/G_{max}）。土的临界剪应变值与土的类型和埋深有关。常见的不同类型、不同埋深土的临界剪应变值列于表13-9中。

表13-9　不同类型、不同埋深土的 γ_{cr} 参考值

土　类	饱和砂		饱和粉细砂		饱和低塑性粉砂
埋　深	深　部	浅　部	深　部	浅　部	深　部
$\gamma_{cr}/10^{-4}$	1.0～2.0	1.5～1.8	2.0～2.5	2.6～3.0	3.2～3.7

对于一般的饱和砂土，其临界剪应变所对应的模量比约为0.75，将该值代入式(13-27)得到临界剪切波波速的计算式为：

$$v_{Scr} = 1.15\sqrt{\frac{a_{max} z c_d}{\gamma_{cr}}} \tag{13-28}$$

五、检验地基加固处理效果

对场地在地基处理前后分别进行波速测试，有助于辅助常规载荷试验、静力触探试验等结果，为地基承载力的改善提供评价。这是因为，地层波速和地基承载力一般都与岩土密实度、结构等物理力学指标密切相关，从而使得波速与地基承载力之间亦能建立一定的联系，同时波速方法（如瑞利波法）测试效率高，掌握的数据面广，且成本较低，因此该法是对地基加固效果进行合理评价的一种经济而有效的手段。具体方法，可参阅相关文献。

思　考　题

13-1　试简述单孔法和跨孔法测定波速在操作方法和数据分析上的差异。

13-2　试简述单孔法和面波法测定波速在数据分析上的差异和相似之处。

13-3　试比较跨孔法和面波法测定波速在实践方式和数据分析上的各自优缺点。

13-4　试列举波速法可以测试地基土动参数的种类及其基本表达式。

参考文献

[1] 中华人民共和国机械工业部 . GB/T 50269—97 地基动力特性测试规范[S]. 北京：中国计划出版社，1998.

[2] 中华人民共和国电力工业部 . GB/T 50266—99 工程岩体试验方法标准[S]. 北京：中国计划出版社，1999.

[3] 中华人民共和国建设部 . GB 50007—2011 建筑地基基础设计规范[S]. 北京：中国建筑工业出版社，2011.

[4] 中国建筑科学研究院 . GB 50011—2010 建筑抗震设计规范[S]. 北京：中国建筑工业出版社，2010.

[5] 中华人民共和国水利部 . GB/T 50145—2007 土的工程分类标准[S]. 北京：中国计划出版社，2008.

[6] 中华人民共和国水利部 . GB/T 50123—1999 土工试验方法标准[S]. 北京：中国计划出版社，1999.

[7] 中华人民共和国水利部 . GB/T 50279—98 岩土工程基本术语标准[S]. 北京：中国计划出版社，1999.

[8] 中华人民共和国建设部 . GB 50021—2001 岩土工程勘察规范[S]. 北京：中国建筑工业出版社，2004.

[9] 中华人民共和国水利部 . GB 50290—98 土工合成材料应用技术规范[S]. 北京：中国计划出版社，1999.

[10] 中华人民共和国交通部 . JTJ 240—97 港口工程地质勘察规范[S]. 北京：人民交通出版社，1997.

[11] 中华人民共和国交通部 . JTG E41—2005 公路工程岩石试验规程[S]. 北京：人民交通出版社，2005.

[12] 中华人民共和国交通部 . JTG E50—2006 公路工程土工合成材料试验规程[S]. 北京：人民交通出版社，2006.

[13] 中华人民共和国交通部 . JTG/T F50—2011 公路桥涵施工技术规范[S]. 北京：人民交通出版社，2011.

[14] 中华人民共和国交通部 . JTG E40—2007 公路土工试验规程[S]. 北京：人民交通出版社，2007.

[15] 中华人民共和国铁道部 . TBJ 37—93 静力触探技术规则[S]. 北京：中国铁道出版社，1993.

[16] 中华人民共和国建设部 . JGJ 79—2002 建筑地基处理技术规范[S]. 北京：中国建筑工业出版社，2002.

[17] 中华人民共和国水利部 . SL 264—2001 水利水电工程岩石试验规程[S]. 北京：中国水利水电出版社，2001.

[18] 中华人民共和国水利部 . DL/T 5368—2007 水电水利工程岩石试验规程[S]. 北京：中国电力出版社，2007.

[19] 中华人民共和国水利部 . SL/T 235—2012 土工合成材料测试规程[S]. 北京：中国水利水电出版社，2012.

[20] 中华人民共和国水利部 . SL 237—1999 土工试验规程[S]. 北京：中国水利水电出版社，1999.

[21] 中华人民共和国铁道部 . TB 10001—2005 铁路路基设计规范[S]. 北京：中国铁道出版社，2005.

[22] 包承纲 . 堤防工程土工合成材料应用技术[M]. 北京：中国水利水电出版社，1999.

[23] 柴华友，等 . 弹性介质中表面波理论及其在岩土工程中的应用[M]. 北京：科学出版社，2008.

[24] 常士骠，张苏民，工程地质手册[M]. 4 版 . 北京：中国建筑工业出版社，2007.

[25] 范广勤 . 岩土工程流变力学[M]. 北京：煤炭工业出版社，1993.

[26] 付志亮 . 岩石力学试验教程[M]. 北京：化学工业出版社，2010.

[27] 顾晓鲁，钱鸿缙，刘惠珊，等 . 地基与基础[M]. 3 版 . 北京：中国建筑工业出版社，2003.

[28] 姜朴 . 现代土工测试技术[M]. 北京：中国水利水电出版社，1997.

[29] 卢廷浩．土力学[M]．2 版．南京：河海大学出版社，2005.
[30] 林在贯，等．岩土工程手册[M]．北京：中国建筑工业出版社，1994.
[31] 林宗元．岩土工程试验监测手册[M]．北京：中国建筑工业出版社，2005.
[32] 钱家欢，殷宗泽．土工原理与计算[M]．北京：中国水利电力出版社，1994.
[33] 钱家欢．土力学[M]．2 版．南京：河海大学出版社，1995.
[34] 石林珂．岩土工程原位测试[M]．郑州：郑州大学出版社，2003.
[35] 侍倩．土工试验与测试技术[M]．北京：化学工业出版社，2005.
[36] 唐大雄，等．工程岩土学[M]．2 版．北京：地质出版社，1999.
[37] 王保田．土工测试技术[M]．2 版．南京：河海大学出版社，2004.
[38] 王宝学，杨同，张磊．岩石力学实验指导书．北京：北京科技大学，2008.
[39] 徐超，等．岩土工程原位测试[M]．上海：同济大学出版社，2005.
[40] 徐满意，周福田．水运工程试验检测人员考试用书地基与基础[M]．北京：人民交通出版社，2010.
[41] 徐志英．岩石力学[M]．北京：中国水利水电出版社，1993.
[42] 袁聚云．土工试验与原理[M]．上海：同济大学出版社，2003.
[43] 袁聚云，等．土工试验与原位测试[M]．上海：同济大学出版社，2004.
[44] 袁聚云，等．岩土体测试技术[M]．北京：中国水利水电出版社，2011.
[45] 宰金珉．岩土工程测试与监测技术[M]．北京：中国建筑工业出版社，2008.
[46] 周志刚，郑健龙．公路土工合成材料设计原理及工程应用[M]．北京：人民交通出版社，2001.
[47] 南京水利科学研究院土工研究所．土工试验技术手册[M]．北京：人民交通出版社，2002.
[48] 龚维明，等．桩承载力自平衡测试理论与实践[J]．建筑结构学报，2002，23(1)：82 ~ 88.
[49] 姜丽丽，等．三维激光扫描技术在地表巨粒组粒度分析中的应用[J]．地质灾害与环境保护，2012，23(1)：103 ~ 107.
[50] 沈扬，等．新型空心圆柱仪的研制与应用[J]，浙江大学学报（工学版），2007，41(9)：1450 ~ 1456.
[51] 王如宾，等．坝基硬岩蠕变特性试验及其蠕变全过程中的渗流规律[J]．岩石力学与工程学报，2010，29(5)：960 ~ 969.
[52] Ulusay R，Hudson J A. The Complete ISRM Suggested Methods for Rock Characterization，Testing and Monitoring：1974 ~ 2006 [M]. Ankara，Turkey：Commission on Testing Methods，International Society of Rock Mechanics，2007.

冶金工业出版社部分图书推荐